辽宁省海洋经济运行监测与评估系统建设实践研究

谭前进　聂鸿鹏　著

东南大学出版社
SOUTHEAST UNIVERSITY PRESS
·南京·

图书在版编目(CIP)数据

辽宁省海洋经济运行监测与评估系统建设实践研究 / 谭前进，聂鸿鹏著. —南京：东南大学出版社，2020. 11

ISBN 978-7-5641-9178-8

Ⅰ. ①辽… Ⅱ. ①谭… ②聂… Ⅲ. ①海洋经济-经济运行-监测系统-研究-辽宁 Ⅳ. ①P74

中国版本图书馆 CIP 数据核字(2020)第 207714 号

辽宁省海洋经济运行监测与评估系统建设实践研究

Liaoning Sheng Haiyang Jingji Yunxing Jiance Yu Pinggu Xitong Jianshe Shijian Yanjiu

著　　者	谭前进　聂鸿鹏
出版发行	东南大学出版社
出 版 人	江建中
社　　址	南京市四牌楼 2 号(邮编:210096)
网　　址	http://www.seupress.com
责任编辑	孙松茜(E-mail:ssq19972002@aliyun.com)
经　　销	全国各地新华书店
印　　刷	广东虎彩云印刷有限公司
开　　本	700 mm×1000 mm　1/16
印　　张	16.5
字　　数	333 千字
版　　次	2020 年 11 月第 1 版
印　　次	2020 年 11 月第 1 次印刷
书　　号	ISBN 978-7-5641-9178-8
定　　价	68.00 元

(本社图书若有印装质量问题，请直接与营销部联系。电话:025-83791830)

PREFACE 前　言

21世纪是人类开发海洋与保护海洋并举的世纪。海洋已经成为国际竞争的重要领域，海洋开发蕴含着引领未来发展的重要创新点、突破点，海洋经济成为社会经济发展的重要增长极，是可持续发展的战略方向。大力发展海洋经济，科学开发海洋资源，努力培育海洋优势产业，对统筹区域发展，加快转变经济发展方式，推动辽宁沿海经济带建设与辽宁老工业基地全面振兴，具有重大而深远的意义。

2011年，中央分成海域使用金开始支持沿海省份(含计划单列市)建立海洋经济运行监测与评估系统，这是第一次海洋经济的内容被纳入中央分成海域使用金的支持范畴，表明了国家对海洋经济的重视程度不断提高、扶持力度不断加大。大连海洋大学作为辽宁省海洋经济运行监测与评估系统建设项目技术支撑单位，辽宁省自然资源事务服务中心(原辽宁省海洋经济监测评估技术中心)作为辽宁省海洋经济运行监测与评估系统建设项目建设单位，全程参与了系统建设。重温系统建设所走过的8年艰辛之路，我们为能有幸参与到省级海洋经济运行监测与评估系统建设这一开创性的工作中来，能有幸把我们的所学、所思、所悟奉献给辽宁省海洋经济运行监测与评估系统建设，能有幸投入到国家海洋经济建设的大潮中来而倍感欣慰。希望我们的工作对提升辽宁省海洋经济运行监测与评估的业务能力，推进辽宁省海洋经济信息化统计工作具有一定的促进作用。以期本书能作为引玉之砖，有助于推进省级海洋经济运行监测与评估系统建设的理论与实践研究，有助于推进辽宁省海洋经济的创新与跨越，能为其他沿海省份的省级海洋经济运行监测与评估系统建设提供借鉴和参考。

海洋经济运行监测与评估系统建设是一项复杂的系统工程，也是一项全新的工作，目前尚处于起步阶段，没有可借鉴、可参考的成功模式，加之编写时间仓促，笔者水平有限，难免有不足之处，敬请批评指正。

谭前进　聂鸿鹏
2020年6月于大连

CONTENTS 目 录

第1章 绪论

1.1 研究背景

人类社会目前正面临着"人口剧增、资源匮乏、环境恶化"三大问题的严峻挑战，随着陆地战略性资源短缺对经济社会发展的制约日益加剧，海洋成为全世界竞争的新焦点和新热点，海洋经济和海洋科技正成为沿海国家和地区竞争力评估的一个新指标。《21 世纪议程》将海洋列为实施可持续发展战略的重点领域，发展海洋经济已经成为新的经济增长点。

历史和现实均表明，发达国家大都是沿海国家；发达地区也大都位于沿海。在21 世纪这个海洋经济时代，不是海洋强国的国家很难成为经济强国，不是海洋强省的省市也很难成为经济强省。我国是海洋大国，管辖海域广阔，海洋资源可开发利用的潜力很大。《中华人民共和国国民经济和社会发展第十二个五年规划纲要》第十四章"推动海洋经济发展"要求"坚持陆海统筹，制定和实施海洋发展战略，提高海洋开发、控制、综合管理能力"，这表明发展海洋经济已经上升为国家战略，提高海洋开发、控制、综合管理能力是对海洋管理工作提出的更高要求。

党中央、国务院高度重视海洋工作，有关部门先后颁布实施了《全国海洋经济发展规划纲要》《全国海洋功能区划（2011—2020 年）》和《国家海洋事业发展规划纲要》，极大地推动了我国海洋经济的快速发展。"十二五"期间，我国海洋经济年均增速高于同期国民经济增速，海洋经济对国民经济增长的贡献率不断提高。但是，随着我国海洋经济规模迅速扩大，制约海洋经济健康发展的因素也日益显现，特别是国家对海洋经济的综合管理能力已经不适应海洋经济发展需要。一是海洋经济监测信息采集能力不足。目前对具体海洋产业和重点涉海企业运行状态不清楚，难以满足调控海洋经济的决策需要。二是海洋经济运行监测系统急需拓展和延伸。受海洋信息统计体系和统计手段的限制，对全国海洋经济运行状况与运行规律缺乏全面掌握和系统分析，不能及时发现海洋经济发展中的不稳定、不健康因素，为客观分析判断海洋经济发展态势，合理规划海洋经济发展方向与战略布局，制定海洋经济政策与调控措施提供科学指导依据。三是海洋经济运行监测评估体系需要完善。我国海洋经济发展和环境条件不断变化，迫切需要建立包括海洋经济运行监测系统、海洋经济评估系统、海洋经济 GIS（地理信息系统）及辅助支持系统在内的监测评估体系。

因此，建设海洋经济运行监测与评估系统，将成为国家海洋行政主管部门与沿海地方政府实施海洋经济宏观调控的重要方法之一。

2007 年，经国家发展和改革委员会会签同意，国土资源部将国家海洋局《关于国家海洋经济运行监测与评估系统总体方案》转呈国务院。2008 年 2 月 7 日，《国务院关于国家海洋事业发展规划纲要的批复》(国函〔2008〕9 号)中要求“建立并完善全国海洋经济运行评估监测系统”。2008 年 7 月，国务院“三定”方案明确了由国家海洋局“承担海洋经济运行监测、评估及信息发布的责任”。2008 年 9 月 17 日，国家海洋局在北京召开《国家海洋经济运行监测与评估系统建设总体方案》专家评审会，会议由王宏副局长主持，孙志辉局长亲临会议并致辞。全国人大常委会原副委员长蒋正华亲任组长，与来自国内宏观经济、生态环境、地球物理、信息系统等领域的 10 位专家组成的评审组对方案进行认真的讨论，国家海洋局政策法规和规划司以及国家海洋信息中心的有关人员回答了评审组的质询。2009 年，国家海洋局在天津、连云港开展海洋经济运行监测与评估系统建设工作试点。2010 年 3 月 11 日，国家海洋局政策法规和规划司在北京组织召开国家海洋经济运行监测与评估系统建设高层专家研讨会。会议邀请了国家发展改革委、工信部、国家统计局、中科院、高校经济学院等各领域的专家，就海洋经济运行监测与评估系统建设的关键问题进行探讨，以期为海洋经济运行监测与评估系统建设工作的继续推进提供有益参考。根据财政部经济建设司、国家海洋局财务司《关于组织申报 2011 年度中央分成海域使用金支出项目的通知》(财建便函〔2011〕6 号)的精神，2011 年度中央分成海域使用金支持沿海省份(含计划单列市)建立省级海洋经济运行监测与评估系统。2011 年 3 月 10 日，由国家海洋局政策法规和规划司组织的省级海洋经济运行监测与评估项目申报工作布置会在天津召开，财政部经济建设司、国家海洋局政策法规和规划司、国家海洋信息中心的相关领导出席了会议。参加会议的代表主要有来自 11 个沿海省(自治区、直辖市)和 5 个计划单列市海洋厅(局)负责海洋经济工作的相关人员，及国家海洋信息中心的相关技术人员。这是国家第一次将海洋经济的内容纳入中央分成海域使用金的支持范畴，表明了国家对海洋经济的重视程度不断提高，扶持力度不断加大。国家海洋局政策法规和规划司为促进这项工作的顺利开展，专门组织召开了这次会议。

2011 年 4 月，辽宁省海洋与渔业厅政策法规与规划处组织大连海事大学栾维新教授、大连海洋大学勾维民教授、谭前进副教授等省内海洋经济方面的专家学者申报辽宁省海洋经济运行监测与评估系统建设，提出用三年的时间，建设有辽宁特色的海洋经济运行监测与评估系统。同月，聘请国家海洋信息中心王晓惠研究员、辽宁师范大学李新宇教授、省统计局、省发展改革委等单位专家对项目申报书和实施方案进行评审。专家们高度评价了辽宁省海洋经济运行监测与评估系统建设项目申报书，认为申报书把握住了系统建设的关键点，结合了辽宁海洋经济特色，建议国家海洋局批准辽宁省海洋经济运行监测与评估系统建设。同年 7 月，国家海洋局批复了辽宁省海洋经济运行监测与评估系统建设，由辽宁省海洋与渔业厅负责组织项目的实施。8 月，辽宁省海洋与渔业厅召开专题会议，研究项目组织和开展形式，决定由杨宝瑞副厅长牵头，协调各涉海厅局、县市区海洋与渔业主管部门共同完成项目建设，由辽宁省海洋环境预报总站组建辽宁省海洋经济监测评估技术中心并具体负责项目的建设实施，由大连海洋大学勾维民教授等组成专家团队作为技术支撑力量，协助其完成具体工作开展和项目的推进。9 月，在沈阳召开了全省海洋经济运行监测与评估系统建设启动会，省海洋与渔业厅、省发展改革委、省统计局、涉海部门、涉及海洋经济的行业管理机构等相关单位领导参加，传达思想、统一认识，组建省海洋经济运行监测领导组织机构。会上省厅副厅长杨宝瑞做“抓好海洋经济监测评估系统建设，提高全省海洋经济运行质量和效益”的发言，从增强建设我省海洋经济责任感、紧迫感，进一步明确辽宁省系统建设的目标和任务，加强组织领导确保任务全面完成等方面做了全面部署。同时提出明确责任把海洋经济运行监测与评估系统建设纳入各级海洋行政主管部门重要工作日程中，在实现系统满足“国家海洋经济运行监测与评估系统”建设要求的前提下，要深入研究辽宁的区域海洋资源环境特点和区域海洋经济特色，要注意沿海各市县海洋经济运行监测与评估的需求。系统建设应能够为国家、辽宁省和沿海城市制定海洋经济政策提供决策依据，为加快辽宁省海洋经济发展方式的转变提供支撑，为全面提升辽宁省海洋经济运行质量和发展质量提供服务。做好省级涉海厅局的协调工作，做好海洋经济的行业（产业）指标分组工作，行业（产业）归属到哪个涉海厅（局）等是系统建设的重点，也是系统建设的一个难点，对省级涉海厅局的任务、工作指标和要求、协调机制等提出具体要求。杨宝瑞副厅长指出辽宁省海洋经济监测与评估系统是一项基础建设性较高、系统平台起点较高、实际应用性较高，同时还是涉及行业部门较多、技术指标要求较严、投入资金数额较大、实施管理较复杂的专项系统工程，因此要加强组织领导，确保任务全面完成。12 月 13 日，辽宁省人民政府办公厅下发等级为特急·明电的《关于做好全省海洋经济运行监测与评估工作的通知》（辽政办明电〔2011〕155 号）（以下简称《通知》）。《通知》对充分认识海洋经济运行监测与评估的重要性、明确监测与评估内容、完善监测与评估机制、推进监测与评估科学有序实施、加强监测与评估组织领导等做出全面部署，并提出具体要求。省人民政府办公厅《通知》的下发，为辽宁省海洋经济运行监测与评估系统项目执行方案的落实提供了有力的组织保障，有力地推动了项目的开展执行。至此，辽宁省海洋经济运行监测与评估系统正式开启历时三年的项目建设。

因此,海洋经济运行监测与评估系统建设这一复杂的工程如何开展,许多关键问题如何解决,系统建设如何满足国家需求且能体现辽宁特色等,成为我们重点研究且亟待解决的问题。

1.2 本书的视角与理念

建设海洋经济运行监测与评估系统,是实施海洋经济宏观调控的重要基础之一。该项目体现了国家"十二五"规划、《国家海洋事业发展规划纲要》关于推进海洋经济发展的"坚持陆海统筹,制定和实施海洋发展战略,提高海洋开发、控制、综合管理能力""海洋事业要加强对海洋经济发展的调控、指导和服务"的总体要求,符合辽宁省"十二五"规划纲要"实施海洋发展战略"及辽宁省"十二五"海洋与渔业发展规划的"保障供给,推进发展,夯实基础,促进增收,提升能力,确保安全"的总体目标和基本任务,落实了《辽宁沿海经济带发展规划》关于"增强支撑能力""创造发展条件""建立沿海经济带发展协调机制、合作互动机制和专家咨询机制。创新沿海经济带发展模式"的主要政策措施,是省海洋与渔业厅"强化政府支撑体系创新,集成政府支撑系统要素,建构政府支撑平台,推进海洋经济突破性发展""构建信息服务保障支撑系统"的工作管理计划实施的具体体现。辽宁是海洋大省,沿海拥有丰富的土地、港航、能源、化工、生物、旅游等资源,海洋资源丰富,是国家海洋经济的重要组成部分。2009 年 7 月,《辽宁沿海经济带发展规划》获得国务院批准,辽宁省海洋经济步入了健康快速发展的新阶段。海洋经济总量持续增长,2010 年,全省海洋经济生产总值达 3 008 亿元,约占全国海洋经济总量的 9%;2011 年,全省海洋经济生产总值达 3 600 亿元,同比增长 19.7%,增幅高于全国海洋经济增长水平;2017 年,全省海洋生产总值达 3 900 亿元,同比增长 6.5%;2018 年,全省海洋生产总值超 5 800 亿元。产业结构明显优化,目前全省已形成海洋渔业、海洋交通运输业、滨海旅游业、船舶修造业、海洋化工业和海洋油气业等六大海洋产业,海洋生物制药、海水综合利用等新兴产业也成为新亮点。陆海经济互动格局清晰,全省周边海域港口运输业、海水养殖及深加工业和滨海旅游业等发展迅速,已成为我国海洋经济发展最具活力的区域之一。在国家海洋经济运行监测与评估系统建设的总体框架下,建设满足地域特征的"辽宁省海洋经济运行监测与评估系统"也非常迫切。辽宁省海洋经济运行监测与评估系统与国家海洋经济运行监测与评估系统是国家整体海洋经济运行监测与评估能力建设的两个层面,它们共同形成了一个完整的海洋经济运行监测与评估系统体系。辽宁省海洋经济运行监测与评估系统是国家海洋经济运行监测与评估系统的重要组成部分。因此,建设辽宁省海洋经济运行监测与评估系统不仅是辽宁省海洋经济发展的需要,也是国家整体海洋经济运行监测与评估能力建设的需要。项目建设符合辽宁省海洋经济发展的战略要求，对提高海洋经济监测评估能力，提升海洋经济管理水平具有重要的现实意义。

系统建设以满足“国家海洋经济运行监测与评估系统”对辽宁省海洋经济运行监测网、海洋经济运行监测与评估信息资源库、海洋经济运行数据交换共享及信息发布平台的要求为目标，强化海洋经济宏观调控管理，促进海洋事务综合协调，支撑海洋和谐发展，加强海洋经济信息监测、海洋经济综合评估、海洋政策咨询服务能力建设，构建涵盖国家、海区、地方三级海洋经济运行数据监测网，建立海洋经济运行监测与评估信息资源库，搭建海洋经济运行数据交换共享及信息服务发布平台，形成以海洋经济运行监测系统、海洋经济评估系统、海洋经济 GIS 系统、海洋经济信息服务与发布系统等为内容的省级海洋信息公共服务平台。

辽宁省海洋经济运行监测与评估系统是国家海洋经济运行监测与评估系统的重要组成部分，系统的设计运行与实际工作的开展始终坚持以下几个原则：第一，统筹兼顾国家与地方系统建设。在系统建设的目标设计、指导思想、基本原则、实施方案等方面，坚持把国家系统建设与辽宁省系统建设紧密结合，以达到国家系统建设目标要求为最基本目标，以突出辽宁省的地方特色为更高目标。第二，以实现海洋经济运行监测与评估系统的业务化运行为抓手。系统建设应更好地贯彻国务院“三定”方案赋予国家海洋局“承担海洋经济运行监测、评估及信息发布的责任”和中央要求海洋管理“提高海洋开发、控制、综合管理能力”等指导意见，切实提升对海洋经济信息监测能力、海洋经济运行的综合评估能力、海洋经济管理与决策服务能力。系统建设过程不仅是一个系统的研究开发过程，更是一个海洋经济运行监测与评估系统的业务化过程。因此，主要采用成熟的信息采集、信息监测网、信息资源库、数据交换共享及信息发布平台等技术，结合系统建设的实际需要集成创新相关技术。第三，近期需求与远期规划相结合。辽宁省系统建设与国家系统建设实行同步研究、同步规划、同步实施，以满足国家建设和地区建设的近期需求为目标，同时要充分考虑辽宁省海洋经济运行监测与评估的长远需求。

辽宁省海洋经济运行监测与评估系统建设，作为一项科学性、技术性要求很高，规范性、可靠性要求很严，政策性、实效性要求很强的专项工作，研究设计和优化“系统”建设基本技术线路是保证工作质量和提高工作效率的前提。根据“系统”建设的目的要求，项目建设工作的质量要求，为促进项目工作顺利展开，保证项目工作质量，通过设计辽宁省海洋经济运行监测与评估系统建设工作流程图（如图 1－1 所示），规范“系统”建设工作流程，为提高工作效率和工作质量打下技术管理基础。

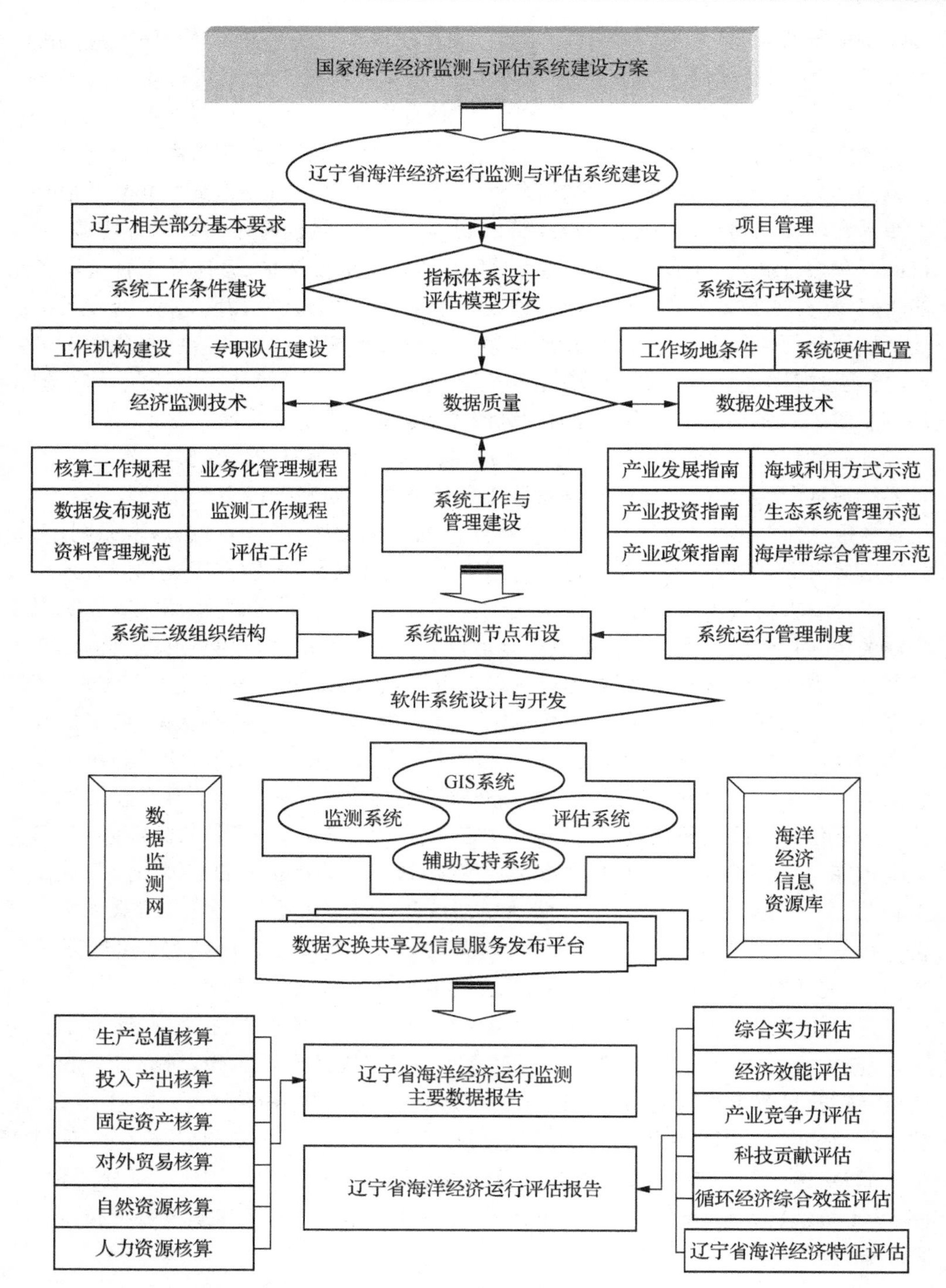

图1－1 辽宁省海洋经济运行监测与评估系统建设工作流程图

因此，本书结合辽宁省海洋经济运行监测与评估系统建设的实际情况，寄希望于展现辽宁项目建设的全部工作，对海洋经济运行监测与评估系统建设提出一些浅薄的自身认识；寄希望于对从事海洋经济监测与评估系统建设工作与业务化运行工作的人员有所帮助。希望本书作为引玉之砖，有助于推进省级海洋经济运行监测与评估系统建设的理论研究与实践应用，有助于推进辽宁海洋经济的创新与跨越，能为其他沿海省份的省级海洋经济运行监测与评估系统建设提供借鉴和参考。

1.3 本书的结构

全书共分为 11 章。

第 1 章 绪论，介绍海洋经济运行监测与评估系统建设的背景、起源，试点建设情况及辽宁省海洋经济运行监测与评估项目建设的由来、组织实施情况等。希望结合辽宁项目建设的实际，全面展示辽宁项目建设工作，对项目建设提出自身的一些认识等。

第 2 章 海洋经济监测节点，介绍系统监测所涉及的用海企业及主要的海洋产业监测节点布设的产业范畴及布设的企业类型和所涉及的涉海企业节点布设的产业范畴及布设的企业类型。

第 3 章 海洋经济监测指标体系，把国家要求省级监测的指标体系按核心、重要、一般以及产业归类，提出辽宁省海洋经济监测指标体系框架，结合国家要求和辽宁监测实际，提出辽宁省海洋经济监测四级指标体系。

第 4 章 海洋经济评估体系，从经济规模、经济结构、经济布局、经济质量、经济效益、经济贡献等六个方面阐述海洋经济评估的内涵和具体的操作过程等。

第 5 章 海洋经济评估模型应用，介绍近年来经济数据分析中常用的经济模型，探讨综合应用海洋经济模型分析数据的比较与解析方法，以期开拓读者运用模型研究经济问题的思路。

第 6 章 海洋经济核算体系，结合辽宁海洋经济核算工作实际，提出重点海洋产业海洋生产总值的核算方法，为市、县级进行海洋经济生产总值核算提供了技术支撑。

第 7 章 系统业务架构，阐述国家要求系统建设的“1124”工程及辽宁针对国家要求提出的自身建设内容。根据对国家“1124”工程的理解，给出系统的定义，提出辽宁系统建设的工作流程及技术线路，并根据辽宁工作开展的实际，整理辽宁系统运行、工作开展的组织模式及辽宁省、市、县区三级组织架构建设情况等。

第 8 章 系统运行环境，参考国家整体方案，结合辽宁省实际情况，提出省级监测评估技术中心、沿海市级监测评估分中心、县区(经济园区)监测站等业务化运行机构中心场地建设要求及介绍硬件实际配置情况。

第9章 系统平台建设,参照省级海洋经济运行监测与评估系统软件功能需求,结合辽宁软件系统建设的实际情况,构建海洋经济运行监测系统、GIS系统、评估系统、信息发布系统等软件系统的功能。

第10章 辽宁省海洋经济发展现状分析,根据科研团队的研究特长,结合辽宁海洋经济运行监测与评估工作收集到的资料素材,在分析辽宁海洋经济发展的意义和辽宁海洋经济发展的竞争环境的基础上,提出辽宁海洋经济发展的指导思想、原则和目标,提出辽宁海洋经济发展的重点和发展的措施建议。

第11章 辽宁省海洋经济高质量发展评价体系,阐述海洋经济高质量发展的内涵,构建海洋经济高质量发展的指标,依据指标及经济运行监测数据,对沿海省海洋经济高质量发展进行了实证分析,在此基础上提出了辽宁海洋经济高质量发展的对策和建议。

第2章 海洋经济监测节点

2.1 海洋经济

2.1.1 海洋经济的概念

中国最早提出海洋经济概念的是著名经济学家于光远、许涤新，他们在 1978 年全国哲学社会科学规划会议上，倡议建立海洋经济新学科，引发了一轮海洋经济研究热潮。

迄今，国内对海洋经济的代表性定义有三种：

其一，1984 年，杨金森在《发展海洋经济必须实行统筹兼顾的方针》一文中提出："海洋经济是以海洋为活动场所和以海洋资源为开发对象的各种经济活动的总和。"这是一个易懂易记而一直处于主流地位的定义。许多学者如蒋铁民①、孙义福等②、王铁民③、何宗贵等④、孙斌等⑤、陈万灵⑥等，说法与此大同小异。

其二，徐质斌在 2000 年出版的《建设海洋经济强国方略》一书中提出："海洋经济是活动场所、资源依托、销售或服务对象、区位选择和初级产品原料对海洋有特定依存关系的各种经济的总和。"这个界定扩展了概念的外延，而且从内涵切入，指出了此类经济活动"对海洋有特定依存关系"的特殊属性。但是，这种定义没有被广泛接受。

其三，国家海洋局于 1999 年发布、2000 年元旦生效的国家行业标准《海洋经济统计分类与代码》(以下简称《代码》)界定了海洋产业，在一定意义上可以认为是从产业角度界定了海洋经济。《代码》对海洋经济的定义是："海洋产业是涉海性的人类经济活动。"并指出"涉海性"的 5 个方面：① 直接从海洋中获取产品的生产和

① 蒋铁民. 中国海洋区域经济研究[M]. 北京：海洋出版社，1990.

② 孙义福，苟成富，范作祥. 山东海洋经济[M]. 济南：山东人民出版社，1994.

③ 王铁民. 建设"海上山东"系列报道之一建设"海上山东"：一个睿智而重大的战略决策[J]. 走向世界，1995(2)：12-13.

④ 何宗贵，尤芳湖. 海上山东研究[M]. 北京：海洋出版社，1997.

⑤ 孙斌，徐质斌. 海洋经济学[M]. 济南：山东教育出版社，2004.

⑥ 陈万灵. 海洋经济学理论体系的探讨[J]. 海洋开发与管理，2001(3)：18-21.

服务;② 直接从海洋获取的产品的一次加工生产和服务;③ 直接应用于海洋和海洋开发活动的产品的生产和服务;④ 利用海水或海洋空间作为生产过程的基本要素所进行的生产和服务;⑤ 与海洋密切相关的科学研究、教育、社会服务和管理。《代码》对海洋经济的定义具有权威性,受国家标准的法律支持,并在政府统计部门成为实际工作中唯一的合法依据。此外,广东省原省长朱森林在1993年《广东省政府工作报告》中提出,海洋经济不但是产业概念,还是地区概念。事实上历年的《中国海洋年鉴》也统计了沿海市、县的一般国民经济。

通过对现有研究的归纳整理,我们对海洋经济的定义如下:海洋经济指的是在海洋及其空间进行的一切经济性开发活动和直接利用海洋资源进行生产加工以及为海洋开发、利用、保护、服务而形成的经济。它是人们为了满足社会经济生活需要以海洋及其资源为劳动对象,通过一定的劳动投入而获取物质财富的经济活动的总称。

2.1.2 国外海洋经济的发展

从全球范围来看,目前海洋经济产值平均每年以11%的速度增长,现已形成四大海洋支柱产业,即海洋油气业、滨海旅游业、海洋渔业和海洋交通运输业。特别是作为海洋新兴产业的海洋油气业和滨海旅游业发展迅速,很快超过了海洋传统产业,成为现代海洋经济的主体。世界海洋产业结构正在形成的“三、二、一”型三次产业排列顺序,基本上反映了当代海洋产业发展变化的趋势。同时,海洋产业正处于传统产业新兴化和新兴产业纵深化的发展阶段。预计到2020年,全球海洋经济总产值将达3万亿美元。海洋产业在2020年左右将分为四个层次:第一层次是海洋交通运输业、滨海旅游业、海洋渔业、海洋油气业;第二个层次是海水直接利用、海洋生物工程(海洋药物和海洋营养滋补品产业等)、海盐业及盐化工业;第三个层次是海水淡化、海洋能利用、滩涂和浅海湾增养殖业、海水化学资源利用、滨海采矿业;第四个层次是海洋空间利用,主要包括以大型海上工程为骨干的产业,如海底隧道和人工岛建设、跨海大桥、海上机场和游乐场以及海上城市等工程产业。

1. 美国海洋经济发展现状

美国是海洋大国,拥有22 680公里以上的海岸线,海洋科技发展与海洋管理一直处于世界领先地位。海洋生物资源为美国提供了丰富的食物、工业原料以及医疗保健新药。海洋已成为美国国家安全、经济发展、科技进步极其重要的相关因素。

鉴于海洋在经济中的重要地位,美国历来重视海洋产业的发展。1986年,美国率先制定《美国全球海洋科学规划》。进入21世纪后,美国意识到自身在国际竞争中的地位受到威胁以及面临海洋环境恶化问题，决定进一步加快发展海洋产业的步伐。2000 年，美国通过了《海洋法》；2004 年 9 月，正式向总统和国会提交了《21 世纪海洋蓝图》；同年 12 月，公布了《美国海洋行动计划》；2007 年发布了《规划美国今后十年海洋科学事业：海洋研究优先计划和实施战略》和《21 世纪海上力量合作战略》。在经费投入方面，美国在 1996—2000 年 5 年间海洋科研经费投入达 110 亿美元。对海洋产业的重视，使美国海洋新兴产业在世界范围内占有举足轻重的地位。

美国十分重视海水养殖，其渔业资源占世界渔业资源总量的 20%。1996 年，美国通过了可持续渔业条例，使海水养殖业走上了健康、可持续发展的道路。但由于居民海产品消费额高，仍有大量海水养殖品需要进口。联合国粮食及农业组织(FAO)统计报告显示，美国目前是世界第一大水产品进口国，第四大水产品出口国，2007 年的进出口额分别为 136.32 亿美元、44.37 亿美元；水产养殖品产量为 52.63 万吨，价值约为 9.45 亿美元，分别排世界第十四位、第十五位。

美国沿海海域石油和天然气储量丰富。2006 年的调查资料显示，美国领海海域内海下埋藏石油的技术可采储量总计为 1 150 亿桶，其中包括备受关注的世界四大深海油区之一墨西哥湾，据 2003 年底的统计，储量达到 115 亿桶。目前，美国海洋石油和天然气年产量分别为 5 000 万吨和 1 300 亿立方米，年创产值 200 亿~260 亿美元。海洋原油生产能力占原油生产能力的 22%，天然气比例为 27%，在美国能源供应中发挥了重要作用。但是美国石油出口量并不高，油气消费主要靠进口，据《联合国能源统计年鉴》统计，2006 年美国石油出口量仅为 1 251 千吨，排在全球第 47 位。此外，美国领土沿海大陆架埋藏的天然气技术可采储量为 565 万亿立方米。

美国国土两侧的大西洋和太平洋沿岸的风力资源十分丰富，如果将这些风力用于发电，可生产 1 900 千兆瓦·时电力。同时，美国是最早提出盐差能发电设想并最早开发海洋温差发电的国家。因此，美国海洋油气业以及海洋电力业拥有很强的国际竞争力。

旅游业是美国最大的就业产业，也是第二大 GDP 贡献产业，每年产值超过 7 000 亿美元。其中滨海旅游占绝大比重，滨海旅游收入占旅游总收入的 85%，每年创造产值约 580 亿美元，其中 75 亿美元是国际旅游创造的。

在海水淡化方面，美国于 1952 年首先开发了电渗析盐水淡化技术，继而在 60 年代初又开发了反渗透淡化技术，在海水淡化装置的制造国中，美国大约占了 30%的市场份额。2004 年，美国颁布了《脱盐电价优惠法》，明确规定能源部应给予海水淡化厂 0.16 美元/吨水的直接补贴，或签订协议直接明确补贴总额。目前，美国大约 25%的工业冷却用水直接取自海洋，年用量约 1 000 亿吨。

美国对海洋教育和科研机构投入很大，为海洋经济的发展提供智力支持。2000年以来，海洋赠地学院项目每年可以获得联邦拨款和其他匹配基金共约1亿美元。其继承农工赠地学院的传统，以教育、科研和服务活动为依托，在增进人们对海洋事业的理解，促进海洋、沿海和大湖资源的评估、开发、使用等方面发挥了极大的作用，且海洋赠地学院的经济功能在这个过程中也得到了较好的体现。首先，为海洋经济的发展营造理解和支持的氛围，储备高技能人才；其次，借助科学研究活动，为海洋经济提供智力支持；然后，将科研成果直接服务于海洋经济的发展，例如，学院的科学家们率先在国内开展了海洋药物的研制，目前已经发现和研制了1 000多种新的合成药物，对治疗癌症、炎症和细菌感染均有特殊疗效。美国每年用于海洋药物的科研经费为5 000多万美元；每年约有1 500个海洋产物被分离出来，其中1%具有抗癌活性，且已有10种以上海洋抗癌药物进入临床或临床前研究阶段；此外，美国研制的鲨鱼软骨提取物制剂既能克服放、化疗引起的副作用，还能有效增强患者免疫力。

2. 日本海洋经济发展现状

日本是典型的海洋国家，非常重视涉海政策法规和战略的制定，早在1968年就出台了《日本海洋科学技术计划》；1997年，制定了《海洋开发推进计划》和《2010年日本海洋研发开发长期规划》，提出以科技加速海洋开发和提高国际竞争力战略；2004年，发布了《海洋白皮书》；2007年，出台了《海洋基本法》。随着海洋在经济中的地位不断提高，日本的海洋开发面向各领域全方位推进，在倾力挖掘海洋资源的同时，大力发展海洋新兴产业。目前已形成近20种海洋产业，构筑起新型的海洋产业体系。滨海旅游业、港口及运输业、海洋渔业、海洋油气业，这四种海洋产业约占海洋总产值的70%。此外，还有海洋土木工程、船舶修造、海水淡化、海洋生物制药、海洋信息等。

滨海旅游是日本重要的自然旅游资源。日本四面环海，海岸线约为2.97万公里，是世界上海岸线最长的国家之一。近年来，日本沿海旅游发展迅速，因此日本将旅游业置于战略产业地位。2003年1月，国土交通省提出了“观光立国综合战略”，并将2003年定为“访日旅游观光元年”。从此，旅游观光产业成为日本最重要的产业。

1971年，日本在世界各国中最先提出建设“海洋牧场”的构想，并于1987年建成了世界上第一个“海洋牧场”——日本黑潮牧场。目前，日本的海洋渔业已发展成为一个集捕捞、养殖、加工、渔船渔机工业以及水产科技教育等于一体的现代产业。2002年，日本海洋水产品产量达到82.67万吨，占世界海洋水产品总产量的2.25%，成为世界第五大海洋渔业大国。

近年来，日本海洋渔业有了新进展：

其一，海水养殖越来越受重视。由于过度捕捞造成渔业资源减少，日本提出“向养殖渔业发展”的战略，开发“海洋牧场”。根据联合国粮食及农业组织统计报告，2007 年，日本水产养殖产量达 76.58 万吨，比 1994 年的 134.4 万吨减少了57.8 万吨，但水产养殖品价值较高，为 31.73 亿美元。海水养殖产量递减的原因是，日本为防止养殖过密造成环境污染进而带来品质下降而采取了措施。同时，日本是第二大水产品进口国，水产品进口额和出口额分别为 131.84 亿美元、16.63 亿美元。其二，水产品质量管理不断加强。随着人们食品安全意识的提高，水产品质量安全备受关注，政府在全国范围内对水产企业实行非强制性质量认证制度。其三，加强科技开发。2003 年的日本海洋研发课题中，海洋渔业科技开发国家级课题就有 12 项。

海洋油气业是日本海洋经济的重要支柱之一，在经济发展中占有重要地位。近年来，日本海洋油气业的发展呈现出开采、进口、储备齐头并进的趋势。其一，海洋油气资源的开采与进口。日本的海洋油气资源储量少，可开采量低。20 世纪 60 年代是日本原油产量的最高时期，年均产量为 72 万吨，2000 年为 60.4 万吨。尽管竭力开采，但受储量和技术限制，油气开采远不能满足经济发展需要。20 世纪 60 年代中期以后，日本 99%的油气依赖国外进口。近年来，为解决油气需求，政府考虑向俄罗斯提供约 90 亿美元的援助，以建造一条源自西伯利亚油田的输油管道。但由于高昂的铺设成本，西伯利亚石油开采量又不如预期，因此石油管道迟迟没有铺设。其二，建立国家石油储备。为达到国际能源机构规定的 90 天储备量的要求，在 1989 年就提出建立国家石油储备 5 000 万升的目标，至 2003 年底日本政府拥有的石油储备量可供全国使用 92 天，民间的石油储备量也可供全国使用 79 天，加上流通库存，日本已拥有全国半年以上的石油储备。

日本工业冷却水用量的 60%来自海水，每年高达 3 000 亿吨。日本把海水淡化供水工程作为公益工程，其中最大的冲绳岛反渗透海水淡化厂就是由中央政府和地方政府分别出资 85%和 15%建成的，日产淡水 4 万立方米。在海水淡化装置制造国中，日本大约占 30%的市场份额。在利用海水作热泵冷热源方面，日本 20 世纪 90 年代初建成的大阪南港宇宙广场区域供热供冷工程，就是利用海水为 23 300千瓦的热泵提供冷热源。

日本拥有丰富的波浪能资源，可满足国内能源总需求的 1/3。日本波浪能发电技术的研究和应用走在世界前列，早在 1964 年，日本就研制成了世界上第一个海浪发电装置，用于航标灯，并投入商品化生产。至今，日本已建造 1 500 多座海浪发电装置。在海洋温差能研究开发方面，日本的投资力度很大，其海洋热能发电系统和换热器技术领先于美国，至今共建造 3 座海洋温差试验电站。为应对地球温室效应，日本于2003年制订了一项利用海风发电的计划。为促进海洋风力能源的普及，该计划以低息贷款的方式大力扶持民营企业建设风力发电设施。

日本将1998年确定为“海洋生物技术元年”，目前，其海洋生物技术研究所及海洋科学技术中心每年用于海洋药物研究开发的经费约为1亿美元。海洋生物技术研究所研究发现，约27%种属的海洋微生物具有抗菌活性。

3. 俄罗斯海洋经济发展现状

俄罗斯濒临大西洋、北冰洋和太平洋，与12个大海域相信，拥有广阔的大陆架，富含石油、天然气资源，海底金属、矿物、生物资源丰富，为其提供足够的战略资源及经济保证，高水平的科学技术又为其全面开发海洋提供了可能。为实现在海洋领域的战略利益，2001年7月，俄罗斯总统普京批准了《俄罗斯联邦至2020年期间的海洋政策》。俄罗斯政府非常注重海洋能源、空间资源的开发，力争保持住水产品生产大国的地位，并积极推进海洋油气资源的开发。在六个海洋新兴产业中，俄罗斯海洋油气业和海水养殖业逐步发展壮大，其余四个并未形成产业。

大陆架的油气勘查开发是俄罗斯海洋地质调查的首要任务，其大陆架的面积约为620万平方公里，其中400万平方公里是油气远景区，油气可采储量估计约为900亿～1 000亿吨油当量。海上油气累计可采储量为108亿吨油当量，其中52%是工业级储量。技术上可采的天然气资源估计为47万亿立方米，其中一半是工业级。在油气日渐枯竭的情况下，如此丰富的大陆架油气资源自然是今后实现俄罗斯能源战略的一个重点。

俄罗斯是水产养殖业大国，制订了发展海水养殖业的计划，并指出法律基础不完善是制约俄罗斯水产养殖业发展的主要障碍。俄罗斯已经批准了一项2020年国家海洋渔业发展计划，该计划的主要目标是：到2020年，渔业产量翻一番，即海洋捕捞产量达到500万～550万吨，其中鱼类产品至少达到350万～380万吨，近海渔获量增加一半或一倍；俄罗斯企业生产的鱼类产品和其他海产品每年达到10万吨，淡水鱼产量达到30万吨，或者达到目前的四倍。在养殖区域方面，滨海地区是俄罗斯海水养殖业最有前景的区域之一，因为该地区具有生物多样性的巨大潜力，有适于海水养殖物生长的气候条件。根据联合国粮食及农业组织统计报告，2007年，俄罗斯水产品出口额排在世界第十一位，进出口额分别为23.64亿美元、20.16亿美元。

4. 韩国海洋经济发展现状

韩国是一个三面环海的半岛之国，东边是日本海，西临黄海，东南是朝鲜海峡。其管辖海域面积约为44.4万平方公里，约是陆地面积的4.5倍，海岸线长约5 259

公里，岛屿约有 3 000 个。自然条件对海洋产业的发展十分有利，而海洋产业的发展对韩国经济也十分重要。韩国把海洋作为“生活海、生产海、生命海”，1996 年成立了海洋水产部。20 多年来，韩国一直进行海洋油气勘探，致力于海洋资源开发、环境保护、海岸带管理、海洋科学研究和高技术开发的一体化。

随着对海洋环境价值认识的提高，韩国追求海洋开发与保护的协调发展。据统计，韩国的海洋渔业、造船和海洋建筑物的建造均居世界前十位。为实现 21 世纪海洋发展总体目标——建设第五大海洋强国，韩国提出了三大基本目标：创造有生命力的海洋国土、发展以高科技为基础的海洋产业和保持海洋资源的可持续开发。海洋产业增加值占国内生产总值的比重，由 1998 年的 7.0%提高到 2003 年的 11.3%。但在六个海洋新兴产业中，海洋生物医药业和海洋油气业并未形成产业，且国际竞争力很低。

韩国海水养殖业始于 1960 年，并于 1998 开始了“海洋牧场计划”。近十年来，海水养殖业在数量及质量上有很大提高，在渔业中的地位日益提高，其主要原因是海水养殖企业加大了投资力度，进行了彻底的鱼病管理，开发了环保饲料、新鱼苗，提高了生产技术等。政府还制定了鼓励发展海水养殖的具体政策，这些都促进了韩国海水养殖业的发展。2003 年韩国海水养殖量为 83 万吨，2004 年比 2003 年增加 9 万吨，增长 10.8%，占韩国渔业总产量的 36.6%。2007 年，韩国水产品进口额为 30.9 亿美元；水产养殖产量为 60.61 万吨，价值为 15.77 亿美元。

韩国的海洋旅游资源非常丰富，具体有四个方面：其一，海水浴场。海水浴场共有 346 个，其中示范海水浴场 35 个。其二，岛屿。韩国拥有约 3 000 个大小岛屿，主要有郁陵岛、江华岛、珍岛、济州岛、巨济岛、南海岛等，游客数量约为 10 万人次/年。其三，渔村。韩国渔村体验地有观览型和海边休闲型，海洋水产部从 2006 年开始每年召开“渔村体验大赛”，促进滨海旅游业的发展。其四，海洋度假村。其以海洋为背景，有逗留、疗养、观光、休闲活动等功能的区域。

在海洋电力业方面，根据气候变化协定，韩国正在通过建设潮汐发电站和风力发电站来开发各种无公害清洁能源。2004 年，韩国 25.2 万千瓦的潮汐电站开工建设；2007 年，韩国 100 万千瓦的江华岛潮汐电站启动建设工作。

在海水淡化装置制造方面，韩国于 20 世纪 80 年代起步，目前已经在中东获得了若干套日产万吨级蒸馏法海水淡化装置的出口机会。

5. 澳大利亚海洋经济发展现状

澳大利亚四面环海，东临太平洋，西、北、南三面临印度洋及其边缘海，海岸线总长约 36 375 公里。海洋产业是澳大利亚经济增长最快的产业之一。澳大利亚海洋产业的年均产值约为 400 亿澳元，超过农业对经济的贡献。另外，澳大利亚仍有87%的海洋资源尚未探明或开发，因此，海洋产业发展潜力非常巨大。澳大利亚不仅海域广阔、海洋资源丰富、海洋生物多样性独特，而且海洋科研力量雄厚，海洋资源管理模式位居世界领先地位。

在1997年实施的《海洋产业发展战略》中，澳大利亚海洋产业和科学理事会提出发展海洋新兴产业具有重要意义，需要相应的产业政策和法规支持。为更好地让海洋资源造福于全社会，1999年出台了《澳大利亚海洋科技计划》；为顺应海洋科技发展形势需要，2009年出台了《海洋研究与创新战略框架》。目前，澳大利亚海洋新兴产业在许多领域具有国际竞争力，在滨海旅游业、海洋油气业、海水养殖业以及渔业管理等方面处于优势。在澳大利亚海洋产业的统计内容中，还未包括海洋电力业、海洋生物医药业和海水利用业。总而言之，海洋新兴产业在澳大利亚的经济增长中占据越来越要的地位，是名副其实的国家经济支柱产业。

澳大利亚滨海国际旅游年收入相当于国家出口创汇总值的12.6%，处于举足轻重的地位。对滨海旅业而言，海洋公园的建立，不仅保护了海洋生物多样性，更吸引了大量游客，促进了旅游观光业的发展。其中，热门活动包括垂钓、潜水、划船、游泳、冲浪等。近三十年来，澳大利亚海洋公园大量涌现。其中，最著名的莫过于大堡礁海洋公园，它是澳大利亚最大的海洋公园，也是目前世界最大最重要的自然遗产之一。

澳大利亚海上石油、天然气储量非常丰富，海洋油气业是紧随滨海旅游业的第二大海洋新兴产业，每年产值约100亿澳元，能满足国家石油需求的80%，约贡献24亿澳元的税收，出口约25亿澳元。

澳大利亚天然渔业已达到了生产极限，但由于其海洋环境污染极少，加之海域辽阔，因此，澳大利亚海水养殖业发展前景可观。澳大利亚海水养殖量增长率高于捕捞渔业增长率，海水养殖比重的迅速提高，体现出了澳大利亚对海水养殖的重视程度。

6. 挪威海洋经济发展现状

挪威海岸线长约21 192公里，在水产养殖和捕捞方面具有优越的自然条件。海洋是挪威文化与生活的命脉，许多人直接或间接依靠海洋为生。在挪威有一句非常流行的话："大海就是挪威的未来。"可见海洋对于挪威的重要性。挪威政府重视海洋产业发展，加大对海洋的投资力度，投入巨额经费发展海洋科技，以增强海洋产业的国际竞争力。石油、渔业、航海是挪威的三大支柱产业，其中水产养殖、水产加工和海洋捕捞技术非常先进，在世界名列前茅。

挪威非常重视渔业管理，国家设有独立的渔业部，是世界上第一个建立独立渔业部的国家。经过几十年的发展，挪威的海水养殖业很快成为仅次于油气业的出口第二大产业，目前已成为沿海地区新兴的创汇产业。海水养殖品的90%用于出口，是世界上最大的三文鱼和鳟鱼的出口国，其中三文鱼出口到100多个国家。海水网箱养鱼是挪威近10多年来才发展起来的全新的养殖技术。目前，挪威是这一领域中技术最先进的国家，配套设备也最为齐全，应用的规模也较大。

海洋油气业是挪威经济发展的另一个重要部分，并占据海洋科技的一个重要部分。自从1969年在挪威大陆架发现石油，这方面的投资资金就日益增多。挪威大陆架的石油勘探不断有新发现，每年的石油产量已超过英国。而且，挪威从20世纪90年代开始对产业结构进行了大调整，海洋石油业成为国家重点发展的产业，以确保石油产业的继续发展。挪威的海岸线被无数峡湾分割，其中最长的峡湾可以延伸到内陆200多公里。峡湾两岸矗立的悬崖峭壁是挪威最受欢迎的旅游胜景之一。挪威对海洋发电非常重视，1985年就建成两座波力电站，装机容量分别为500千瓦和350千瓦。这是20世纪80年代最著名的波力发电装置，是该时期挪威作为国际波能技术领先国的标志。近两年，挪威又开始研究盐差能利用。

7. 英国海洋经济发展现状

英国是海洋强国之一，海岸线曲折，总长约11 450万公里，近岸海域油气、渔业等海洋资源相当丰富。丰富的海洋资源已成为英国的能量之源、立国之本。因此，英国自古以来就十分重视海洋的综合开发和利用。20世纪90年代，英国发布了《海洋科技发展战略规划》，提出优先发展对海洋开发具有战略意义的高新技术；进入21世纪，公布了《海洋责任报告》，把利用、开发和保护海洋列为国家发展的重点和基本国策；2009年，出台了《英国海洋法》。由于对海洋产业的重视，英国海洋产业发展迅速，其主要海洋新兴产业包括：海洋油气业、海水养殖业和滨海旅游业。

英国具有世界上最好的波浪能资源，20世纪80年代初，英国已成为世界海浪能源研究应用的中心。2000年，英国成功建成世界上第一个波浪发电厂，生产能力为500千瓦·时，可供400户家庭用电。2008年，英国科学家发明了一种可以利用海水起伏产生的波浪来发电的独特装置，试验表明，每个装置最多可产生一兆瓦·时的电能，可满足数百个家庭的日常用电需要。同年，世界首台潮汐能发电机在英国安装就位，该系统是世界上第一个利用洋流发电的商用系统。预计至2020年，英国政府将兴建7 000个新的涡轮机用于风力发电。

英国是世界上重要的海水捕捞和养殖国。1998年，土壤协会批准采用了一份有机水产养殖标准，这是英国第一份有机水产养殖标准。目前，英国有机水产养殖已形成一定规模，一家大型水产品零售企业甚至宣称其鲑鱼销售量中超过1/3的是通过有机养殖的，且取得各种有机水产养殖资格的企业数量逐渐增加。

英国目前也是石油出口大国，北海油田开发后使英国由石油进口国一举成为出口国，该采油区的技术水平已达到世界一流水平，钻井成功率为 20%～50%。

英国的滨海旅游业也较发达，年产值约 23.5 亿英镑，每年可为英国人提供数万个就业机会。据英国旅游局统计，英国人每年用于旅游的费用大约为 100 多亿英镑，其中 40%用于滨海旅游，加上来英国旅游的国外游客的收入，每年英国滨海旅游总收入达上百亿英镑，并且呈逐年递增势头。

2.1.3　国内海洋经济的发展

1. *海洋经济总量和规模*

我国海洋生产总值从 2001 年的 9 518 亿元增加到 2018 年的 83 415 亿元，年均增长 13.6%。通过海洋科技创新，我国海洋资源开发和利用在深度和广度上不断拓展，海洋经济产业结构不断优化，海洋经济保持了平稳较快的发展势头。2018 年，全国海洋生产总值达 83 415 亿元，比上年增长 6.7%，海洋生产总值占国内生产总值的比重为 9.3%。其中，海洋第一产业增加值为 3 640 亿元，第二产业增加值为 30 858 亿元，第三产业增加值为 48 916 亿元，海洋第一、第二、第三产业增加值占海洋生产总值的比重分别为 4.4%、37.0%和 58.6%。2018 年，全国涉海就业人员为 3 684 万人。

2. *主要海洋产业发展情况*

2018 年，我国主要海洋产业保持稳步增长，全年实现增加值 33 609 亿元，比上年增长 4.0%。滨海旅游业、海洋交通运输业和海洋渔业作为海洋经济发展的支柱产业，其增加值占主要海洋产业增加值的比重分别为 47.8%、19.4%和 14.3%。海洋生物医药业、海洋电力业等新兴产业增速领先，分别为 9.6%、12.8%。

主要海洋产业发展情况如下：

——海洋渔业　海洋捕捞产量持续减少，近海渔业资源得到恢复。全年实现增加值 4 801 亿元，比上年下降 0.2%。

——海洋油气业　受国内天然气需求增加影响，海洋天然气产量再创新高，达到 154 亿立方米，比上年增长 10.2%；海洋原油产量达 4 807 万吨，比上年下降 1.6%。海洋油气业全年实现增加值 1 477 亿元，比上年增长 3.3%。

——海洋矿业　海洋矿业发展保持稳定，全年实现增加值 71 亿元，比上年增长 0.5%。

——海洋盐业　海洋盐业产量持续下降，盐业市场延续疲态，全年实现增加值 39 亿元，比上年下降 16.6%。

——海洋化工业　海洋化工业发展平稳，生产效益显著改善。重点监测的规模以上海洋化工企业利润总额比上年增长 38.0%，全年实现增加值 1 119 亿元，比上年增长 3.1%。

——海洋生物医药业　海洋生物医药研发不断取得新突破,引领产业快速发展。全年实现增加值 413 亿元,比上年增长 9.6%。

——海洋电力业　海上风电装机规模不断扩大,海洋电力业发展势头强劲。全年实现增加值 172 亿元,比上年增长 12.8%。

——海水利用业　海水利用业发展较快,产业标准化、国际化步伐逐步加快。全年实现增加值 17 亿元,比上年增长 7.9%。

——海洋船舶工业　受国际航运市场需求减弱和航运能力过剩的影响,造船完工量显著减少,海洋船舶工业面临较为严峻的形势。全年实现增加值 997 亿元,比上年下降 9.8%。

——海洋工程建筑业　海洋工程建筑业下行压力加大,全年实现增加值 1 905 亿元,比上年下降 3.8%。

——海洋交通运输业　海洋交通运输业平稳发展,海洋运输服务能力不断提高。沿海规模以上港口完成货物吞吐量比上年增长 4.2%,海洋交通运输业全年实现增加值 6 522 亿元,比上年增长 5.5%。

——滨海旅游业　滨海旅游业继续保持较快发展,全年实现增加值 16 078 亿元,比上年增长 8.3%。

3. 国内海洋产业发展特点

(1) 海洋产业结构由"二、三、一"型向"三、二、一"型转变

从我国海洋经济发展的态势来看,海洋产业演化过程大致分为四个阶段:第一阶段是起步阶段,即传统海洋产业发展阶段。这一阶段的海洋产业发展,一般以海洋水产、海洋运输、海盐等传统产业为发展重点。海洋产业结构表现出明显的"一、三、二"顺序。第二阶段是海洋三、一产业交替演化阶段。这一阶段的滨海旅游、海洋交通运输等海洋第三产业在产值上逐渐超过海洋渔业,在国民经济中占据主导地位,海洋产业结构相应地转变为"三、一、二"型。第三阶段是海洋第二产业大发展阶段。这一阶段的海洋产业结构表现出明显的"二、三、一"型。第四阶段是海洋产业发展的高级化阶段,也可称之为海洋经济的"服务化"阶段。在这一阶段,一些传统海洋产业采用新技术成果成功实现了技术升级,尤其是海洋信息、技术服务等新型海洋服务业开始快速发展,从而推动海洋第三产业重新成为海洋经济的支柱,海洋产业结构演变为"三、二、一"型。

海洋产业结构是动态的,但是,只有海洋三次产业的结构合理、协调地综合发展,才能充分保证合理开发、利用海洋,从而推动海洋经济全面健康协调发展。

(2) 现代海洋产业成为海洋经济的支柱产业

海洋环境的复杂性、多变性和高风险性,决定了海洋开发和海洋经济的发展是以海洋科学知识的创新和海洋高新技术的发展为前提。相对于传统海洋产业而言,现代海洋产业是以海洋科学知识创新和海洋高新技术的发展为依托,适应现代社会发展需求而发展形成的海洋产业。现代海洋产业包括新兴海洋产业,也包括对传统海洋产业的技术改选和升级。20 世纪 60 年代,随着海洋高新技术的不断进步,人类对海洋的开发、利用和保护活动不断深入和扩大,除对传统的海洋渔业、海洋交通运输业和海盐业用现代化的新技术、新业态的技术进行改造和升级以外,还逐渐形成了一系列新兴海洋产业,如海水增养殖业、海洋油气开采业、海底采矿业、海水淡化和海水综合利用、海洋能源利用、船舶加工及海洋机械制造业、海洋药物与保健食品业、港口业、滨海旅游业等涉海、涉港海洋产业。

(3) 海洋三次产业的协同促进海洋产业协调发展

现代海洋产业发展的一个显著特征是第三产业与第一、二产业不断趋于融合。从产业之间的关系来看,在现代社会中,三次产业之间存在相互依赖、相互制约、互为因果的辩证关系,并不是简单的先后关系。海洋第三产业的形成和发展,既有赖于海洋第一、二产业的发展,又对海洋第一、二产业的发展产生巨大的推动作用。海洋第一、二产业的快速发展创造了新的海洋服务需求,丰富和发展了海洋第三产业;而海洋第三产业的蓬勃兴起,又深化了海洋第一、二产业的产业分工,降低了交易成本,促进了市场规模扩张。正是海洋产业内部三次产业的协同,促进了海洋产业结构不断演进,从而促成海洋产业协调发展。

2.2 海洋产业

2.2.1 海洋产业及分类

现代经济学界认为,产业包含国民经济的各行各业,既包括物资资料生产部门,也包括流通部门、服务和文化教育等部门。产业可以按照不同的标准进行划分。海洋产业是人类在海洋资源开发利用过程中发展起来的产业,它与陆地产业相对应。海洋产业与陆地产业是将产业按发生产业活动的主要区域所界定的分类,它们均属于产业系统中的一个子类。海洋产业是指开发、利用和保护海洋所进行的生产和服务活动,主要表现在五个方面:

(1) 直接从海洋中获取产品的生产和服务活动。

(2) 直接从海洋获取的产品的一次加工生产和服务活动。

(3) 直接应用于海洋和海洋开发活动的产品的生产和服务活动。

(4) 利用海水或海洋空间作为生产过程的基本要素所进行的生产和服务活动。

(5) 与海洋密切相关的科学研究、教育、社会服务和管理活动。

海洋开发与陆地经济活动相比,属于新兴领域。除传统的海洋捕捞渔业、海洋盐业和海洋交通运输业之外,由于现代科学技术的发展,人类认识海洋、开发海洋的能力不断提高,开发海洋的范围不断扩大。人类"发现新资源、开发新领域"的经济探索活动,使得传统产业的内涵得到不断提升,而且不断涌现出一系列新兴的海洋产业,如海水增养殖业、海洋油气开采业、海洋娱乐和旅游业等。还有一些正在产业化过程中的海洋经济开发活动,如海水淡化和海水综合利用、海洋能利用、海洋药物开发、海洋空间新型利用、深海采矿等。此外,随着海洋高新技术的不断进步,人类对海洋的开发、利用和保护活动将不断深入和扩大,海洋信息服务、海洋环保等将会成为新的产业。由此可见,海洋开发是一项具有广阔前景、不断扩大和发展的全球性宏伟事业。

产业分类是建立产业结构的基础。由于研究目标的多样性,也就形成了海洋产业分类的多样性。通常海洋产业分类有以下几种:

1. 应用国民经济物资生产部门分类标准划分海洋产业

应用国民经济物资生产部门分类标准,一般把国民经济划分为农业、工业、建筑业、交通运输业和商业服务业 5 个生产部门。同样,应用这种方法,也可以把海洋产业划分为海洋农业、海洋工业、海洋建筑业、海洋交通运输业和海洋商业服务业。我国《海洋及相关产业分类》(GB/T 20794—2006),把海洋产业具体划分为海洋渔业、海洋油气业、海洋矿业、海洋盐业、海洋化工业、海洋生物医药业、海洋电力业、海水利用业、海洋船舶工业、海洋工程建筑业、海洋交通运输业、滨海旅游业和海洋科研教育管理服务业等。

2. 应用国民经济三次产业分类标准划分海洋产业

应用国民经济三次产业分类标准,可以把海洋产业划分为海洋第一产业、海洋第二产业和海洋第三产业。海洋第一产业主要有海洋渔业,包括海洋捕捞业和海水养殖业以及正在发展中的海水灌溉农业(种植业、畜牧业)。海洋第二产业有海洋盐业、海洋油气业、海洋矿业和海洋船舶工业,以及正形成产业的深海采矿业和海洋生物医药业等。海洋第三产业有海洋交通运输业和滨海旅游业,以及海洋公共服务业。

3. 应用海洋产业发展的时序和技术标准划分海洋产业

根据对海洋产业开发的先后以及技术进步的程度,可以把海洋产业划分为传统海洋产业、新兴海洋产业和未来海洋产业。20世纪60年代以前已经形成并且大规模开发，且不完全依赖现代高新技术的海洋产业为传统海洋产业。传统海洋产业主要有海洋捕捞业、海洋交通运输业、海洋盐业和海洋船舶工业，这些产业目前还是我国主要的海洋产业。由于陆地资源减少，20世纪60年代至20世纪末，主要或部分依赖高新技术的海洋产业为新兴海洋产业。新兴海洋产业是相对于传统海洋产业而言的，是由于科学技术进步发现了新的海洋资源或者拓展了海洋资源利用范围而成长的产业，如海洋油气业、海水增养殖业和滨海旅游业等。此外，海水利用业，包括海水淡化、海水直接利用，以及海洋生物医药业等正在成长为海洋新兴产业。21世纪有可能开发的、依赖高新技术的海洋产业，都可作为未来海洋产业，如深海采矿、海洋能利用、海水综合利用和海洋空间利用等。未来海洋产业是海洋产业发展的技术储备，一旦技术成熟，就可以成长为新兴海洋产业。

4. 应用新的国民经济核算体系标准划分海洋产业

以新的国民经济核算体系为划分海洋产业的基本标准，依据经济活动的同一性进行分类，划分出能够与我国国民经济行业分类标准相互衔接和比较的海洋产业类别。海洋经济活动范围覆盖整个国民经济19个门类(GB/T 4754—2017)中的19个，包括国民经济97个大类中的28个，980个中类中的296个，9 000多个小类中的2 000多个经济活动。这种分类方法的意义在于，按海洋关联性标准在我国国民经济核算体系中提取出海洋部分，同时又使海洋经济成为条块结合的综合性经济体系，使海洋经济的统计完全融入现行的国民经济核算体系，使海洋经济与国民经济具有完全的一致性和可比性，使我国沿海各省、市、自治区及地、县海洋经济的统计资料得到统一，使纵向与横向的叠加具有一致性，使各地区之间、地区与全国之间的海洋经济发展具有可比性。

2.2.2 海洋产业结构的类型

产业结构是按照产业部门分类形成的社会生产力结构，是指生产力诸要素在各产业之间的分配，以及因此产生的经济技术联系和数量比例关系。海洋产业结构是海洋经济的基本结构，决定海洋经济的其他结构，如就业结构、区域结构、要素结构和技术结构。海洋产业结构是在海洋产业分类的基础上，各个产业部门在海洋经济整体中的相互联系及其比例关系的体现。因此，根据海洋产业的不同分类，从而形成不同类型的海洋产业结构，即部门海洋产业结构，一、二、三次海洋产业结构，区域海洋产业结构和传统、新兴与未来海洋产业结构。

1. 部门海洋产业结构

部门海洋产业结构是按照部门分类法对海洋产业进行分类形成的海洋产业结

构。按照部门分类法，目前我国已初具规模的海洋产业主要有海洋渔业、海洋盐业、海洋交通运输业、海洋矿业、海洋油气业、海洋船舶工业、滨海旅游业、海洋化工业、海洋工程建筑业、海洋生物医药业、海水利用业、海洋电力业等。

2. 一、二、三次海洋产业结构

一、二、三次海洋产业结构是按照海洋产业发展次序进行分类形成的海洋产业结构。

据初步核算，2018 年全国海洋生产总值达 83 415 亿元，其中，海洋第一产业增加值为 3 640 亿元，第二产业增加值为 30 858 亿元，第三产业增加值为 48 916 亿元，海洋第一、第二、第三产业增加值占海洋生产总值的比重分别为 4.4%、37.0% 和 58.6%。

3. 区域海洋产业结构

区域海洋产业结构是按照地理位置划分的地区海洋产业结构。我国按照行政区划进行划分，可以分为天津、河北、辽宁、江苏、上海、浙江、福建、山东、广东、广西和海南 11 个沿海省区市的海洋产业结构。

由于沿海各地区自然资源条件和社会经济发展水平存在差异，各地区的海洋产业结构也有很大的差异。

4. 传统产业、新兴产业与未来产业结构

传统产业、新兴产业与未来产业结构是根据海洋产业发展的时间顺序并参照技术因素进行分类形成的海洋产业结构。传统海洋产业包括海洋渔业、海洋盐业、海洋矿业、海洋船舶工业和海洋交通运输业。新兴海洋产业包括海洋油气业、海洋工程建筑业、海洋化工业和滨海旅游业。未来海洋产业是正在发育成长中的产业，包括海水淡化和海水综合利用、海洋能利用、海洋生物开发、海洋空间新型利用和深海采矿等。

2.2.3 产业结构的演进规律

产业结构总是与经济发展、经济增长相对应而不断变动，这种变动主要表现为产业结构由低级向高级演进的高度化和产业结构横向演进的合理化。这种结构的高度化和合理化推动着经济向前发展。产业结构由低级向高级发展的各阶段具有一定的先后顺序，是难以逾越的，但各阶段的发展过程可以缩短。陆地经济发展中农业经济、工业经济、知识经济的演进过程是：从农业经济时代向工业经济时代转变的“分水岭”是 18 世纪中叶，在此之前农业经济大约维系了数千年。工业经济时代大约可分为两大阶段：前一阶段从 18 世纪中叶到 19 世纪下半叶，为蒸汽动力时代；后一阶段从19世纪末叶到20世纪中叶，为电力动力时代。整个工业经济时代的时间跨度为200多年。从工业经济时代向知识经济时代过渡的时间大约可定位于20世纪中叶，40年代至60年代为新时代的萌芽期；20世纪70年代以来，新的时代以迅猛的速度发展，21世纪上半叶将走向成熟期。知识经济时代的科学技术基础更深厚，背景更广阔，相对论、量子力学的提出，大大促进了其他基础科学和技术科学的发展。固体物理、固体化学、有机合成、冶金学和陶瓷学的新成就产生了新材料技术；在分子生物学、生物化学、生化工程、微生物学、细胞生物学等基础上建立起了基因工程、细胞工程、酶工程和发酵工程；能源科学的发展为人类提供了太阳能、地热能、海洋能、核能和其他再生能源等新能源；空间科学研究成果已经为人类创造了大量的福利，正在为人类从宇宙中寻找新资源和新的生存空间……这些构成了新时代的科学技术背景。

据此，产业结构的演进沿着以第一产业为主导到以第二产业为主导，再到以第三产业为主导的方向发展。

2.2.4　海洋产业结构发展趋势

海洋产业结构是动态的，遵循一定的规律不断发展和变化。认识并且掌握海洋产业结构变化的规律，就能因势利导，引导海洋产业结构向着有利于合理开发利用海洋资源和可持续发展的方向发展。纵观国内外海洋经济发展的趋势，海洋产业结构呈现出以下的规律性发展趋势：

1. 海洋油气业、滨海旅游业、海洋渔业和海洋交通运输业构成世界海洋经济发展的四大支柱产业

特别是作为新兴海洋产业的海洋油气业和滨海旅游业发展迅速，后来居上，很快超过了传统的海洋渔业，成为现代海洋经济的主体。同时，其他的海洋产业也有较快的发展。这些因素促使世界海洋经济不断地迈上新台阶。海洋油气的勘探与开发是陆地石油勘探与开发的延续，经历了一个由浅水到深海、由简易到复杂的发展过程。1887年，在美国加利福尼亚海岸数米深的海域钻探了世界上第一口海上探井，拉开了海洋石油勘探的序幕。全球海洋油气资源丰富，海洋石油资源量约占全球石油资源总量的34%，探明率只有30%左右，尚处于勘探早期阶段。据《油气杂志》统计，截至2006年1月1日，全球石油探明储量约为1 757亿吨，天然气探明储量约为173万亿立方米。全球海洋石油资源量约为1 350亿吨，探明储量约为380亿吨；海洋天然气资源量约为140万亿立方米，探明储量约为40万亿立方米。

在滨海旅游业方面，据世界旅游组织发布的报告，滨海旅游业年接待人数达5亿人次，旅游年收入约2 000亿美元，约占全球旅游业总收入的50%。海洋交通运输业方面，有关资料显示，近十几年世界海运货物总量年平均增长1.6%，年货物海运量达50亿吨，占世界贸易运输的90%。海洋渔业方面，近十年来世界海洋捕捞业年产量基本保持在8 000万吨，而海水养殖业产量迅速增长。

2. “一、二、三”产业结构顺序正在向“三、二、一”产业结构顺序发展

海洋产业的“一、二、三”产业结构顺序正在向“三、二、一”产业结构顺序发展。第一产业主要是海洋渔业，这虽然是一个重要行业，但它在海洋经济总值中的地位已大大下降。第二产业包括海洋油气业、海洋采矿业和海水资源综合利用业等，这些产业迅速发展，已在海洋经济中起主导作用。同时，作为海洋第三产业的滨海旅游业、海洋交通运输业和海洋服务业等也进一步发展起来，并且在海洋经济产值中的比重已上升到第一位。2003年，在世界海洋三次产业结构中，第一产业占15.8%，第二产业占34.2%，第三产业占50.0%。

3. 科学技术在海洋产业结构形成中越来越起着决定性作用

各国的海洋产业结构尽管因各自的自然资源条件和社会经济条件不同而具有各自的特点，但是起决定性作用的还是科学技术决定的生产力水平。海洋产业是技术密集、资金密集和人才密集的行业，对现代科学技术有着强烈的依赖性，对最新技术的使用之多、应用之广，是其他行业很少能够与之相比拟的。海洋高新技术的发展和应用，直接关系到海洋新兴产业的形成与发展。海洋产业结构高级化的实质是海洋产业随着科学技术的进步而升级，同时，又反过来促进海洋产业技术的进步。高科技的应用使海洋产业中的传统产业得到不断改造，同时，又不断地开发和建立新的海洋产业。

4. 不同地区海洋产业结构存在较大差异

海洋产业的空间分布，即地区海洋产业结构，因地区不同而存在较大差异。

2.2.5 海洋产业概述

1. 传统海洋产业

海洋渔业、海洋盐业和海洋交通运输业等传统海洋产业获得了长足的发展。

(1) 海洋渔业

海洋渔业是指从事海洋捕捞和海水养殖的生产事业。海洋捕捞属采集性工业。海水养殖分为鱼虾类养殖、贝类养殖和藻类养殖三大类。海洋渔业因离海岸的远近不同，可分为近海渔业、外海渔业、远洋渔业渔业。海洋渔业已成为我国海洋经济的传统支柱产业和国民经济发展的重要组成部分。

海洋渔业产业具有以下几个特征：

① 海洋渔业是开发利用海洋生物资源的产业，与资源、环境密切相关。

② 海洋渔业资源是一种可再生性资源，具有自行繁殖的能力。

③ 海洋渔业资源具有共享性。

④ 海洋渔业是后发产业，其发展与其他产业的发展成果密切相关。

(2) 海洋盐业

海盐是人们的生活必需品，又是重要的工业原料。海洋盐业是一个古老而永恒的产业，也是传统的海洋产业之一，还是海洋第二产业，是关系国计民生的重要产业，在国民经济中占有特殊地位。许多沿海国家都在生产海盐，发展盐化工业。

(3) 海洋交通运输业

海洋是国际性交通通道和运输大动脉。海洋交通运输业是对海洋水域和空间利用最多的产业。19 世纪末，开辟了世界海洋所有最重要的航道，20 世纪又开辟了通往南极的航道。

海洋交通运输业的发展，对海洋经济乃至国民经济发展都具有特殊的重要意义：

① 海洋交通运输业是国民经济的推进器。

② 海洋运输是最经济简便的运输方式。

③ 海上交通是海岛与海岛之间及海岛与大陆之间的主要交通工具。

④ 海洋运输是实行对外开放的重要通道。

⑤ 海上交通运输是巩固国防的重要需求。

2. 新兴海洋产业

新兴海洋产业包括海洋油气业、滨海旅游业、海水增养殖业和临海工业（临港工业）等，正在迅速崛起，逐步上升为海洋支柱产业。

(1) 海洋油气业

石油是重要的战略物资，也是人们生活的必需物质。而天然气是当今世界上公认的清洁能源，其燃烧后产生的二氧化碳和氢氧化合物分别仅为煤的 50% 和 20%，产生的污染为石油的 1/4，煤的 1/800，且采收率高。人类开发海底石油和天然气资源已有 100 多年的历史。20 世纪 60 年代以后，新的海洋油气资源勘探、开采和储运技术逐步成熟，海洋油气资源开采成为收益最高和发展最快的新兴海洋产业。

(2) 滨海旅游业

海洋除了给人类带来了物质和安全上的利益之外，还给人类提供了观光旅游和文化娱乐等精神方面的享受。海洋“揽山海之胜”，是开展旅游和娱乐最好的自然地理区域之一，从而产生了海洋旅游和娱乐业。海洋旅游和娱乐业主要是指在海滨、海上、海中、海底和海岛开展的旅游和娱乐活动。海洋旅游和娱乐自古有之，而作为新兴产业发展，只是近一二十年的事。现在，海洋旅游和娱乐业发展迅速，已经成为海洋经济的一个新兴的支柱产业。

(3) 海水增养殖业

海水增养殖业是指在海洋水域中由人工控制繁殖和饲养具有经济价值的海洋动植物的产业。海水增养殖业有近海增养殖(浅海增养殖)和海上增养殖(深海增养殖)的区分。近海增养殖包括滩涂贝类养殖、虾蟹类养殖和水深30米以下的藻类养殖；海上养殖包括水深30米以上至50米左右的海水鱼类网箱养殖或大型的海上牧场。海水增养殖业是海洋水产业的主体产业，又是新兴的海洋产业，还是海洋经济中新的经济增长点。

(4) 临海工业(临港工业)

临海工业一般是指利用海洋的区位优势和资源优势，在海岸带开发的基础上发展起来的某些特别适于以海岸带空间作为发展基地的工业。现代临港工业包括沿海船舶制造业、临海重化工业、临海能源工业，以及电子和信息产业。

3. 未来海洋产业

未来海洋产业是指那些正在酝酿成长或者已经初步显露出潜在的开发前景的海洋生产活动。许多海洋产业的形成需要几十年的酝酿和成长过程，但其资源调查和技术准备工作早已进行了多年。未来海洋产业主要包括海水淡化和海水直接利用、海洋生物开发、海洋能利用和深海采矿业，这些生产和经营活动在不久的将来可能会形成具有一定规模的海洋产业。

(1) 海水淡化和海水直接利用

海水是海洋资源的主体。海水资源可以分为两大类，即海水中的水资源和化学元素资源。海水作为21世纪海洋产业大规模开发利用的“液体矿”，其开发利用的前景十分广阔。现在已经具有产业开发价值的有海水灌溉农业、海水淡化业、海水直接利用和海水提取化学产品。

(2) 海洋生物开发

海洋生物开发是指以海洋的生物资源为对象，运用生物工程、酶工程、细胞工程和发酵工程等现代生物技术手段，开发生产海洋药物、海洋食品、海洋保健品、海洋化妆品和海洋生物功能材料等海洋生物产品。目前，最有发展前途的海洋药物、海洋保健品和海洋生物功能材料，正在成长和发展为海洋新兴产业。

(3) 海洋能利用

海洋能是指海洋特有的、依附于海水的可再生自然能源。海水在太阳辐射、日月引力等影响下，能产生巨大的能量，即海洋能包括潮汐能、波浪能、海流能(潮流能)、海水温差能、海水盐差能以及风能等。海洋能有可能成为未来的替代能源，21世纪海洋能源的开发利用，将实现实用化、商品化和产业化生产，成为未来的海洋产业之一。

(4) 深海采矿业

深海矿物资源通常是指国家管辖范围以外的深海大洋底中的矿物资源。深海海底及其资源是人类共同继承的财产，对于人类有着重要的潜在的经济意义。目前人类已掌握的技术，还不可能大规模开发这些资源。但是，许多国家正在对这些资源进行调查研究、试验性采集和进行开采、冶炼技术的准备工作，预计21世纪可以陆续形成各种深海采矿业。

2.2.6　海洋产业发展前景

根据《全国海洋经济发展规划纲要》，我国海洋产业要继续调整结构，优化布局，扩大规模，注重效益，提高科技含量，实现持续快速发展。加快形成海洋渔业、海洋交通运输业、海洋油气业、滨海旅游业、海洋船舶工业和海洋生物医药业等支柱产业，带动其他海洋产业的发展。

1. 海洋渔业

积极推进渔业和渔区经济结构的战略性调整，推动传统渔业向现代渔业转变，实现数量型渔业向质量型渔业转变。加快发展增养殖业，养护和合理利用近海渔业资源，发展水产品深加工及配套服务产业，努力增加渔民收入，实现海洋渔业可持续发展。

海洋捕捞业要逐步实施限额捕捞制度，控制和压缩近海捕捞渔船数量，引导渔民向海水养殖、水产品精深加工、休闲渔业和非渔产业转移。积极开展国际间双边和多边渔业合作，开辟新的作业海域和新的捕捞资源。发展远洋渔业，重点扶持一批远洋捕捞骨干企业。

海水养殖业要合理布局，改变传统的养殖方式，提高集约化和现代化水平。因地制宜发展滩涂、浅海养殖，逐步向深水水域推进，形成一批大型名特优新养殖基地；开发健康养殖技术和生态型养殖方式，推广深水网箱，合理控制养殖密度；改善滩涂、浅海养殖环境，减少病害发生。

积极发展水产品精深加工业。对产业结构进行调整，以水产品保鲜、保活和低值水产品精深加工为重点，搞好水产品加工废弃物的综合利用。提高加工技术水平，搞好水产品加工的清洁生产。培植龙头企业，创立名牌产品，认真执行水产品绿色认证标准，努力开拓国内外市场。结合水产品海洋捕捞、养殖业区域布局，建设以重点渔港为主的集交易、仓储、配送、运输为一体的水产品物流中心。

重视海洋渔业资源增殖。采取放流、底播等养护措施，人工增殖资源。要把渔业资源增殖与休闲渔业结合起来，积极发展不同类型的休闲渔业。

鼓励发展与渔业增长相适应的第三产业，拓展渔业空间，延伸产业链条，大力推进渔业产业化进程。

2. 海洋交通运输业

海洋交通运输业的发展要进行结构调整，优化港口布局，拓展港口功能，推进市场化，建立结构合理、位居世界前列的海运船队，逐步建设海运强国。

保持港口总吞吐量稳步增长，加快建设现代化集装箱、散货等深水港口设施，重点建设国际航运中心深水港和主枢纽港，扩大港口辐射能力，注重港口发展由数量增长型向质量提高型转化。集装箱运输要重点建设以上海国际航运中心为主、能靠泊7万～10万吨及其以上集装箱船舶的干线港，相应发展支线港、喂给港，促进我国形成布局合理、层次清晰、干支衔接、功能完善、管理高效的国际集装箱运输系统。

3. 海洋油气业

勘探与开发并举，利用与保护并重。开展海域综合地质调查，提出新的油气远景区和新的含油气层位，积极开展近海天然气水化合物勘探前期工作，并纳入国家能源发展规划。

海洋油气资源勘探开发要贯彻“两种资源、两个市场”的原则，实行油气并举、立足国内、发展海外，自营开采与对外合作并举，积极探索争议海域油气资源的勘探开发方式。坚持科技创新，不断提高勘探成功率和采收率；坚持上下游一体化发展，有选择地发展下游产业，完善产业结构，增强产业抗风险能力。

4. 滨海旅游业

滨海旅游业要进一步突出海洋生态和海洋文化特色，努力开拓国内、国际旅游客源市场；实施旅游精品战略，发展海滨度假旅游、海上观光旅游和涉海专项旅游；加强旅游基础设施与生态环境建设，科学确定旅游环境容量，促进滨海旅游业的可持续发展。

5. 海洋船舶工业

海洋船舶工业要突出主业、多元经营、军民结合，由造船大国向造船强国稳步发展。形成环渤海船舶工业带和以上海为中心的东海地区船舶工业基地、以广州为中心的南海地区船舶工业基地。重点发展超大型油轮、液化天然气船、液化石油气船、大型滚装船等高技术、高附加值船舶产品及船用配套设备，同时稳步提高修船能力。

海洋工程装备制造要重点发展海洋钻井平台、移动式多功能修井平台、海洋平台生产和生活模块、从浅海到深水区导管架和采油气综合模块、大型工程船舶、浮式生产储油轮。

6. 海盐及海洋化工业

海盐及盐化工业要坚持以盐为主、盐化结合、多种经营的方针，做好结构调整，提高工艺技术和装备水平，大力开发高附加值产品。继续进行海洋化学资源的综合利用和技术革新，加强系列产品开发和精深加工技术，重点发展化肥和精细化工。海洋化工要逐步形成规模较大的海水化学资源开发产业。海藻化工要不断开发新产品，扩大原料品种和产品品种，提高质量。

7. 海水利用业

把发展海水利用作为战略性的接续产业加以培植。继续积极发展海水直接利用和海水淡化技术，重点是降低成本，扩大海水利用产业规模，逐步使海水成为工业和生活设施用水的重要水源。在北方沿海缺水城市(海岛)建立海水综合利用示范基地，建设一批大规模海水利用的沿海示范城市。

8. 海洋生物医药业

积极发展海洋生物活性物质筛选技术，重视海洋微生物资源的研究开发，加强医用海洋动植物的养殖和栽培。重点研究开发一批具有自主知识产权的海洋药物。努力开发一批技术含量高、市场容量大、经济效益好的海洋中成药。积极开发农用海洋生物制品、工业海洋生物制品和海洋保健品。到 2010 年，形成初具规模的海洋医药与生化制品业。

2.3 监测对象

海洋经济监测的对象可以分成两类：一类是对海洋经济系统运行状况的监测；另一类是对海洋经济支撑因素的监测，这些因素包括陆域经济因素和人为因素，比如陆域经济的运行状况、金融和财政政策以及对人类施予海洋的活动之约束等。在区域经济综合实力的相关研究中，经济实力提升通常通过经济总量及增长、经济结构优化和经济效益提高 3 个方面来体现，这种分析结构也可以应用于海洋经济系统的运行状况描述，体现海洋经济基础、海洋经济能力和发展水平以及海洋经济运行的潜力和动力。

另外，考虑到当前海洋经济运行的可持续要求，海洋经济的监测主要从以下 4 个角度选择指标：海洋经济总量、海洋经济结构、海洋经济效益和海洋经济可持续发展。

2.4 监测范围及标准

2.4.1 监测范围

海洋经济监测范围广泛，根据原国家海洋局对海洋及相关产业的划分，海洋经济主要监测以下 28 个行业，具体见表 2-1。

表 2-1 海洋经济监测的行业范围

大类	中类
A01 海洋渔业	海水养殖
	海洋捕捞
	海洋渔业服务
	海洋水产品加工业
A02 海洋油气业	海洋石油和天然气开采
	海洋石油和天然气开采服务
A03 海洋矿业	海滨砂矿采选
	海滨土砂石开采
	海底地热、煤矿开采
	深海采矿
A04 海洋盐业	海水制盐
	海盐加工
A05 海洋船舶工业	海洋船舶制造
	海洋固定及浮动装置制造
A06 海洋化工业	海盐化工
	海藻化工
	海水化工
A07 海洋生物医药业	海洋石油化工
	海洋药品制造
	海洋保健品制造
A08 海洋工程建筑业	海上工程建筑
	海底工程建筑
	近岸工程建筑

续表 2-1

大类	中类
A09 海洋电力业	海洋能发电
	海洋风能发电
A10 海水利用业	海水直接利用
	海水淡化
A11 海洋交通运输业	海洋旅客运输
	海洋货物运输
	海洋港口
	海底管道运输
	海洋运输辅助活动
A12 滨海旅游业	滨海旅游住宿
	滨海旅游经营服务
	滨海游览与娱乐
	海洋旅游文化服务
A13 海洋信息服务业	海洋图书馆与档案馆
	海洋出版服务
	海洋卫星遥感服务
	海洋电信服务
	计算机服务
A14 海洋环境监测预报服务	海洋环境监测服务
	海洋环境预报服务
A15 海洋保险与社会保障业	海洋保险
	海洋社会保障
A16 海洋科学研究	海洋基础科学研究
	海洋工程技术研究
A17 海洋技术服务业	海洋专业技术服务
	海洋工程技术服务
	海洋科技交流与推广服务
A18 海洋地质勘查业	海洋矿产地质勘查
	海洋基础地质勘查
	海洋地质勘查技术服务

续表 2-1

大类	中类
A19 海洋环境保护业	海洋自然环境保护
	海洋环境治理
	海洋生态修复
A20 海洋教育	海洋中等教育
	海洋高等教育
	海洋职业教育
A21 海洋管理	海洋综合管理
	海洋经济管理
	海洋公共安全管理
A22 海洋社会团体与国际组织	海洋社会团体
	海洋国际组织
B23 海洋农、林业	海洋农业
	海洋林业
	海洋农、林服务业
B24 海洋设备制造业	海洋渔业专用设备制度
	海洋船舶设备及材料制造
	海洋石油生产设备制造
	海洋矿产设备制造
	海盐设备制造
	海洋化工设备制造
	海洋制药设备制造
	海洋电力设备制造
	海水利用设备制造
	海洋交通运输设备制造
	滨海旅游娱乐设备制造
	海洋环境保护专用仪器设备制造
	海洋服务专用仪器设备制造

续表 2-1

大类	中类
B26 涉海产品及材料制造业	海洋渔业相关产品制造
	海洋石油加工产品制造
	海洋化工产品制造
	海洋药物原药制造
	海洋电力及通信器材制造
	海洋工程建筑材料制造
	海洋旅游工艺品制造
	海洋环境保护材料制造
B27 涉海建筑与安装业	涉海建筑与安装
B28 海洋批发与零售业	海洋渔业批发与零售
	海洋石油产品批发与零售
	海盐批发
	海盐化工产品批发
	海洋医药保健品批发与零售
	滨海旅游产品批发与零售
	海水淡化产品批发与零售
B29 涉海服务业	海洋渔港经营服务
	海洋餐饮服务
	滨海公共交通运输服务
	海洋金融服务
	海洋特色服务
	涉海商务服务

其中主要海洋产业界定为：

A01 海洋渔业界定：包括海水养殖、海洋捕捞、海洋渔业服务及海洋水产品加工等活动。具体包括：

海上养殖	滩涂养殖	陆基养殖
其他海水养殖	远洋捕捞	近海捕捞
海水鱼苗及鱼种服务	海洋水产良种服务	海洋水产增殖服务
其他海洋渔业服务	海洋水产品加工	海洋水产品冷冻加工
海洋鱼糜制品及水产品干腌制加工	海洋水产饲料制造	海洋鱼油提取及制品的制造
海洋水产品罐头制造	海水珍珠加工	其他海洋水产品加工

A02 海洋油气业界定：指在海洋中勘探、开采、输送、加工石油和天然气的生产和服务活动。具体包括：

海洋原油开采	海洋天然气开采
海底可燃冰开采	海洋油气生产服务系统
海上油气集输系统服务	海洋油气储油系统服务
其他海洋石油和天然气开采服务	

A03 海洋矿业界定：包括海滨砂矿、海滨土砂石、海滨地热与煤矿及深海矿物等的采选活动。具体包括：

海滨黑色金属矿采选	海滨有色金属矿采选	海滨贵金属矿采选
海滨稀土金属矿采选	海滨贵重非金属矿采选	其他海滨砂矿采选
海滨建筑用砂、砾石开采	其他海滨土砂石开采	海底地热开采
海底煤矿采选	大洋多金属结核开采	大洋富钴结壳开采
海底热液矿床开采	海底化学矿采选	其他海洋矿产资源开采

A04 海洋盐业界定：指利用海水生产以氯化钠为主要成分的盐产品的活动。具体包括：

海水制盐	海盐加工

A05 海洋船舶工业界定：指以金属或非金属为主要材料，制造海洋船舶、海上固定及浮动装置的活动，以及对海洋船舶的修理及拆卸活动。具体包括：

海洋金属船舶制造	海洋非金属船舶制造	海洋娱乐和运动船舶制造
海洋船舶修理及拆船	海洋浮式装置制造	海洋固定停泊装置制造
海洋固定及浮动装置修理	其他固定及浮动装置制造及修理	

A06 海洋化工业界定：包括海盐化工、海水化工、海藻化工及海洋石油化工的化工产品生产活动。具体包括：

氯化钾制造	氯化镁制造	氯碱产品制造
纯碱制造	其他海盐化工产品制造	海藻化工产品制造
海水化学元素提取	海洋石油化工产品制造	其他海洋化工产品制造

A07 海洋生物医药业界定：指以海洋生物为原料或提取有效成分，进行海洋药品与海洋保健品的生产加工及制造活动。具体包括：

海洋生物药品制造	海洋化学药品制剂制造
海洋中药饮片加工	海洋中成药制造
海洋保健营养品制造	其他海洋保健品制造

A08 海洋工程建筑业界定：指用于海洋生产、交通、娱乐、防护等用途的建筑工程施工及其准备活动。具体包括：

海洋矿产资源开发利用工程建筑	海洋能源开发利用工程建筑	海洋空间资源开发利用工程建筑
海洋防护性工程建筑	海洋渔业设施工程建筑	海上建筑物拆除
其他海上工程建筑	海底隧道工程建筑	海底电缆、光缆的铺设
海底管道铺设	海底仓库建筑	其他海底工程建筑
围填海工程建筑	海港工程建筑	海洋娱乐设施与景观工程建筑
海水综合利用工程建筑	海洋船台船坞工程建筑	废水及其他污染物排海工程建筑
其他近岸工程建筑		

A09 海洋电力业界定：指在沿海地区利用海洋能、海洋风能进行的电力生产。不包括沿海地区的火力发电和核力发电。具体包括：

海洋潮汐能发电	海洋波浪能发电	海洋潮流能发电
海洋温差能发电	海洋盐差能发电	海洋风能发电
其他海洋能发电	海洋风能发电	

A10 海水利用业界定：指对海水的直接利用和海水淡化生产活动。包括利用海水进行淡水生产和将海水应用于工业冷却用水和城市生活用水、消防用水等活动；不包括海水化学资源综合利用活动。具体包括：

海水冷却	大生活用水	海水灌溉
其他海水直接利用	工业用淡水制造	饮用水制造
其他海水利用		

A11 海洋交通运输业界定：指以船舶为主要工具从事海洋运输以及为海洋运输提供服务的活动。具体包括：

远洋旅客运输	沿海旅客运输	远洋货物运输
沿海货物运输	海洋客运港口	海洋货运港口
海港装卸搬运	海港仓储	海港物业管理
海底油气管道运输	海底淡水管道运输	其他海底管道运输
海港港务船只调度	海运航道疏浚	海上运输监察管理
海上救助打捞活动	海洋运输代理服务	海上灯塔航标管理
跨海桥梁管理	其他海洋运输辅助活动	

A12 滨海旅游业界定：指沿海地区开展的海洋观光游览、休闲娱乐、度假住宿和体育运动等活动。具体包括：

滨海旅游饭店	滨海旅馆	其他滨海旅游经营服务
滨海旅行社	滨海游览与娱乐	滨海公园管理
滨海风景名胜区管理	滨海宗教景区管理	海滨浴场服务
海洋游乐园服务	海上休闲娱乐健身服务	海洋动植物观赏服务
其他滨海游览与娱乐	海洋文物及文化保护	滨海博物馆
滨海纪念馆	其他滨海旅游服务	

2.4.2　监测标准

1. 属于上述监测范围并具有独立核算能力的涉海法人单位和规模化个体经营户等。

（1）涉海法人单位

涉海法人单位是指沿海地区从事海洋经济活动的法人单位，包括涉海企业、涉海事业单位、涉海行政机关、涉海社团及其他涉海法人单位。

涉海企业是指在工商行政管理机关登记注册的，从事海洋产品的生产、流通、服务等经济活动的营利性法人单位。

涉海事业单位是指经机构编制部门批准成立和登记或备案，领取事业单位法人证书，从事海洋科研教育和公益服务等活动的法人单位。

涉海行政机关是指进行海洋行政管理和其他涉海行业管理的法人单位。

涉海社团是指中国公民自愿组成，为实现会员共同意愿，按照其章程开展活动的，并与海洋经济活动有关的非营利性社会组织。

其他涉海法人单位是指除涉海企事业单位、涉海行政机关、涉海社团等以外的从事海洋经济活动的法人单位。

（2）规模化个体经营户

规模化个体经营户是指沿海地区从事海洋经济活动且年产值在 100 万元以上的经营者。

2. 企业（法人）注册地点在辽宁省辖区内。

3. 多种经营性质的企业依据主营业收入确定企业所属行业。

4. 企业按照上述行业分布，选取行业内代表性企业进行调研。

第3章 海洋经济监测指标体系

3.1 指标体系设计的原则及方法

3.1.1 指标体系设计的原则

1. 科学性和实用性原则

海洋经济监测指标体系设计应当充分反映和体现海洋经济运行的内涵，从科学的角度系统而准确地理解和把握海洋经济运行的实质，客观综合地反映社会进步、经济发展、资源消耗与利用、生态环境等方面的现状。同时，指标的设置要简单明了，容易理解，要考虑数据取得的难易程度和可靠性，最好是利用现有统计资料，尽可能选择那些有代表性的综合指标和重点指标。

2. 系统性和层次性原则

海洋经济监测是一项复杂的系统工程，涉及经济、社会、资源、环境和科技 5 个子系统，各部分之间既相互独立，又相互联系。因此，指标体系的设计应根据系统的结构和层次，全面反映海洋经济运行的各个方面，较客观地描述系统发展的状态和程度，并在不同层次上采用不同的指标，指标体系结构应清楚分明，从而有利于决策者对系统进行有效的统筹配置与优化。

3. 全面性和代表性原则

指标体系作为一个有机整体是多种因素综合作用的结果。因此，海洋经济监测指标体系应反映影响海洋经济运行的各个方面，从不同角度反映被评价系统的主要特征和状况。对于各个子系统，应结合海洋经济运行的重要环节和过程，指标选取上突出代表性和典型性，避免选择意义相近、重复的指标，使指标体系简洁易用。

4. 可测性和可比性原则

指标体系的设计应充分考虑到数据的可获得性和指标量化的难易程度，尽量选取可量化的指标，对于难以量化但其影响意义重大的指标，也可以用定性指标来描述，坚持定量与定性相结合。同时，指标数据来源要准确可靠，处理方法要科学简化，这也是指标设计需要注意的问题。评价指标设置的最终目标是指导、监督和推动海洋经济运行，因此指标的可测性和可比性是指标体系设计的基本原则。

3.1.2 指标体系设计的方法

1. 目标法

目标法又叫分层法。首先确定研究的目标，即目标层，然后在其下建立一个或数个较为具体的分目标，称为准则(或类目指标)，准则层则由更为具体的指标(又叫项目指标)组成。在应用目标法时，研究者通常将系统的综合效益作为评价的目标，将资源开发的生态效益、社会效益、经济效益作为准则，选取有关要素作为评价系统是否具有可持续发展能力的指标因子。

2. 系统法

系统法就是首先按照研究对象的系统学方向进行分类，然后逐步列出指标。在应用此法建立指标体系时，研究者通常将研究区域作为自然—经济—社会复合系统，然后将复合系统分为经济、社会、资源和环境等若干子系统，通过各子系统的协调发展实现资源的优化配置。

3. 归类法

归类法就是先把众多指标进行归类，再从不同类别中抽取若干指标构建指标体系。

4. 综合法

综合法与目标法相结合，首先按系统法将资源分为发展水平和发展能力两大子系统，然后再按目标法建立各子系统的准则层与项目层。但此种方法的应用多停留在理论上，实践应用很少。

为保证指标体系严格的内部逻辑统一性，海洋经济监测指标体系的设计采用系统法。“系统法”的基本原理是：首先确定一个评价总目标，然后将它分解为若干层次(系统)，逐级发展、推导出各级子目标(系统)，最后提出描述、表达目标的各项指标，即最后一层的具体指标，进而自上而下构建出目标层—系统层—状态层—变量层的指标体系。在“系统法”指标体系中，目标层是最高层，它表示该指标体系要反映和评价的总目标；系统层将总目标分解为互相联系的若干子系统；状态层表示各子系统的发展状态情况；变量层用来表述各子系统的具体变量。

3.2 指标体系的特征及功能

3.2.1 指标体系的特征

1. 经济体系是核心

经济体系体现海洋经济运行的基本经济特征，从数量上衡量海洋经济运行水平。该体系包括经济效益、经济结构、经济发展潜力及对外开放程度等 4 个方面，从时间角度体现经济发展现状和经济增长能力，为海洋经济运行提供资金和劳动基础。

2. 产业体系是支撑

产业体系是海洋经济运行最为典型的特征构成形式。它从质和量两个方面体现海洋经济运行水平，分为第一、二、三产业以及各产业之间的联系 4 个方面。它是人类利用生态环境体系提供的资源进行物质资料生产、流通、分配和服务活动的系统。产业体系以其物质再生产功能，从客观上为海洋经济运行提供完善的运转机制。

3. 资源体系是基础

海洋经济日益成为整个经济增长的新推动力，原因就在于海洋资源的合理开发与利用。一方面缓解了陆域资源短缺的尴尬，另一方面也带动了整个沿海地区的产业链条。该体系包括可利用资源种类、数量、质量、利用率和利用状况，不但从量上反映资源丰富程度，而且从质上体现资源利用效率。

4. 环境体系是载体

该体系包括环境污染程度、环境经济损失、环境治理能力，反映海洋经济运行对环境的影响从而体现经济发展对人类生存条件的影响程度。关注人的生存质量，也是可持续发展方式和循环经济发展模式的体现。

5. 社会体系是保障

社会体系体现海洋经济社会综合发展水平。该体系包括沿海社会发展水平、海洋科技发展水平和对外开放程度，反映社会主体方面因素。

3.2.2 指标体系的功能

海洋经济监测指标体系是一个海洋资源、经济、生态环境、社会和科技等多方面协调、综合发展的整体。利用海洋经济监测指标体系，结合专家评估法、层次分析法、模糊评价法等模型，可以研究和评价一个国家或一个区域的海洋经济运行程度或状况。

1. 描述功能

描述功能是指所选指标能够客观反映任何一个时点上或时期内社会、经济、生态环境发展的现实状况和变化趋势。

2. 解释功能

解释功能是指能对海洋经济运行状态、海洋资源配置协调程度、失调原因和变化原因做出科学合理的解释。

3. 评价功能

评价功能是指根据一定的判别标准，综合测度评价对象的各系统之间的协调性，从而在整体上对海洋经济运行状况做出客观评价。

4. 监测功能

监测功能是指可对海洋经济运行状况进行监测，并对导致系统失调的主要因素进行干预，为决策和政策的制定提供科学依据。

5. 预警功能

预警功能是指可对未来系统的结构、功能进行预测，为海洋经济运行的实现提供切实可行的决策方案。

3.3 指标体系框架

3.3.1 经济子系统

经济子系统是海洋经济运行的核心。经济子系统以其物质再生产功能为其他子系统的完善提供物质和资金支持。只有在经济发展到一定水平时，才能有更多的资金投入到资源开发和环境保护中去，才能发展文化教育事业，提高生活水平，改善生活条件，促进社会进步。经济子系统与其他子系统之间的协调和矛盾关系表现为：一方面，各种非生产投入（如环保、教育和消费等）会减少生产性投资，从而抑制经济增长，因此经济子系统与其他子系统之间存在利益冲突；另一方面，增加其他子系统的投入有利于系统外在要素（人力资源、自然资源和环境质量等）质量的提高，在它们的推动下，有助于经济效益的改善，所以，经济子系统与其他子系统之间又存在着协调关系。

经济子系统从经济效益、经济结构、经济发展潜力和对外开放程度4个方面来体现海洋经济运行的状况。经济效益是反映海洋经济运行的最直接、最核心的一类指标,衡量海洋经济“量”的方面。通过主要海洋产业总产值、主要海洋产业增加值、海洋产业增加值占全国海洋GDP的比重、海洋产业增加值占其地区GDP的比重、沿海地区人均储蓄额、沿海地区人均社会消费品零售总额、沿海地区人均可支配收入7个三级指标反映该地区海洋经济运行的大概状况和趋势。

经济结构从总体上衡量海洋经济的发展水平,衡量海洋经济“质”的方面。通过海洋三次产业结构比例、主要海洋产业增加值占地方GDP的比重、海洋第三产业产值占海洋总产值的比重、全国海洋第二产业增长对地区海洋第二产业增长弹性系数、海洋产业霍夫曼系数、海洋产业结构变化值指数6个三级指标反映海洋经济三次产业的发展比例、产业格局和结构。产业体系依照海洋经济的相关产业分类,分产业说明各海洋产业的发展水平,表现为海洋三次产业、其他海洋产业4个方面,下设84个三级指标。海洋第一产业反映与渔业相关的产业基本情况;海洋第二产业反映以电力、船舶、油气、化工为代表的生产制造业基本情况;海洋第三产业反映以旅游、交通运输为代表的服务业基本情况;其他海洋产业反映除上述产业外与海洋经济相关的产业基本情况。这四个方面用各产业总产值增长率、各产业总产值占主要海洋产业总产值的比重、劳动生产率、劳动力成本等84个三级指标反映。

经济发展潜力反映经济增长态势及投资等对未来经济发展影响重大的因素,由岸线开发强度、主要海洋产业总产值的年增长率、地区固定资产投资密度、海洋产业(沿海地区)实际利用外资额占全国份额4个三级指标衡量。

对外开放程度也是反映经济水平的特征之一,从古至今越开放的社会其经济发展越迅速,由海关进出口总额和年利用外资总额2个三级指标反映。

3.3.2 资源子系统

资源子系统是海洋经济运行的物质基础。资源是人类社会存在和发展的物质基础。经济的发展实际上是人类掌握的自然资源作用于社会经济资源的过程。人类总是在开发与利用资源的过程中获得效益。社会进步是资源满足人们需求的体现。随着人类利用和改造环境能力的提高,资源的外延和内涵也在不断扩大,资源与环境的界限也经常变化。发展与资源存在冲突与协调的关系:技术进步与外界投资促进资源利用率提高,培育可再生资源和寻找非再生资源,提高了资源存量;而经济与人口子系统的消耗增加了对资源的开采和使用,使资源存量不断减少。因此,资源子系统的持续与协调发展必须考虑区域内资源。

海洋资源指标从总体上考查评估海洋资源价值,遵循资源价值规律以达到可持续发展的经济要求。资源要素通过可利用资源种类、资源数量、资源质量、资源利用率和资源可持续利用水平5个二级指标来反映，并由海洋生物资源种类、矿产资源种类、海洋空间资源等46个三级指标衡量。

可利用资源种类反映该地区拥有海洋资源的丰富程度，可利用资源的种类越丰富则该地区海洋经济运行的潜力越大。可利用资源种类从海洋生物资源、矿产资源、空间资源、能源资源、旅游资源5个方面体现。

资源数量也反映海洋资源的丰富程度，可利用资源数量越多则越能更加有力地支持海洋经济运行。可利用资源数量由海域面积、海岸线长度、沿海地区滩涂面积、沿海地区湿地面积、海岛总数及面积、海湾资源面积、近海渔场面积、海水可养殖面积、沿海地区港口数量、海洋类型自然保护区数量、沿海省市旅行社单位数量、沿海地区星级宾馆数量、沿海省市旅游景点数量、海洋能储量、生物资源量、海底油气储量、海洋矿产资源储量17个指标衡量。

资源质量也是反映海洋资源丰富程度的指标，该地区资源质量越高越能更好地实现可持续发展，用较少资源量发挥较大经济作用。海洋资源质量指标体现在宜用岸线长度、宜捕捞优势海洋生物资源种类、吞入量较高港口数量、优势海洋矿产种数4个方面。

资源利用率反映该地区的资源利用效率，由可利用海域利用率、滩涂利用率、海岛利用率、港口开发利用率、海洋生物资源利用率、海洋矿产资源开采率、海洋旅游资源利用率、海洋能利用率、海底石油利用率、海底天然气利用率、海洋空间资源利用率、近海养殖产出比率12个指标衡量。

资源可持续利用水平反映该地区消耗海洋资源的情况，体现了海洋资源在经济发展中发挥的作用，直接反映该地区可持续发展水平。资源可持续利用水平由生物资源的年度捕捞增长率、海洋石油资源的年度开采增长率、海洋天然气资源的年度开采增长率、滨海砂矿资源的年度开采增长率、海底多金属结核和多金属软泥资源的年度开采增长率、沿海地区海盐产量年度增长率、海水利用业的发展比率、可再生资源的发展比率8个指标衡量。

3.3.3　环境子系统

环境子系统是海洋经济运行的空间支持。环境是各种生物存在和发展的空间，是资源的载体。环境质量水平直接关系人类的生活条件和身体健康，影响自然资源的存量水平。发展与环境承载力之间也存在冲突与协调两种关系。一方面，环境承载力的上升取决于环保投资和环境改造技术水平，海洋经济运行可以为环境改善和治理提供必要的资金和技术，两者是协调的；另一方面，经济增长和消费水平的提高会增加污染的排放，导致环境承载力下降，两者又是矛盾的。环境子系统协调发展的关键在于发展要与环境系统的承载力相适应。环境子系统与资源子系统间也存在着密切联系。

海洋环境指标以海洋经济运行为落脚点，评估海洋资源开发与经济运行中对水体生态环境保护的程度，指标涉及海洋生态环境的建设、修复与保护。环境保护情况从环境污染程度、环境污染经济损失和环境污染治理能力 3 个方面体现，下设 26 个三级指标。

环境污染程度反映了客观事实，包括海洋倾倒区数量及面积、近海水域排污口数量、入海径流的数量及类型、沿海区域工业废水万元产值排放量、沿海地区工业固体废物万元产值排放量、沿海地区疏浚物排放量等 14 个三级指标。

环境污染经济损失用货币价值对环境污染的量化来表示，包括陆源污染造成的经济损失、海洋风暴潮直接经济损失、海洋赤潮直接经济损失 3 个三级指标。

环境污染治理能力反映该地区对环境污染处理的潜在能力和处理力度，包括沿海地区工业废水排放达标率、沿海地区工业固体废物处理率、沿海地区“三废”排放达标率、海洋环境治理投资额占海洋 GDP 的比重等 9 个三级指标。

3.3.4 社会子系统

社会子系统是海洋经济运行的保障。社会系统的质量是资源、生态环境和经济系统实现协调发展的关键。而合理的政策、体制，良好的社会伦理道德和历史文化沉淀以及稳定的社会环境等因素，是实现海洋经济运行的保证。尤其是在社会系统中，完备的政策、法律以及科学的管理，是系统实现协调发展的重要保证。

社会子系统从社会角度反映与海洋经济间的相互影响，由沿海地区社会发展水平、海洋科技发展水平和对外开放度 3 个二级指标衡量，下设 23 个三级指标。

沿海地区社会发展水平从人的角度反映该地区居民生活现状，体现社会和经济之间的互动关系，包括失业率、人均居住面积、社会保险支出占 GDP 的比重、养老保险支出占 GDP 的比重、医疗保险支出占 GDP 的比重和海洋综合管理水平 6 个三级指标。

海洋科技发展水平在现代经济发展科技依存程度不断提高的背景下，重要性日益提高，体现了科学技术是第一生产力的真理。包括海洋科研机构数量、海洋专业在校生人数、万人拥有海洋专业在校生人数、海洋教育投入经费总额、拥有高级职称的海洋科研机构专业技术人员比重、海洋科技经费筹集总额、海洋科技经费占地区研发经费的比重、海洋科技论文发表数量、海洋科技专利受理数量、海洋科技贡献率等 15 个三级指标。

3.3.5　科技子系统

科技子系统是海洋经济运行的支撑。科技的有效利用是可持续发展的支撑。科学技术的进步，不仅可以更加有效地促进海洋经济运行管理水平的提高，加深人类对海洋的理解和认识，开拓新的可利用的海洋资源领域，而且可以更加有效地提高现有海洋资源的综合利用效率，提供保护自然资源和生态环境的有效手段。当前，海洋科学技术不仅在人口、资源、经济和环境等多个维度得以体现，而且也使得科技自身的发展呈现社会化、生态化、产业化和环境化的趋势。

3.4　常用的指标体系

3.4.1　海洋经济总量指标

海洋经济是陆海一体化的经济，海洋的大规模开发离不开陆域经济的支持。沿海地区加强海陆经济联动，可以实现两者资源互补、产业互动和布局互联。因此，经济总量指标中不仅要有考查海洋经济自身运行情况的指标，而且要有考查陆域宏观经济的指标，目的是分析其对海洋经济的影响作用。

另外，海洋经济涉及行业多、范围广，加之自身具有高投入、高技术和高风险的特点，对外依存度较高的产业不可避免地会受到世界经济的冲击。考虑到国际原油价格对油气业、化工业和交通运输业的影响，出口订单对船舶工业的影响以及世界经济环境对旅游业的影响，综合海洋支柱产业和新兴产业，我们选择海洋油气业、海洋交通运输业以及滨海旅游业的产值作为反应海洋经济波动情况的主要参考指标。海洋经济总量指标如表 3－1 所示。

表 3－1　海洋经济总量指标

反映宏观经济情况的指标	(1) 沿海地区生产总值，是对沿海地区经济发展总体水平的描述 (2) 沿海地区固定资产投资总额，反映地区固定资产投资规模 (3) 沿海地区固定资产投资完成额，反映地区固定资产投资的完成情况 (4) 沿海地区基础设施建设投入，是政府财政支出的一部分，反映基本建设投资规模 (5) 海域开发建设和场地使用费支出，是政府财政支出的一部分 (6) 沿海地区本外币存款余额，反映沿海地区资金的供给情况 (7) 沿海地区本外币贷款余额，反映银行对经济形势的判断，沿海地区融资需求情况 (8) 沿海地区社会商品零售总额，反映消费支出强弱，表示消费者对整个经济景气形势的判断

续表 3-1

反映海洋经济情况的指标	(9) 海洋生产总值,反映海洋产业总体发展水平 (10) 主要海洋产业增加值,反映海洋产业总体发展水平 (11) 海洋产业固定资产投资总额,衡量海洋生产力发展水平和发展速度 (12) 海洋产业固定资产投资完成额,反映工程进度和投资效果 (13) 沿海地区涉海产业就业人数 (14) 海洋产业实际利用外商投资额,反映外国资本对我国海洋经济状况和资本获利性、安全性的判断
反映海洋经济情况的指标	(15) 海洋产品及服务进口总额 (16) 海洋产品及服务出口总额,是海洋产品和服务需求结构中重要的一环,反映海洋产业对外依赖性 (17) 海洋产业财政收入,反映海洋经济活跃程度
反映对经济波动的敏感性情况	(18) 海洋油气业产值 (19) 海洋交通运输业产值 (20) 滨海旅游业产值

3.4.2 海洋经济结构指标

海洋经济结构指标涉及海洋经济运行中重要的结构关系,如产业结构、投资结构、进出口结构和劳动力结构等。海洋开发是一个涉及多行业、多领域的系统工程,海洋产业结构协调发展和产业布局的合理化,是海洋经济持续健康发展的动力。合理有效地利用人力、财力、物力和自然资源是推动科技进步和提高劳动生产率、提高海洋经济增长率的重要保障。要在保持传统海洋产业快速增长的同时,积极推动海洋经济结构的优化和调整。海洋经济结构指标如表 3-2 所示。

表 3-2 海洋经济结构指标

反映产业结构的指标	(1) 海洋第二产业增加值/海洋生产总值,在统计数据不足时,海洋生产总值可用主要海洋产业增加值代替 (2) 海洋第三产业增加值/海洋生产总值 (3) 海洋高新技术贡献率,海洋高技术产业产值/海洋产业总产值
反映进出口结构的指标	(4) 海洋产业及服务出口额/海洋生产总值 (5) 海洋产业产品及服务出口额/沿海地区生产总值
反映劳动力结构的指标	(6) 沿海地区涉海就业人数/沿海地区就业人数 (7) 主要海洋产业就业人数/沿海地区就业人数 (8) 海洋第三产业从业人数/沿海地区涉海就业人数,在统计数据不足时,沿海地区涉海就业人数可用沿海地区就业人数代替 (9) 海洋科研机构从业人数/沿海地区涉海就业人员,在统计数据不足时,沿海地区涉海就业人数可用沿海地区就业人数代替
反映投资结构的指标	(10) 海洋产业固定资产投资额/沿海地区固定资产投资总额

3.4.3　海洋经济效益指标

经济效益是资金占用、成本支出与有用生产成果之间的比较。在分析海洋经济效益时，本书从海洋经济的产出效率、海洋经济的增长潜力以及海洋经济的增长稳定性 3 个角度选择指标。产出效率是指单位要素投入所获得的产出，海洋经济中投入要素为劳动和资本，因此可以选择单要素生产率或者全要素生产率。分析的目的在于观察海洋产业一定时期的收益及获利能力。海洋经济的增长潜力测度当前海洋经济运行中新的生产能力、生产能力提高的情况及经济系统能够提供的技术支持等。分析的目的在于反映海洋经济的新增长点。海洋经济的增长稳定性是指海洋经济的增长围绕着潜在增长能力(即发挥了各种经济资源效率所能达到的最大限度的增长率)上下波动在一定的区间内。分析的目的在于衡量海洋经济长期运行趋势的稳定性。若海洋经济增长率过度偏离潜在增长率，则意味着海洋经济增长存在较大波动，易造成资源的巨大浪费或者开发不足。海洋经济效益指标如表 3－3 所示。

表 3－3　海洋经济效益指标

反应产出效率的指标	(1) 人均海洋生产总值，海洋生产总值在统计数据不足的情况下用主要海洋产业增加值代替 (2) 沿海地区人均可支配收入 (3) 人均海洋产业利税总额 (4) 海洋全员劳动生产率，反映沿海地区每个涉海就业人员平均创造的价值，值越高表明经济增长质量越高 (5) 劳动弹性系数，海洋生产总值增长率/沿海地区涉海就业人数增长率，是反映投入效率的动态指标 (6) 资源产出率，消耗一次资源所产生的国内生产总值，反映自然资源利用效益 (7) 资本产出率，海洋生产总值/沿海地区固定资产投资总额
反应增长潜力的指标	(8) 海洋生产总值/海洋科技经费投入 (9) 沿海地区涉海就业人数增长率 (10) 海洋高新技术产品销售收入
反应增长稳定性的指标	(11) 主要海洋产业增加值增长率(X) (12) 海洋经济增长波动率$(X_t - X_{t-1})/X_{t-1}$ (13) 海洋经济增长持续度(X_t/X_{t-1})，若经济增长率持续度不小于 1，则经济增长持续性好；若经济增长率持续度小于 1，则经济增长持续性差

3.4.4　海洋经济可持续性指标

海洋经济可持续性监测主要以海洋经济的可持续发展为目标，在现行经济运行方式下，监测经济增长和海洋资源效率、生态环境的相互影响。海洋产业有别于陆域产业，由海洋环境与海洋资源的自然特性决定的现代海洋产业演进需要更多的条件、具有较大的风险。要使海洋产业发挥带动陆域经济的作用并实现可持续发展，就要考虑不同于陆域经济的供求约束、协调机理和产业发展规律。现代经济中任何经济活动的进行都依赖于资源的消耗。海洋资源的特性决定海洋经济运行存在极大的不确定性，海洋产业的生产能力表现为资源的储量、开发量以及供给规模和速度。在选择这类指标时，由于监测的短期分析的要求，应选择较易显示变动趋势的指标，以加强对资源可持续利用的监测，及时对替代资源进行研究和开发。海洋环境污染和海洋灾害的影响也应在监测指标体系中体现，这些因素会使海洋经济发展中的风险突出，对风险的控制应立足于对环境污染的及时治理和对海洋灾害的经济损失的评估、补偿。海洋经济可持续性指标如表 3－4 所示。

表 3－4　海洋经济可持续性指标

反映环境污染程度的指标	(1) 工业废水排放总量/海岸线长度 (2) 工业固体废物排放量 (3) 工业废水直接入海量/海岸线长度 (4) 海域污染面积/海域面积，海域污染面积包括水质评价等级中的轻度、中度和严重污染面积
反映环境治理情况的指标	(5) 工业固体废物综合利用量 (6) 沿海地区工业废水的重复利用率 (7) 工业废水排放达标率 (8) 沿海地区工业污染治理项目完成投资额 (9) 沿海地区污染治理项目当年竣工数量/计划数量
反映资源状况、海洋产业生产能力的指标	(10) 沿海地区海水养殖面积 (11) 浅海滩涂海湾可养殖面积 (12) 海洋油气储量 (13) 海盐生产能力 (14) 海洋矿产资源开采率 (15) 可再生资源回收再利用率 (16) 沿海地区风能发电能力 (17) 沿海地区旅行社单位数
反应海洋灾害影响程度的指标	(18) 海洋灾害经济损失/海洋生产总值(海洋灾害包括风暴潮、赤潮、海浪、溢油和海冰等)

3.5　四级指标体系构建

海洋经济监测五大子系统可分解为生产投入、生产经营、生产能力、影响因素、海洋资源、海洋环境、海洋灾害、海洋科技、海洋教育、海洋综合管理、海洋服务、海洋文化、空间信息类指标、经济指数类指标、社会民生类指标、综合区域类指标及其他一级监测指标。根据这些一级指标建立完整的四级监测指标体系如表3-5所示。

表3-5　海洋经济运行四级监测指标体系

一级指标	二级指标	三级指标	四级指标
生产投入	原材料		原材料名称
			原材料购进数量
			#原材料进口数量
			原材料费用
			#原材料进口额
	设备		设备名称
			设备数量
			设备生产能力
			设备原值
			#进口设备原值
			设备生产企业名称
			设备生产国家/地区
			设备投产日期
	人力资源	从业人员	按行业分从业人员数
			按学历分从业人员数
			按年龄分从业人员数
			按专业技术职称分从业人员数
			按技术等级分从业人员数
		劳动报酬	劳动者报酬总额
			按工作岗位分从业人员工资
	技术		科技活动经费
			#研究与试验发展(R&D)经费支出
			#新产品开发经费支出
			专利申请数量
			#发明专利申请数量
			签订技术引进合同数量
			技术引进合同总金额

续表 3－5

一级指标	二级指标	三级指标	四级指标
生产投入	融资	金融	银行贷款总额
			短期贷款额
			长期贷款额
			利息总额
		证券	上市公司名称
			上市公司所属板块类型
			上市公司股票筹资总额
			上市公司股票境外筹资额
			上市公司首次公开发行筹资额
			上市公司增发筹资额
			上市公司配股筹资额
			上市公司市价总值
			上市公司客户资产总值
			可转换公司债、可分离债券筹资额
		外商直接投资	外商直接投资合同金额
			外商直接投资实际使用金额
		政府投资	财政拨款金额
			实际使用财政拨款金额
	水和能源消费	水消费	水消费量
			水消费额
		能源消费	电消费量
			电消费额
			煤炭消费量
			煤炭消费额
			煤气消费量
			煤气消费额
			天然气消费量
			天然气消费额

续表 3－5

一级指标	二级指标	三级指标	四级指标
生产投入	水和能源消费	能源消费	液化石油气消费量
			液化石油气消费额
			汽油消费量
			汽油消费额
			煤油消费量
			煤油消费额
			柴油消费量
			柴油消费额
			燃料油消费量
			燃料油消费额
	固定资产投资		按构成分固定资产投资总额
			按建设性质分固定资产投资总额
			按资金来源分固定资产投资总额
			固定资产计划投资
			自年初累计完成投资
生产经营	产值	总产值	海洋捕捞总产值
			＃远洋捕捞总产值
			海水养殖总产值
			海洋渔业服务总产值
			海洋水产品加工总产值
			海洋油气业总产值
			海洋矿业总产值
			海洋盐业总产值
			船舶制造总产值
			船舶修理总产值
			船舶配套产品总产值
			海洋化工业总产值
			海洋生物医药业总产值

续表 3－5

一级指标	二级指标	三级指标	四级指标
生产经营	产值	总产值	海洋工程建筑业总产值
			海洋电力业总产值
			海水利用业总产值
			海洋交通运输业营运收入
			滨海旅游业营业收入
			#滨海国际旅游营业收入
		增加值	海洋捕捞增加值
			#远洋捕捞增加值
			海水养殖增加值
			海洋渔业服务增加值
			海洋水产品加工增加值
			海洋油气业增加值
			海洋矿业增加值
			海洋盐业增加值
			船舶制造增加值
			船舶修理增加值
			船舶配套产品增加值
			海洋化工业增加值
			海洋生物医药业增加值
			海洋工程建筑业增加值
			海洋电力业增加值
			海水利用业增加值
			海洋交通运输业增加值
			滨海旅游业增加值
		出口额	海水产品出口总额
			#远洋捕捞海水产品出口额
			海洋油气产品出口额
			海滨砂矿出口额

续表 3－5

一级指标	二级指标	三级指标	四级指标
生产经营	产值	出口额	海洋盐业产品出口额
			海洋化工产品出口额
			海洋生物医药产品出口额
			海洋船舶出口额
			海水利用设备出口额
			海洋技术出口创汇额
	产量	产出量	海洋捕捞产量
			＃远洋捕捞产量
			＃＃国内到港水产品数量
			海水养殖产量
			海洋水产加工品产量
			海洋原油产量
			海洋天然气产量
			按矿种分海洋矿业产量
			海盐产量
			＃食用盐产量
			＃工业用盐产量
			修船完工艘数
			造船完工艘数
			造船完工量
			海洋工程装备产品名称
			海洋工程装备产量
			海盐化工产品产量
			海洋石油化工产品产量
			海洋生物医药产品产量
			＃药品产量
			＃保健品产量
			按类型分海洋工程建筑项目数量

续表 3-5

一级指标	二级指标	三级指标	四级指标
生产经营	产值	产出量	按投资主体分海洋工程建筑项目数量
			按类型分海洋工程建筑项目自开始建设累计完成投资额
			按类型分海洋工程建筑项目本年完成投资额
			海洋电力年发电量
			#上网发电量
			风电年平均等效满负荷发电小时数
			海水冷却年综合利用量
			#循环利用量
			按用途分海水淡化产量
			城市生活用水年综合利用量
			海水灌溉年综合利用量
			货运量
			#远洋货运量
			##国内航运公司运量
			货物周转量
			#远洋货物周转量
			按港口分货物吞吐量
			#外贸货物吞吐量
			按货种分货物吞吐量
			#外贸货物吞吐量
			客运量
			#远洋客运量
			旅客周转量
			#远洋旅客周转量
			按港口分旅客吞吐量
			#出港旅客吞吐量
			按港口分集装箱吞吐量
			集装箱运量

续表 3－5

一级指标	二级指标	三级指标	四级指标
生产经营	产值	产出量	接待入境旅游者人次数
			接待入境旅游者人天数
			接待国内旅游者人次数
			接待国内旅游者人天数
		出口量	海水产品出口量
			＃远洋捕捞海水产品出口量
			海洋油气产品出口量
			海滨砂矿出口量
			海洋盐业产品出口量
			海洋化工产品出口量
			海洋生物医药产品出口量
			海洋船舶出口量
			海水利用设备出口量
	经营状况	生产效益	营业收入
			主营业务收入
			营业费用
			管理费用
			＃税金
			财务费用
			＃利息支出
			营业利润
			补贴收入
			利润总额
			应交所得税
			应交增值税
			进项税额
			销项税额
		工资福利	本年应付工资总额
			本年应付福利费总额

续表 3-5

一级指标	二级指标	三级指标	四级指标
生产经营	经营状况	经营销售	工业总产值
			工业销售产值
		资产负债	应收账款
			应付账款
			流动资产年平均余额
			年初存货
			年末存货
			固定资产原价
			累计折旧
生产能力	生产规模	养殖面积	海水养殖面积
			#海上养殖面积
			#滩涂养殖面积
		苗种场	海水苗种场数量
			海水育苗水体体积
		盐田面积	盐田总面积
			盐田生产面积
		海水利用	海水淡化项目数量
			海水冷却项目数量
			#海水循环冷却项目数量
			大生活海水利用项目数量
			海水灌溉面积
		海运航线	按港口分航线名称
			按港口分国内航线数量
			按港口分国内航线里程
			按港口分国际航线数量
			按港口分国际航线里程
			按港口分国际航线挂靠港口数量
		滨海旅游接待能力	星级饭店个数
			星级饭店客房数量

续表 3-5

一级指标	二级指标	三级指标	四级指标
生产能力	生产规模	滨海旅游接待能力	星级饭店床位数量
			星级饭店客房出租率
			按等级分旅行社数量
			国内旅行社数量
			国际旅行社数量
	生产设施	渔港设施	渔港个数
			#国家中心渔港
			#一级渔港
			#二级渔港
		渔船设施	海洋生产渔船数量
			#远洋渔船数量
			海洋生产渔船总吨数
			海洋生产渔船功率
			远洋渔船总功率
		油气开发设施	海洋油田采油井数量
			海洋油田采气井数量
			海洋油田注水井数量
			海洋油田其他井数量
			海洋油气钻井船数量
			海洋油气物探船数量
			海洋油气其他工作船数量
			大型原油运输船数量
			液化天然气运输船数量
			海上油气平台数量
		船舶设施	船厂船台个数
			船厂船台规模
			船坞个数
			船坞规模

续表 3-5

一级指标	二级指标	三级指标	四级指标
生产能力	生产设施	船舶设施	码头个数
			码头规模
		海洋工程建筑设备	按资质等级分海洋工程建筑企业数量
			年末自有施工机械设备台数
			年末自有施工机械设备净值
		港口设施	按靠泊能力分码头泊位数量
			按主要用途分码头泊位数量
			按靠泊能力分新(扩)建码头泊位数量
			按主要用途分新(扩)建码头泊位数量
			按靠泊能力分码头长度
			按主要用途分码头长度
			按港口分仓库堆场面积
			按港口分铁路专用线总延长长度
			按港口分输油管线总延长长度
			按港口分港务船舶数量
		航运设施	海洋运输船舶拥有量
			#远洋运输船舶拥有量
		海洋电力设施	按类型分海洋能发电站个数
			风电场个数
			风力发电机台数
			风电装机容量
	生产效率	海盐生产效率	年末海盐生产能力
		造船生产效率	单位修正总吨耗时数
		电力生产效率	按电力类型分海洋电力发电站装机容量
		淡化水生产效率	海水淡化平均日产淡水量
		海洋化工产品生产效率	人均化工产品销售收入
		港口生产效率	平均每装卸千吨货在港停时
			在港装卸货物总重量

续表 3-5

一级指标	二级指标	三级指标	四级指标
生产能力	技术能力	油气勘探能力	海洋油气勘探二维地震测线长度
			海洋油气勘探三维地震测线面积
			海洋油气勘探预探井数量
			海洋油气勘探评价井数量
		油气开采能力	海洋油气开发水深
			海洋石油平均采收率
		海水淡化能力	海水淡化成本
		造船能力	船台最大设计产品吨位
			船坞最大设计产品吨位
		海洋工程装备制造能力	海洋工程装备工作水深
影响因素	市场因素	市场需求	新承接船舶订单量
			手持船舶订单量
			#手持船舶订单出口量
			新承接海洋工程装备订单量
			手持海洋工程装备订单量
			建筑用砂量
			工业盐需求量
			海洋化工产品市场需求
			海洋化工原材料市场供给
			电力能源供应量
			电力能源消费量
			沿海地区水资源蕴藏量
			沿海地区水资源消费量
			能够利用海水冷却的企业数量
			货物进出口总额
			#海运量
			船舶租赁成交量

续表 3－5

一级指标	二级指标	三级指标	四级指标
影响因素	市场因素	市场需求	船舶租赁成交额
			二手船市场成交量
			二手船市场成交额
		金融市场	人民币汇率
			通货膨胀率
			利息率
		进出口市场	原盐进口量
			原盐进口价格
			按船型分船舶出口总量
			按船型分船舶出口金额
			按船型分船舶进口总量
			按船型分船舶进口金额
			按国别分遭遇贸易壁垒合同个数
			按贸易壁垒类型分遭遇贸易壁垒合同个数
			按国别分遭遇贸易壁垒合同金额
			按贸易壁垒类型分遭遇贸易壁垒合同金额
			水产品出口反倾销诉讼案个数
			水产品出口反补贴诉讼案个数
			按国别分水产品出口关税比率
		市场价格	国际原油现货价格
			国际原油期货价格
			燃油价格
			主要船型新船价格
			主要船型船舶租赁价格
			海运价格
			钢材综合价格指数
			海洋化工原材料市场价格
			海洋工程建筑原材料市场价格
			上网电价
			按类型分淡水价格

续表 3－5

一级指标	二级指标	三级指标	四级指标
影响因素	技术因素	同行业技术能力	石油平均采收率
			石油勘探开发成本
			原油加工量
			炼油能力
		科技创新能力	按海洋产业分专利申请受理数量
			＃发明专利申请受理数量
		产业配套能力	兆瓦级风电设备产量
			船舶配套产品金额
			＃进口船舶配套产品
	政策因素	政策扶持	税费减免额
			出口退税额
		行业补贴	地方政府风电补贴金额
			国家风电补贴金额
			CDM(清洁发展机制)补贴项目数量
			CDM(清洁发展机制)年补贴金额
			海水淡化项目国家补贴金额
			海水淡化项目地方政府补贴金额
海洋资源	赋存资源量		海域面积
			岸线长度
			滩涂面积
			湿地面积
			深水港址数
			海水浴场名称
			海水浴场数量
			海水浴场面积
			按级别分滨海景区数量
			沿海主要渔场个数
			海洋鱼类资源量

续表 3-5

一级指标	二级指标	三级指标	四级指标
海洋资源	赋存资源量		其他海洋生物资源量
			重要药用生物资源量
			海洋石油累计探明地质储量
			海洋天然气累计探明地质储量
			海滨矿砂资源储量
			海底多金属结核资源储量
			潮汐能蕴藏量
			海流能蕴藏量
			波浪能蕴藏量
			海水盐差能蕴藏量
			海洋风能蕴藏量
	利用资源量		已利用海域面积
			#渔业用海面积
			#工业用海面积
			#交通运输用海面积
			#旅游娱乐用海面积
			#造地工程用海面积
			海岸线利用长度
			#渔业用海岸线利用长度
			#工业用海岸线利用长度
			#交通运输用海岸线利用长度
			#旅游娱乐用海岸线利用长度
			#造地工程用海岸线利用长度
			滩涂已开发面积
			海洋盐业累计产量
			海洋矿业累计产量
			海洋石油累计产量
			海洋天然气累计产量

续表 3-5

一级指标	二级指标	三级指标	四级指标海洋资源
海洋资源	潜在资源量		未开发利用岸线长度
			海洋石油剩余经济可采储量
			海洋天然气剩余经济可采储量
海洋环境	海水环境质量		清洁海域面积
			较清洁海域面积
			轻度污染海域面积
			中度污染海域面积
			重度污染海域面积
	陆源污染情况		按流域所处地区分工业企业数量
			按流域所处地区分工业废水排放量
			按流域所处地区分工业废水排放达标量
			按流域城镇分生活污水排放量
			沿海地区工业企业数量
			沿海地区工业废水排放量
			#直接排入海的工业废水排放量
			沿海地区工业废水排放达标量
			沿海地区工业固体废物排放量
海洋灾害	灾害损失		海洋灾害次数
			#风暴潮灾害次数
			#赤潮灾害次数
			#巨浪灾害次数
			#海冰灾害次数
			#船舶溢油灾害次数
	灾害损失		海洋灾害受灾面积
			淹没农(盐)田面积
			海水养殖受灾面积
			损毁海堤数
			受灾人口数

续表 3-5

一级指标	二级指标	三级指标	四级指标海洋资源
海洋灾害	灾害损失		死亡(失踪)人数
			按灾害类型分直接经济损失
			按海洋产业分直接经济损失
海洋科技	机构		海洋科研机构数量
			企业在国外办科技机构数量
	人员		从业人员
			#参加科技项目人员数
			#科技管理和服务人员数
			#女性科技活动人员数
			#全时人员数
			按职称分从事科技活动人员数
			按学历分从事科技活动人员数
			按产业分从事科技活动人员数
			按产业分研究与试验发展(R&D)活动人员折合全时当量
			#科学家和工程师当量数
			按学历分研究与试验发展(R&D)人员
			按工作量分研究与试验发展(R&D)人员
			按工作性质分研究与试验发展(R&D)人员
			按产业分研究与试验发展(R&D)人员
	经费收入		按资金来源分科技活动经费筹集额
			承担政府科研项目经费
			技术性收入
			生产经营活动收入
			#产品销售收入
	经费支出		按产业分科技经费支出总额
			按产业分研究与试验发展(R&D)经费支出
			#新产品开发经费支出
			按产业分委托外单位开展科技活动经费支出
			#对研究院所及高等学校的支出
			#对其他企业的支出

续表 3-5

一级指标	二级指标	三级指标	四级指标海洋资源
海洋科技	课题和成果情况		按类型分研究课题数量
			按产业分研究课题数量
			按产业分科技项目数量
			＃新产品开发项目数量
			＃研究与试验发展(R&D)项目数量
			按产业分成果登记数量
			按产业分已应用成果数量
			按级别分获奖成果数量
			按产业分获奖成果数量
			按产业分发表科技论文数量
			＃在国外期刊上发表的科技论文数量
			出版科技著作数量
			按产业分专利授权数量
			＃国外授权数量
			按产业分拥有发明专利总数量
			＃购买的发明专利数量
			R&D 课题数量
	基本建设		基本建设投资实际完成额
	资产与负债		按产业分资产合计
			流动资产
			固定资产
			＃科研房屋建筑物
			＃科研仪器设备和图书资料
			无形资产
			对外投资
			按产业分负债合计
			按产业分科研仪器设备总额合计
	企业科技活动产出		按产业分新产品产值
			按产业分新产品销售收入

续表 3-5

一级指标	二级指标	三级指标	四级指标
海洋科技	企业科技活动产出		#新产品出口销售收入
			海洋高技术产品产量
			海洋高技术产品产值
			海洋高技术产品销售收入
			海洋高技术产品进口额
			海洋高技术产品出口额
			海洋高技术产品进出口总额
	企业技术获取情况		按产业分技术改造经费支出
			按产业分技术引进经费支出
			按产业分消化吸收经费支出
			按产业分购买国内技术经费支出
			按产业分享受各级政府对技术开发的减免税
海洋教育	涉海学校情况		开设海洋专业的学校名称
			开设海洋专业的科研机构名称
	海洋专业情况		海洋专业个数
			海洋专业点数
	海洋专业学生情况		按学历分招生数
			按学历分在校生数
			按学历分毕业班学生数
			按学历分毕业生数
			按学历分授予学位数
			海洋专业毕业生初次就业人数
			#从事海洋领域工作人数
			##从事本专业相关工作人数
			按去向分海洋专业就业学生数
			初次就业学生平均工资期待值
			初次就业学生实际平均工资
			按学历分海洋专业学生的需求人数
			按专业分海洋专业学生的需求人数

续表 3-5

一级指标	二级指标	三级指标	四级指标
海洋教育	海洋专业教师情况		教职工总数
			专任教师数
			#高级职称人数
			研究生指导教师人数
			#高级职称人数
	海洋专业经费情况		海洋专业经费收入总额
			海洋专业经费支出总额
			开设海洋专业学校国家财政性教育经费收入
	教育培训情况		就业人员参加学习培训人数
			#参加技能培训人数
			就业人员参加学习培训次数
			#参加技能培训次数
			学校举办海洋相关培训次数
			学校举办海洋相关培训参加人次
海洋综合管理	海洋经济运行管理	海洋渔业管理	伏季休渔海上巡航检查次数
			重大渔业纠纷和涉外事件处理率
			海洋渔业捕捞许可证数量
			海洋渔业限额捕捞指标
		海洋油气业管理	海洋石油天然气安全中介机构资质证书数量
			海洋油气安全生产许可证数量
			海洋油气特种作业操作资格证书数量
			海洋石油建设项目安全预评价报告评审通过率
		海滨砂矿业管理	海域采砂临时用海使用证数量
		海洋船舶工业管理	船舶制造企业资格认证证书数量
			船舶制造产品认证证书数量
		海洋交通运输业管理	船舶签证审批数量
			船舶防污染证书数量

续表 3-5

一级指标	二级指标	三级指标	四级指标
海洋综合管理	海洋经济运行管理	海洋交通运输业管理	船员证审批数量
			引航员注册和任职资格证书数量
	海洋经济安全管理	水资源安全	沿海地区人均水资源量
			沿海地区水资源开发利用程度
		能源安全	海洋石油自给率
			海洋石油进口率
			海上石油平台安全生产天数
		海上航道安全	年度海军护航次数
			年度海上航行安全里程数
			水上拖带大型设施和移动式平台许可证数量
			船舶进入或穿越禁航区许可证数量
			通航水域岸线安全使用许可证数量
		海洋渔业安全	远洋渔船遭国外政府扣押天数
		海洋矿业安全	海洋煤矿勘探开采遭遇渗水、坍塌事故次数
	海洋行政管理	海域使用管理	按类型分发放海域使用权证书数量
			按类型分确权海域面积
			按类型分海域使用金征收金额
			新增项目缴纳金额
			海域使用金减免金额
			签发海底电缆铺设许可证上施工的长度
			签发海底电缆铺设许可证上施工的长度
			签发海底管道铺设许可证上施工的长度
			签发海底管道铺设许可证上施工的长度
			围填海占用岸线长度
			填海后用途
			围填海投资总额
			围填海造陆面积
			围填海竣工后形成的土地价值

续表 3－5

一级指标	二级指标	三级指标	四级指标
海洋综合管理	海洋行政管理	海洋环保管理	倾倒区个数
			倾倒区面积
			本期新增倾倒区个数
			本期新增倾倒区面积
			本期关闭倾倒区个数
			本期关闭倾倒区面积
			签发疏浚物海洋倾倒许可证数量
			疏浚物批准倾倒量
			疏浚物实际倾倒量
			收缴倾倒费
			审批海洋工程环评报告书数量
			新建项目“三同时”检查次数
			海洋工程竣工验收项目个数
			海洋石油勘探开发收缴排污费
			赤潮监控区个数
			生态监控区个数
			按行政等级分海洋自然保护区数量
			按行政等级分海洋自然保护区面积
			按行政等级分海洋特别保护区数量
			按行政等级分海洋特别保护区面积
		海监执法	海洋行政执法承办案件数量
			海洋行政执法办结案件数量
			海洋行政处罚决定数量
			#已执行海洋行政处罚决定数量
			按类型分海洋执法监督检查项目个数
			按类型分海洋执法监督检查次数
			按类型分海洋执法监督检查发现违法行为数量

续表 3－5

一级指标	二级指标	三级指标	四级指标
海洋综合管理	海洋行政管理	海监执法	出动船舶航次
			出动船舶航时
			出动船舶航行里程
			出动飞机架次
			出动飞机航时
		渔政海上执法	渔政海上执法案件数量
			渔政海上执法行政处罚决定
			渔政海上执法检查项目个数
			渔政海上执法检查项目次数
			渔政海上执法检查项目发现违法行为数量
		海事执法	海上行政处罚数
			＃海船行政处罚数
			＃船员行政处罚数
			＃船舶所有人、经营人行政处罚数
			沿海海区巡航次数
			沿海港区巡航次数
			沿海海区巡航时间
			沿海港区巡航时间
			沿海海区巡航里程
			沿海港区巡航里程
			沿海海区巡航发现违法行为次数
			沿海港区巡航发现违法行为次数
海洋服务	海洋经营服务	海洋渔港经营服务	提供有效避风港池面积
			可容纳避风渔船艘数
			补网场地面积
		海洋餐饮服务	餐饮企业个数
			年销售额
			＃海鲜销售额
			餐位数
			接待顾客人次

续表 3-5

一级指标	二级指标	三级指标	四级指标
海洋服务	海洋经营服务	涉海法律服务	涉海律师事务所个数
			律师业务件数
			＃船舶业务件数
			＃货物运输业务件数
		涉海保险服务	涉海保险机构个数
			签单数量
			＃船舶保险签单数量
			＃货物运输保险签单数量
			签单保费金额
			＃船舶保险签单保费金额
			＃货物运输保险签单保费金额
			保费收入
			＃船舶保险保费收入
			＃货物运输保险保费收入
			赔款及给付额
			＃船舶保险赔款及给付额
			＃货物运输保险赔款及给付额
		海洋产品批发与零售	海洋水产品批发额
			海洋水产品零售额
			海洋渔业机械批发额
			海洋石油及制品批发额
			海洋石油产品零售额
			海盐产品批发额
			纯碱、烧碱批发额
			海洋化肥批发额
			海水淡化产品批发额
			海水淡化产品零售额

续表 3-5

一级指标	二级指标	三级指标	四级指标
海洋服务	海洋技术服务	海洋地质勘查	海洋地质勘查服务次数
		海洋工程勘察	海洋工程勘察项目个数
		海洋工程咨询服务	海洋工程技术评审项目个数
			海域使用论证报告书评审份数
			海洋环境影响报告书评审份数
			海洋工程招标项目个数
			海洋工程投标项目个数
			海洋单位资质认证注册个数
			海洋单位资质培训考试次数
		海洋标准计量	制定国家标准(规程)个数
			制定行业标准(规程)个数
			计量器具检定/校准个数
			计量监督检查次数
		海洋科技推广与交流	海洋技术推广活动次数
			海洋科技交流服务次数
	海洋综合服务	海洋信息服务	图书馆馆藏量
			档案存储量
			科技档案馆接待读者人次
			科技档案馆借阅案卷次数
			卫星遥感接收次数
			卫星遥感全年接收时间
			卫星遥感全年实际接收存档数据量
			卫星遥感全年累计存档数据量
			卫星数据分发数据量
			甚高频无线电话个数
			甚高频无线电话通话量
			海底光缆通信量
			年末拥有海洋网站数量
			海洋网站访问量
			海洋网站信息量

续表 3－5

一级指标	二级指标	三级指标	四级指标
海洋服务	海洋综合服务	海洋环境监测预报服务	海洋环境观测台站个数
			海洋环境监测类型
			海洋监测实际获得数据量
			海洋调查种类
			海洋调查项目数量
			海洋调查实际获得数据
			海洋调查发布通报量
			海洋环境预报项目类型
			海洋环境预报服务次数
			海洋环境预报发布次数
			＃海洋环境预报广播电视发布次数
			＃海洋环境预报因特网发布次数
			发布海洋灾害预警预报类型
			发布海洋灾害预警预报次数
		海洋环境保护服务	按流域所处地区分工业废水处理量
			按流域分废水治理设施数量
			按流域分本年运行费用
			按流域分工业废水治理施工项目数量
			按流域分工业废水治理竣工项目数量
			按流域分工业废水治理竣工项目新增处理能力
			按流域分污水处理厂数量
			按流域分污水处理厂处理能力
			按流域分处理生活污水量
			工业固体废物处置量
			工业固体废物综合利用量
			工业废水治理本年施工项目数量
			工业废水治理本年竣工项目数量

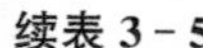
续表 3-5

一级指标	二级指标	三级指标	四级指标
海洋服务	海洋综合服务	海洋环境保护服务	工业废水治理项目完成投资额
			工业固体废物治理本年施工项目数量
			工业固体废物治理本年竣工项目数量
			海洋生态修复工程项目数量
			海洋生态修复工程投资额
		海上救助服务	遇险人数
			获救人数
			死亡、失踪人数
			搜救有效率
			获救船舶
			沉没船舶
			舰船艘次
			飞机架次
		海洋社会团体与国际组织	海洋专业团体个数
			海洋行业团体个数
			海洋国际组织个数
			海洋专业团体单位名称
			海洋行业团体单位名称
			海洋国际组织单位名称
海洋文化	文化事业机构情况		文化事业机构个数
			文化事业机构名称
			文化事业机构年接待人次
			文化事业机构年营业收入
	图书出版发行情况		图书出版种数
			图书总印数
	期刊出版发行情况		期刊种数
			期刊总印数
	报纸出版发行情况		报纸种数
			报纸总印数

续表 3-5

一级指标	二级指标	三级指标	四级指标
海洋文化	海洋文化活动		海洋文化活动次数
			海洋文化活动参加总人数
空间信息类指标	所属普查区信息		普查区编码
			普查区名称
			普查区示意图的编码
			详细地址
			点的经度
			点的纬度
	所属建筑物信息		建筑物编码
			建筑物名称
			建筑物类型
			建筑物层数
经济指数类指标	涉海行业价格指数		农产品生产价格指数
			海水鱼类价格指数
			工业品出厂价格指数
			农副食品加工业价格指数
			石油和天然气开采业价格指数
			有色金属矿采选业价格指数
			非金属矿采选业价格指数
			化学原料及化学制品制造业价格指数
			医药制造业价格指数
			电力、热力的生产和供应业价格指数
			水的生产和供应业价格指数
			交通运输设备制造业价格指数
			固定资产投资(建安工程)价格指数
			居民消费价格指数
			居民消费(交通类)价格指数
			商品零售价格指数

续表 3-5

一级指标	二级指标	三级指标	四级指标
经济指数类指标	海洋产业价格指数		海洋水产品零售价格指数
			海洋化工产品出厂价格指数
			海洋船舶工业产品出厂价格指数
			海水利用业产品出厂价格指数
			海洋生物医药产品出厂价格指数
	海洋经济景气指数		海洋企业家信心指数
			海洋企业景气指数
社会民生类指标	涉海就业人员家庭负担	负担人口	涉海就业人员家庭人口数
			每一涉海就业者负担人数
		收入情况	涉海就业人员家庭总收入
			♯涉海就业人员收入
			涉海就业人员家庭人均可支配收入
	渔民生活	负担人口	渔业人口数
		收入支出	全年总收入
			转移性收入
			全年纯收入
			♯渔业纯收入
			生活支出
			♯食物支出
		政府扶持	政府渔业保险补贴支出
			水产品良种生产政府补贴支出
			沿海城市海防基础设施建设政府年均财政支出
	居民生活	食品摄入	居民海产品蛋白质人均摄入量
			居民海盐人均摄入量
			海洋保健品人均消费量
		休闲度假	滨海旅游度假天数

续表 3-5

一级指标	二级指标	三级指标	四级指标
综合区域类指标	临港工业区	基本情况	园区名称
			园区类型
			园区企业个数
			土地面积
			占用岸线长度
		地区经济	地区生产总值
			#第二产业增加值
			#第三产业增加值
			工业总产值
			利税总额
			工业产品销售收入
		对外经济贸易	直接利用外资合同数
			直接利用外资合同额
			实际直接利用外资额
			外贸出口总额
		就业情况	从业人员期末人数
			#第二产业从业人员数
			#第三产业从业人员数
			从业人员人均劳动报酬
		投资情况	固定资产投资
			#基础设施投资
		财政情况	财政收入
	海岛经济（有居民岛）	基本情况	海岛名称
			岛陆连接方式
			海岛面积
			岛屿岸线长度
			#人工岸线长度
			距陆地最近点的离岸距离
			人口数

续表 3-5

一级指标	二级指标	三级指标	四级指标
综合区域类指标	海岛经济（有居民岛）	资源条件	淡水资源量
			滩涂面积
			林地面积
			石油探明地质储量
			天然气探明地质储量
			矿产资源储量
			港址个数
			＃深水港址个数
		基础设施	港口个数
			港口码头长度
			星级饭店个数
			星级饭店客房总数
			旅游景点个数
			普通高等学校数量
			普通中学数量
			普通小学数量
			医疗、卫生院数量
			广播、电视台数量
			邮电局所数量
			体育场馆数量
			污水处理厂数量
			垃圾处理站数量
			保护区面积
		生产能力	海洋捕捞产量
			海水养殖产量
			海水养殖面积
			年末海盐生产能力
			年发电量
			海水利用量

续表 3 - 5

一级指标	二级指标	三级指标	四级指标
综合区域类指标	海岛经济（有居民岛）	地区经济	地区生产总值
			#第二产业增加值
			#第三产业增加值
			工业总产值
			工业增加值
			全社会固定资产投资总额
		海洋经济	海洋渔业总产值
			#水产品加工业总产值
			海洋油气业总产值
			海洋矿业总产值
			海洋盐业总产值
			海洋化工业总产值
			海洋生物医药业总产值
			海洋电力业总产值
			海水利用业总产值
			海洋船舶工业总产值
			海洋工程建筑业总产值
			海洋交通运输业总产值
			滨海旅游业总产值
			其他海洋产业总产值
	海岛经济（无居民岛）	基本情况	海岛名称
			岛陆连接方式
			海岛面积
			岛屿岸线长度
			#人工岸线长度
			距陆地最近点的离岸距离
		资源条件	淡水资源量
			滩涂面积

续表 3－5

一级指标	二级指标	三级指标	四级指标
综合区域类指标	海岛经济（无居民岛）	资源条件	林地面积
			石油探明地质储量
			天然气探明地质储量
			矿产资源储量
			港址个数
			＃深水港址个数
其他	世界经济	经济总量	按国别分海洋经济产值
			按国别分海洋经济增加值
		产业活动	按国别分、按行业分各海洋产业产量
		就业及收入	按国别分、按行业分海洋经济就业人员数
			按国别分、按行业分海洋经济劳动报酬

注：＃、＃＃表示其中的意思，表示其属于它前面大类别里的一部分。

对海洋经济监测而言，建立合理的指标体系意义重大。随着对海洋经济运行机制和运行状况的深入分析，海洋经济监测的指标体系也在不断修正和完善。目前宏观经济监测的分析主要集中于对周期波动进行分析，找出统计规律，分解出风险因素等。建立海洋经济监测指标体系是一项循序渐进的工作，随着海洋经济数据的完善，统计周期的延长，统计口径的统一，越来越多的相对成熟的宏观经济监测方法将被运用到海洋经济运行分析当中。

第4章 海洋经济评估体系[①]

4.1 经济规模

经济规模主要反映海洋经济总量指标情况，采用海洋生产总值、海洋对外贸易进出口额、海洋固定资产投资额、涉海就业人数等指标来衡量。指标含义和计算方法具体如下：

4.1.1 海洋生产总值

海洋生产总值是海洋经济生产总值的简称，指按市场价格计算的沿海地区（包括沿海省、自治区和直辖市，下同）常住单位在一定时期内海洋经济活动的最终成果，是海洋产业及海洋相关产业增加值之和。

4.1.2 海洋对外贸易进出口额

海洋对外贸易进出口额是指国与国之间海洋货物贸易和海洋服务贸易的金额总和。海洋货物贸易主要指海洋水产品、海洋生物药品、海洋船舶、海洋化工制品等货物的进出口贸易。海洋服务贸易主要指海运、海洋旅游、涉海金融等服务的进出口贸易。

4.1.3 海洋固定资产投资额

海洋固定资产投资额是指以货币形式表现的在一定时期内为开发、利用、保护海洋资源而建造和购置固定资产的工作量以及与此有关的费用的总称。

4.1.4 涉海就业人员数

涉海就业人员数是指从事海洋经济活动的全社会就业人员数量。

---

① 本章内容参照《海洋经济评估技术规程》(HY/T 0277—2019)，依据辽宁省海洋经济评估实际工作开展情况编写。

4.2 经济结构

经济结构主要反映海洋经济的产业构成、人员构成以及变化程度与趋势等，采用海洋产业与海洋相关产业构成、海洋三次产业构成等指标来衡量。

4.2.1 海洋产业与海洋相关产业构成

海洋产业与海洋相关产业构成是指海洋产业增加值与海洋相关产业增加值分别占海洋生产总值的相对比。计算方法见公式(4－1)。

$$C_{m-r}=\frac{AV_m}{\mathrm{GOP}}:\frac{AV_r}{\mathrm{GOP}} \tag{4-1}$$

式中：C_{m-r}——海洋产业与海洋相关产业构成；

AV_m——海洋产业增加值；

AV_r——海洋相关产业增加值；

GOP——海洋生产总值。

4.2.2 海洋三次产业构成

海洋三次产业构成是指海洋第一产业增加值、海洋第二产业增加值和海洋第三产业增加值分别占海洋生产总值的相对比。其中，海洋第一产业即海洋渔业以及海洋相关产业中属于第一产业范畴的部门；海洋第二产业即海洋水产品加工业、海洋油气业、海洋矿业、海洋盐业、海洋船舶工业、海洋工程装备制造业、海洋化工业、海洋药物和生物制品业、海洋工程建筑业、海洋可再生能源利用业、海水利用业以及海洋相关产业中属于第二产业范畴的部门；海洋第三产业即除海洋第一、二产业以外的其他海洋经济产业门类，具体包括：海洋交通运输业、滨海旅游业、海洋科研教育管理服务业，以及海洋相关产业中属于第三产业范畴的部门。计算方法见公式(4－2)。

$$C_{p-s-t}=\frac{AV_p}{\mathrm{GOP}}:\frac{AV_s}{\mathrm{GOP}}:\frac{AV_t}{\mathrm{GOP}} \tag{4-2}$$

式中：C_{p-s-t}——海洋三次产业构成；

AV_p——海洋第一产业增加值；

AV_s——海洋第二产业增加值；

AV_t——海洋第三产业增加值；

GOP——海洋生产总值。

4.2.3 海洋第三产业比重

海洋第三产业在海洋经济中的结构比率，通常从增加值和就业人员两个方面来测度。海洋第三产业增加值比重即海洋第三产业增加值占海洋生产总值的比重，反映海洋经济中第三产业的产业构成；海洋第三产业就业人员比重即海洋第三产业就业人员数占全部涉海就业人员数的比重，反映涉海劳动力结构。海洋第三产业增加值比重计算方法见公式(4－3)，海洋第三产业就业人员比重计算方法见公式(4－4)。

$$R_{AV_t}=\frac{AV_t}{\mathrm{GOP}}\times 100\% \tag{4-3}$$

式中：R_{AV_t}——海洋第三产业增加值比重；

AV_t——海洋第三产业增加值；

GOP——海洋生产总值。

$$R_t=\frac{L_t}{L_m}\times 100\% \tag{4-4}$$

式中：R_t——海洋第三产业就业人员比重；

L_t——海洋第三产业就业人员数；

L_m——全部涉海就业人员数。

4.2.4 海洋新兴产业增加值比重

海洋新兴产业增加值占海洋生产总值的比重，反映海洋经济中新兴产业的构成。计算方法见公式(4－5)。

$$R_e=\frac{AV_e}{\mathrm{GOP}}\times 100\% \tag{4-5}$$

式中：R_e——海洋新兴产业增加值比重；

AV_e——海洋新兴产业增加值；

GOP——海洋生产总值。

4.2.5 分产业增加值比重

海洋渔业、海洋交通运输业、海洋油气业等某海洋产业增加值占海洋生产总值的比重，反映海洋经济中某海洋产业的构成。计算方法见公式(4－6)。

$$R_i=\frac{AV_i}{\mathrm{GOP}}\times 100\% \tag{4-6}$$

式中：R_i——i 海洋产业增加值比重；

AV_i——i 海洋产业增加值；
GOP——海洋生产总值。

4.2.6 海洋产业结构变动度

海洋产业结构变动度是指与初始时期相比，海洋产业增加值比重的综合变动程度。值越大，表示相对于初始时期产业结构的变化幅度越大；值越小，则表示相对于初始时期产业结构的变化幅度越小。计算方法见公式(4－7)。

$$K_j = \sum_{i=1}^{m} |R_{ij} - R_{i0}| \tag{4-7}$$

式中：K_j——j 时期相对于初始时期海洋产业结构变化值；
R_{ij}——j 时期 i 海洋产业增加值在海洋经济中所占比重；
R_{i0}——初始时期 i 海洋产业增加值在海洋经济中所占比重；
m——海洋产业个数。

4.2.7 海洋产业经济弹性系数

海洋产业经济弹性系数是指某海洋产业增加值的相对变化量与海洋生产总值相对变化量的比值。比值大于 1，说明该海洋产业增长速度大于海洋生产总值增长速度，是海洋经济增长的重要动力；比值等于 1，说明该海洋产业与海洋经济处于同步增长阶段；比值小于 1，说明该海洋产业增长速度低于海洋生产总值增长速度，产业发展呈萎缩趋势。计算方法见公式(4－8)。

$$\tau_i = \frac{AV_{i,t+1}/AV_{i,t}}{GOP_{t+1}/GOP_t} \tag{4-8}$$

式中：τ_i——海洋产业经济弹性系数；
$AV_{i,t}$，$AV_{i,t+1}$——t 年、$t+1$ 年 i 海洋产业增加值；
GOP_t，GOP_{t+1}——t 年、$t+1$ 年海洋生产总值。

4.3 经济布局

经济布局主要反映海洋产业布局集聚或专业化程度，采用区位熵、赫芬达尔-赫希曼指数、空间基尼系数等指标来衡量。

4.3.1 区位熵

区位熵是指某区域某海洋产业比重与全国该产业比重的比值，反映该区域海洋产业的专业化程度。区位熵越高，表示某地区在某海洋产业上的专业化水平越高，反之则表示某地区在某海洋产业上的专业化水平越低。计算方法见公式(4-9)。

$$LQ_{ij}=\frac{e_{ij}/e_j}{E_i/E_n} \tag{4-9}$$

式中：LQ_{ij}——j 地区 i 海洋产业区位熵；

e_{ij}——j 地区 i 海洋产业增加值；

e_j——j 地区海洋生产总值；

E_i——全国 i 海洋产业增加值；

E_n——全国海洋生产总值。

4.3.2　赫芬达尔-赫希曼指数(HHI)

赫芬达尔-赫希曼指数(HHI)是衡量产业集中度的综合指数。HHI 指数的取值范围为[0,1]，指数越大，产业集中度越高。计算方法见公式(4-10)。

$$HHI_i=\sum_{j=1}^{n}(e_{ij}/E_i)^2 \tag{4-10}$$

式中：HHI_i——i 海洋产业的 HHI 指数；

e_{ij}——j 地区 i 海洋产业增加值；

E_i——全国 i 海洋产业增加值；

n——地区个数。

4.3.3　空间基尼系数

空间基尼系数是衡量产业空间集聚程度的指标。空间基尼系数的取值范围为[0,1]，空间基尼系数越大，产业集聚度越高。计算方法见公式(4-11)。

$$G=\sum\left(\frac{e_j}{E_n}-\frac{e_{ij}}{E_i}\right)^2 \tag{4-11}$$

式中：G——空间基尼系数；

e_{ij}——j 地区 i 海洋产业增加值；

e_j——j 地区海洋生产总值；

E_i——全国 i 海洋产业增加值；

E_n——全国海洋生产总值。

4.4　经济质量

经济质量主要反映海洋经济增长的效率及节能降耗水平，采用海洋劳动生产率、海洋科技进步贡献率、单位海洋生产总值水耗、单位海洋生产总值能耗等指标来衡量。

4.4.1 海洋劳动生产率

海洋劳动生产率是指一定时期内涉海就业人员的劳动效率，综合反映海洋经济生产技术水平、经营管理水平和劳动素质水平等。计算方法见公式(4-12)。

$$R_L=\frac{GOP}{\frac{L_i+L_{i-1}}{2}} \tag{4-12}$$

式中：R_L——海洋劳动生产率；

GOP——海洋生产总值；

L_i——第 i 年涉海就业人员数；

L_{i-1}——第 $i-1$ 年涉海就业人员数。

4.4.2 海洋科技进步贡献率

海洋科技进步贡献率是指利用海洋资源和海洋空间进行各类社会生产、交换、分配和消费等活动时，除资金和劳动等生产要素以外其他要素增长对经济增长的贡献率。计算方法见公式(4-13)。

$$E_A=1-\alpha\frac{k}{y}-\beta\frac{l}{y} \tag{4-13}$$

式中：E_A——海洋科技进步贡献率；

α——海洋产业资本弹性系数，经测算取经验值 0.3；

β——海洋产业劳动弹性系数，经测算取经验值 0.7；

k——报告期内海洋产业资本增长率加权平均值，计算方法见公式(4-14)；

l——报告期内海洋产业劳动投入增长率加权平均值，计算方法见公式(4-15)；

y——报告期内海洋产业产出增长率加权平均值，计算方法见公式(4-16)。

$$k=\sum_{i=1}^{m}\frac{\sum_{t=t_1}^{t_2}k_i(t)}{t_2-t_1}\gamma_i \tag{4-14}$$

式中：k——报告期内海洋产业资本增长率加权平均值；

$k_i(t)$——第 t 年 i 海洋产业资本增长率，其中 $t\in[t_1,t_2]$；

γ_i——i 海洋产业增加值在海洋生产总值中的比重；

m——海洋产业个数。

$$l = \sum_{i=1}^{m} \frac{\sum_{t=t_1}^{t_2} l_i(t)}{t_2 - t_1} \gamma_i \tag{4-15}$$

式中：l——报告期内海洋产业劳动投入增长率加权平均值；

$l_i(t)$——第 t 年 i 海洋产业劳动投入增长率，其中 $t \in [t_1, t_2]$；

γ_i——i 海洋产业增加值在海洋生产总值中的比重；

m——海洋产业个数。

$$y = \sum_{i=1}^{m} \frac{\sum_{t=t_1}^{t_2} y_i(t)}{t_2 - t_1} \gamma_i \tag{4-16}$$

式中：y——报告期内海洋产业产出增长率加权平均值；

$y_i(t)$——第 t 年 i 海洋产业产出增长率，其中 $t \in [t_1, t_2]$；

γ_i——i 海洋产业增加值在海洋生产总值中的比重；

m——海洋产业个数。

4.4.3　单位海洋生产总值水耗

单位海洋生产总值水耗是指每生产一个单位的海洋生产总值所消耗的淡水资源量，采用一定时期内淡水资源消耗量与海洋生产总值的比值来表示，综合反映海洋产业节水降耗能力以及水资源利用与管理水平。计算方法见公式(4-17)。

$$V_p = \frac{V}{\text{GOP}} \tag{4-17}$$

式中：V_p——单位海洋生产总值水耗；

V——水资源消费量；

GOP——海洋生产总值。

4.4.4　单位海洋生产总值能耗

单位海洋生产总值能耗是指每生产一个单位的海洋生产总值所消耗的能源，采用一定时期内能源消费总量与海洋生产总值的比值来表示，综合反映能源消费水平和节能降耗状况。计算方法见公式(4-18)。

$$E_p = \frac{E}{\text{GOP}} \tag{4-18}$$

式中：E_p——单位海洋生产总值能耗；

E——能源消费总量；

GOP——海洋生产总值。

4.5 经济效益

经济效益主要反映涉海企业的盈利能力与经营效率，采用主营业务收入利润率、百元资产实现的主营业务收入、产成品存货周转天数、百元主营业务收入中的成本、资产利润率、成本费用利润率等指标来衡量。

4.5.1 主营业务收入利润率

主营业务收入利润率是指涉海企业一定时期利润总额占主营业务收入的比率，反映涉海企业主营业务的盈利能力。计算方法见公式(4-19)。

$$I=\frac{P}{R}\times 100\% \tag{4-19}$$

式中：I——主营业务收入利润率；

P——利润总额；

R——主营业务收入。

4.5.2 百元资产实现的主营业务收入

百元资产实现的主营业务收入是指涉海企业每百元资产所实现的主营业务收入，反映涉海企业的盈利能力。计算方法见公式(4-20)和公式(4-21)。

$$M=\frac{R}{\overline{A}}\times 100\% \tag{4-20}$$

式中：M——百元资产实现的主营业务收入；

R——主营业务收入；

$\overline{A}$——资产平均占有额。

$$\overline{A}=\frac{A_{t_0}+A_{t_1}}{2} \tag{4-21}$$

式中：$\overline{A}$——资产平均占有额；

A_{t_0}——年初资产总额；

A_{t_1}——年末资产总额。

4.5.3 产成品存货周转天数

产成品存货周转天数是指涉海企业从取得存货开始，至消耗、销售为止所经历的天数。周转天数越少，说明存货变现速度越快。计算方法见公式(4-22)和公式

(4-23)。

$$T=\frac{360}{C/\overline{S}} \tag{4-22}$$

式中：T——产成品存货周转天数；

C——主营业务成本；

$\overline{S}$——平均产成品存货。

$$\overline{S}=\frac{S_{t_0}+S_{t_1}}{2} \tag{4-23}$$

式中：$\overline{S}$——平均产成品存货；

S_{t_0}——年初产成品存货；

S_{t_1}——年末产成品存货。

4.5.4　百元主营业务收入中的成本

百元主营业务收入中的成本是指涉海企业每百元主营业务收入中所占的主营业务成本，反映企业的单位经营成本。计算方法见公式(4-24)。

$$H=\frac{C}{R}\times 100 \tag{4-24}$$

式中：H——百元主营业务收入中的成本；

C——主营业务成本；

R——主营业务收入。

4.5.5　资产利润率

资产利润率是指涉海企业的利润总额占同期资产平均占用额的比率，反映涉海企业资产的盈利能力。计算方法见公式(4-25)和公式(4-26)。

$$RoA=\frac{P}{\overline{A}}\times 100\% \tag{4-25}$$

式中：RoA——资产利润率；

P——利润总额；

$\overline{A}$——资产平均占有额。

$$\overline{A}=\frac{A_{t_0}+A_{t_1}}{2} \tag{4-26}$$

式中：$\overline{A}$——资产平均占有额；

A_{t_0}——年初资产总额；

A_{t_1}——年末资产总额。

4.5.6 成本费用利润率

成本费用利润率是指涉海企业的利润总额占成本费用总额的比率，反映涉海企业生产成本及费用投入的经济效益。计算方法见公式(4－27)。

$$cp=\frac{P}{C_t}\times 100\% \tag{4-27}$$

式中：cp——成本费用利润率；

P——利润总额；

C_t——成本费用总额。

4.6 经济贡献

经济贡献主要反映海洋经济对国民经济、就业、对外贸易等方面的贡献，采用海洋生产总值占国内生产总值的比重、海洋经济对国民经济的直接贡献率、海洋经济对国民经济的拉动、涉海就业人数占全社会就业人数的比重等指标来衡量。

4.6.1 海洋生产总值占国内生产总值的比重

海洋生产总值占国内生产总值的比重是指按当年价格计算的海洋生产总值占国内生产总值的比重，反映海洋经济总量规模贡献。计算方法见公式(4－28)。

$$p=\frac{\mathrm{GOP}}{\mathrm{GDP}}\times 100\% \tag{4-28}$$

式中：p——海洋生产总值占国内生产总值的比重；

GOP——海洋生产总值；

GDP——国内生产总值。

4.6.2 海洋经济对国民经济的直接贡献率

海洋经济对国民经济的直接贡献率是指按可比价格计算的海洋生产总值增量占国内生产总值增量的比率，反映海洋经济对国民经济的增量贡献。计算方法见公式(4－29)。

$$v=\frac{\mathrm{GOP}_{\Delta t}}{\mathrm{GDP}_{\Delta t}}\times 100\% \tag{4-29}$$

式中：v——海洋经济对国民经济的直接贡献率；

$\mathrm{GOP}_{\Delta t}$——海洋生产总值增量(按可比价格计算)；

GDP_{Δ}——国内生产总值增量(按可比价格计算)。

4.6.3　海洋经济对国民经济的拉动

海洋经济对国民经济的拉动是指按可比价格计算的国内生产总值增长速度与海洋经济对国民经济的直接贡献率的乘积,反映国民经济增速中海洋经济的贡献。计算方法见公式(4-30)。

$$w = r_{GDP} \times v \tag{4-30}$$

式中:w——海洋经济对国民经济的拉动;

r_{GDP}——国内生产总值增长速度(按可比价格计算);

v——海洋经济对国民经济的直接贡献率。

4.6.4　涉海就业人数占全社会就业人数的比重

涉海就业人数占全社会就业人数的比重,反映国民经济中涉海行业的就业贡献。计算方法见公式(4-31)。

$$\delta = \frac{L_m}{L} \tag{4-31}$$

式中:δ——涉海就业人数占全社会就业人数的比重;

L_m——涉海就业人数;

L——全社会就业人数。

4.6.5　海洋对外贸易进出口额占全国对外贸易进出口总额的比重

海洋对外贸易进出口额占全国对外贸易进出口总额的比重,反映国家对外贸易中海洋产品与服务的贡献。计算方法见公式(4-32)。

$$\mu = \frac{T_m}{T_c} \tag{4-32}$$

式中:μ——海洋对外贸易进出口额占全国对外贸易进出口总额的比重;

T_m——海洋对外贸易进出口额;

T_c——全国对外贸易进出口总额。

第5章 海洋经济评估模型应用

本章将介绍海洋经济评估中的模型与方法以及实例：5.1 节、5.2 节介绍灰色系统模型与回归分析模型在海洋经济问题中的应用，并介绍单一使用经济模型的方法与步骤；5.3 节以我国近年来海洋捕捞与海水养殖时间序列数据为例，探讨综合运用海洋经济模型分析数据的比较与解析方法，以期开拓读者运用模型研究经济问题的思路。

5.1 灰色系统及其在海洋经济中的应用

5.1.1 灰色系统理论的基本概念

在控制论中，人们常用颜色的深浅形容信息的明确程度，如艾什比(Ashby)将内部信息未知的对象称为黑箱(Black Box)，这种名称已为人们普遍接受。我们用“黑”表示信息未知，用“白”表示信息完全明确，用“灰”表示部分信息明确、部分信息不明确。相应地，信息完全明确的系统称为白色系统，信息未知的系统称为黑色系统，部分信息明确、部分信息不明确的系统称为灰色系统。

定义 1　信息完全明确的系统称为白色系统。

定义 2　信息未知的系统称为黑色系统。

定义 3　部分信息明确、部分信息不明确的系统称为灰色系统。

1. 灰色系统理论的基本原理

公理 1(差异信息原理)　“差异”是信息，凡信息必有差异。

公理 2(解的非唯一性原理)　信息不完全，不确定的解是非唯一的。

公理 3(最少信息原理)　灰色系统理论的特点是充分开发利用已占有的“最少信息”。

公理 4(认知根据原理)　信息是认知的根据。

公理 5(新信息优先原理)　新信息对认知的作用大于老信息。

公理 6(灰性不灭原理)　“信息不完全”是绝对的。

2. 灰色关联度计算步骤

定义 4(灰色关联公理)

设 $\boldsymbol{X}_0=(x_0(1),x_0(2),\cdots,x_0(n))^{\mathrm{T}}$ 为系统特征序列，$\boldsymbol{X}_i=(x_i(1),x_i(2),\cdots,x_i(n))^{\mathrm{T}}(i=1,2,\cdots,m,m>2)$ 为相关因素序列，给定实数 $r(x_0(k),x_i(k))$，若实数 $r(X_0,X_i)=\frac{1}{n}\sum_{k=1}^{n}r(x_0(k),x_i(k))$，且满足：

(1) 规范性　$0<r(\boldsymbol{X}_0,\boldsymbol{X}_i)\leqslant 1$，$r(\boldsymbol{X}_0,\boldsymbol{X}_i)=1\Leftarrow\boldsymbol{X}_0=\boldsymbol{X}_i$；

(2) 整体性　对于 $\boldsymbol{X}_i,\boldsymbol{X}_j\in X=\{\boldsymbol{X}_s|s=0,1,\cdots,m;m\geqslant 2\}$，有

$$r(\boldsymbol{X}_i,\boldsymbol{X}_j)\neq r(\boldsymbol{X}_j,\boldsymbol{X}_i)\quad i\neq j$$

(3) 对称性　对于 $\boldsymbol{X}_i,\boldsymbol{X}_j\in X$，有 $r(\boldsymbol{X}_i,\boldsymbol{X}_j)=r(\boldsymbol{X}_j,\boldsymbol{X}_i)\Leftrightarrow X=\{\boldsymbol{X}_i,\boldsymbol{X}_j\}$；

(4) 接近性　$|x_0(k)-x_i(k)|$ 越小，$r(x_0(k),x_i(k))$ 越大，则称 $r(\boldsymbol{X}_0,\boldsymbol{X}_i)=\frac{1}{n}\sum_{k=1}^{n}r(x_0(k),x_i(k))$ 为 $\boldsymbol{X}_i,\boldsymbol{X}_j\in X$ 的灰色关联度，其中 $r(x_0(k),x_i(k))$ 为 $\boldsymbol{X}_i$ 和 $\boldsymbol{X}_j$ 在 k 点的关联系数，并称条件(1)、(2)、(3)、(4)为灰色关联四公理。

定义 5　设 $\boldsymbol{X}_0=(x_0(1),x_0(2),\cdots,x_0(n))^{\mathrm{T}}$ 为系统特征序列，$\boldsymbol{X}_i=(x_i(1),x_i(2),\cdots,x_i(n))^{\mathrm{T}}(i=1,2,\cdots,m,m>2)$ 为相关因素序列，对于 $\xi\in(0,1)$，令

$$r(x_0(k),x_i(k))=\frac{\min_{s=1}^{m}\min_{t=1}^{n}|x_0(t)-x_s(t)|+\xi\max_{s=1}^{m}\max_{t=1}^{n}|x_0(t)-x_s(t)|}{|x_0(k)-x_i(k)|+\xi\max_{s=1}^{m}\max_{t=1}^{n}|x_0(t)-x_s(t)|}\tag{5-1}$$

记 $r(x_0(k),x_i(k))=r_{0i}(k)$，若

$$r(\boldsymbol{X}_0,\boldsymbol{X}_i)=\frac{1}{n}\sum_{k=1}^{n}r(x_0(k),x_i(k))=\frac{1}{n}\sum_{k=1}^{n}r_{0i}(k)\tag{5-2}$$

则称 $r(\boldsymbol{X}_0,\boldsymbol{X}_i)=\frac{1}{n}\sum_{k=1}^{n}r(x_0(k),x_i(k))$ 满足灰色关联公理，

式中：ξ——分辨系数；

$r(\boldsymbol{X}_0,\boldsymbol{X}_i)$——$\boldsymbol{X}_0,\boldsymbol{X}_i$ 的灰色关联度，记为 r_{0i}。

根据关联度的定义，可得关联度的计算步骤。

(1) 根据评价目的确定评价指标体系，收集评价数据

设 $m+1$ 个数据序列 $\boldsymbol{X}_i=(x_i(1),x_i(2),\cdots,x_i(n))^{\mathrm{T}}(i=0,1,\cdots,m,m>2)$ 形成如下矩阵：

$$(\boldsymbol{X}_0,\boldsymbol{X}_1,\cdots,\boldsymbol{X}_m)=\begin{pmatrix}x_0(1)&x_1(1)&\cdots&x_m(1)\\x_0(2)&x_1(2)&\cdots&x_m(2)\\\vdots&\vdots&&\vdots\\x_0(n)&x_1(n)&\cdots&x_m(n)\end{pmatrix}\tag{5-3}$$

式中：n——指标的个数。

(2) 确定参考数列 $\boldsymbol{X}_0$

参考数列应是一个理想的比较标准,可以将各指标的最优值(或最劣值)构成参考数列,也可根据评价目的选择其他参照值,并将其记作 $\boldsymbol{X}_0=(x_0(1),x_0(2),\cdots,x_0(n))^{\mathrm{T}}$。

(3) 对指标数据序列用关联算子进行无量纲化(也可以不进行无量纲化),无量纲化后的数据序列形成如下矩阵:

$$(\boldsymbol{X}_0^*,\boldsymbol{X}_1^*,\cdots,\boldsymbol{X}_m^*)=\begin{pmatrix} x_0^*(1) & x_1^*(1) & \cdots & x_m^*(1) \\ x_0^*(2) & x_1^*(2) & \cdots & x_m^*(2) \\ \vdots & \vdots & & \vdots \\ x_0^*(n) & x_1^*(n) & \cdots & x_m^*(n) \end{pmatrix} \tag{5-4}$$

常用的无量纲化方法有均值化像法、初值化像法等。

均值化像法的计算公式为:

$$x_i^*(k)=\frac{x_i(k)}{\frac{1}{n}\sum_{t=1}^{n}x_i(t)} \qquad i=0,1,\cdots,m;k=1,2,\cdots,n \tag{5-5}$$

初值化像法的计算公式为:

$$x_i^*(k)=\frac{x_i(k)}{x_i(1)} \qquad i=0,1,\cdots,m;k=1,2,\cdots,n \tag{5-6}$$

为了说明的方便,假设无量纲化后的 $m+1$ 个数据序列仍计为 $\boldsymbol{X}_i=(x_i(1),x_i(2),\cdots,x_i(n))^{\mathrm{T}}(i=0,1,\cdots,m,m>2)$并形成如步骤(1)中的矩阵:

$$(\boldsymbol{X}_0,\boldsymbol{X}_1,\cdots,\boldsymbol{X}_m)=\begin{pmatrix} x_0(1) & x_1(1) & \cdots & x_m(1) \\ x_0(2) & x_1(2) & \cdots & x_m(2) \\ \vdots & \vdots & & \vdots \\ x_0(n) & x_1(n) & \cdots & x_m(n) \end{pmatrix} \tag{5-7}$$

(4) 逐个计算每个被评价对象指标序列与参考序列对应元素的绝对差值,即

$$|\Delta_i(k)|=|x_0(k)-x_i(k)| \qquad i=1,2,\cdots,m;k=1,2,\cdots,n \tag{5-8}$$

(5) 确定

$$M=\max_{s=1}^{m}\max_{t=1}^{n}|x_0(t)-x_s(t)|,m=\min_{s=1}^{m}\min_{t=1}^{n}|x_0(t)-x_s(t)| \tag{5-9}$$

(6) 计算关联系数

分别计算每个比较序列与参考序列对应元素的关联系数。

$$r(x_0(k),x_i(k))=\frac{m+\xi\cdot M}{|\Delta_i(k)|+\xi\cdot M} \tag{5-10}$$

式中:$k=1,2,\cdots,n,\xi\in(0,1)$——分辨系数。

ξ越小，关联系数间的差异越大，区分能力越强，通常取ξ为0.5。

(7) 计算关联度

$$r(\boldsymbol{X}_0,\boldsymbol{X}_i)=\frac{1}{n}\sum_{k=1}^{n}r_{0i}(k) \tag{5-11}$$

(8) 依据关联度的大小，得到观察对象的关联序，给出综合评价结果。

5.1.2　基于灰色模型的辽宁省海洋经济关联度分析

辽宁省是我国重要的沿海省份之一，也是东北地区唯一的一个沿海省份，地处我国最北部海岸，横跨黄海和渤海两个海域，海岸线东起鸭绿江口，西至山海关老龙头，全长约2 920公里，约占我国海岸线总长度的12.7%。近海水域面积约为50 000平方公里，其中有岛、坨、礁603个，约占全国海洋岛屿总数的7.7%，居全国第5位；海洋渔业、港口资源、滨海旅游资源、海洋油气资源十分丰富，对发展海洋经济十分有利。早在1986年，辽宁省就提出了建设“海上辽宁”的战略设想，旨在通过充分利用全省海洋资源和区位优势，培育海洋支柱产业，开辟新的经济增长领域，逐步建立与辽宁陆域经济体系相应的技术先进、结构合理的开放型海洋经济体系新格局。30多年来，“海上辽宁”建设步伐加快，海洋经济已成为辽宁省国民经济新的增长点，沿海地区的社会生产能力不断提高，海洋综合经济实力明显增强。

基于灰色关联度分析的思想，把“辽宁省海洋经济总产值”作为母序列，用一定时间序列的相关指标定量测度母序列与其子序列之间的关联度。用此方法对影响辽宁省海洋经济发展的各因素间的相互关系进行定量分析。

根据国民经济三次产业分类标准，将海洋经济所涉及的产业划分为海洋第一产业、海洋第二产业和海洋第三产业。《中华人民共和国海洋行业标准：海洋经济指标体系》(HY/T 160—2013)把海洋产业分为海洋渔业、海洋油气业、海洋交通运输业、海洋矿业、海洋盐业、海洋生物医药业、海洋船舶工业、海洋电力业、海洋化工业、海洋工程建筑业、海水利用业、滨海旅游业和其他海洋产业等13个门类的海洋产业。本书将辽宁省目前的海洋产业做以下划分：海洋第一产业主要是指海洋渔业；海洋第二产业包括海洋油气业、海洋盐业、海洋化工业、海洋生物医药业、海洋电力业、海水利用业、海洋船舶工业；海洋交通运输业和滨海旅游业则属于海洋第三产业。辽宁省1995—2005年的海洋经济统计情况见表5-1(注：名称采用简记的形式)。

表 5-1　1995—2005 年辽宁省海洋经济统计　　单位:亿元

年份	海洋生产总值	第一产业	第二产业						第三产业	
		渔业	油气	海盐	化工	生物医药	工程	造船	交通	旅游
1995	178.46	102.03	3.4	4.33	—	—	—	28.57	28.58	11.55
1996	207.52	115.25	1.52	4.03	—	—	—	43.99	28.80	13.93
1997	246.30	141.64	2.24	4.17	—	—	—	55.82	27.65	14.78
1998	275.50	168.57	2.45	3.26	—	—	—	58.60	29.13	13.49
1999	277.97	192.35	3.03	4.56	—	—	—	51.79	10.40	15.84
2000	326.58	211.30	4.92	4.42	—	—	—	47.23	37.48	21.23
2001	362.37	245.80	2.42	4.51	—	—	—	60.34	21.95	27.35
2002	459.33	299.95	2.26	4.24	—	—	—	73.45	48.85	30.58
2003	618.40	417.44	3.67	2.85	—	—	—	75.00	95.00	24.45
2004	932.23	446.04	3.21	5.06	14.88	1.37	29.60	108.42	120.00	203.65
2005	1 039.91	490.59	5.31	6.32	19.02	1.78	30.00	169.00	93.11	224.78

注:资料来源于 1996—2006 年《中国海洋统计年鉴》,“—”表示当年没有该项数据。

由于各项指标原始数据量纲不同,数量级差也极为悬殊,为了消除各原始数据量纲,便于关联度分析,并使其具有相应的可比性,首先必须对原始数据进行无量纲化处理。原始数据采用关联度计算步骤中的第 3 步初值化像法进行初值化处理,公式为

$$\frac{x_i(k)}{x_i(1)} \qquad i=0,1,\cdots,m;k=1,2,\cdots,n \tag{5-12}$$

处理后数据见表 5-2,初值化处理后,可利用关联度计算步骤中第 7 步的公式和初值化后的数据计算辽宁省各海洋产业产值与海洋经济总产值的关联系数(见表 5-3)和关联度(见表 5-4)。

表 5-2　1995—2005 年辽宁省海洋经济数据初值化

年份	海洋生产总值	渔业	油气	海盐	造船	交通	旅游
1995	1.000 0	1.000 0	1.000 00	1.000 00	1.000 0	1.000 00	1.000 0
1996	1.162 8	1.129 6	0.447 06	0.930 72	1.539 7	1.007 70	1.206 1
1997	1.380 1	1.388 2	0.658 82	0.963 05	1.953 8	0.967 46	1.279 7
1998	1.543 8	1.652 2	0.720 59	0.752 89	2.051 1	1.019 20	1.168 0
1999	1.557 6	1.885 2	0.891 18	1.053 10	1.812 7	0.363 89	1.371 4

续表 5-2

年份	海洋生产总值	渔业	油气	海盐	造船	交通	旅游
2000	1.830 0	2.071 0	1.447 10	1.020 80	1.653 1	1.311 40	1.838 1
2001	2.030 5	2.409 1	0.711 76	1.041 60	2.112 0	0.768 02	2.368 0
2002	2.573 9	2.939 8	0.664 71	0.979 21	2.570 9	1.709 20	2.647 6
2003	3.465 2	4.091 3	1.079 40	0.658 20	2.625 1	3.324 00	2.116 9
2004	5.223 7	4.371 7	0.944 12	1.168 60	3.794 9	4.198 70	17.63 20
2005	5.827 1	4.808 3	1.561 80	1.459 60	5.915 3	3.257 90	19.46 10

表 5-3 1995—2005 年辽宁省海洋经济关联系数

年份	1995	1996	1997	1998	1999	2000	2001	2002	2003	2004	2005
渔业	1.000 0	0.995 1	0.998 8	0.984 4	0.954 4	0.954 2	0.965 9	0.947 4	0.915 9	0.888 9	0.870 0
油气	1.000 0	0.905 0	0.904 4	0.892 3	0.911 0	0.946 8	0.838 0	0.781 3	0.740 8	0.614 4	0.615 2
海盐	1.000 0	0.967 1	0.942 4	0.896 1	0.931 1	0.893 9	0.873 4	0.810 5	0.708 4	0.627 1	0.609 6
造船	1.000 0	0.947 6	0.922 4	0.930 8	0.963 9	0.974 7	0.988 2	0.999 6	0.890 3	0.826 8	0.987 2
交通	1.000 0	0.977 8	0.942 9	0.928 6	0.851 0	0.929 3	0.843 8	0.887 5	0.979 7	0.869 3	0.726 4
旅游	1.000 0	0.993 7	0.985 5	0.947 8	0.973 4	0.998 8	0.952 9	0.989 3	0.834 9	0.354 7	0.333 4

表 5-4 1995—2005 年辽宁省海洋经济总产值与各海洋产业产值的关联度

渔业	油气	海盐	造船	交通	旅游
0.817 9	0.559 8	0.588 0	0.811 9	0.690 9	0.727 4

辽宁省海洋经济总产值与六大海洋产业产值的关联度从高到低排序依次为：海洋渔业、海洋船舶工业、滨海旅游业、海洋交通运输业、海洋盐业、海洋油气业。海洋总产值与海洋各产业产值关联度的大小排序在某种程度上反映了海洋产业在海洋经济发展过程中的地位和作用，排序靠前的产业在经济系统中处于主导地位，对海洋产业结构和海洋经济发展起导向性和带动性作用。

5.1.3 灰色模型及其在海洋经济中的应用

灰色模型(Grey Model)简称 GM 模型，是灰色系统理论的基本模型。它是以灰色模块(所谓模块是指时间数列在时间数据平面上的连续曲线或逼近曲线与时间轴所围成的区域)为基础，以微分拟合法建成的模型。

灰色模型的特点为：它把离散数据视为连续变量在其变化过程中所取的离散值，从而可利用微分方程式处理数据；不直接使用原始数据而是使用由原数据产生的累加生成数据，对生成数列使用微分方程模型。这样，可以抵消大部分随机误差，显示出规律性。

在灰色系统理论中，把随机变量看成灰数，即在指定范围内变化的所有白色数的全体。对灰数的处理主要是利用数据处理方法寻求数据间的内在规律，通过对已知数列中的数据进行处理而产生新的数列，以此来研究数据的规律性，这种方法称为数据的生成。数据生成的常用方式有累加生成、累减生成和加权累加生成。

1. 累加生成

把数列各项(时刻)数据依次累加的过程称为累加生成过程(Accumulated Generating Operation，简称 AGO)。累加生成所得的数列称为累加生成数列。

设原始数列为 $\boldsymbol{X}^{(0)}=(x^{(0)}(1),x^{(0)}(2),\cdots,x^{(0)}(n))^{\mathrm{T}}$，令

$$x^{(1)}(k)=\sum_{i=1}^{k}x^{(0)}(i) \qquad k=1,2,\cdots,n \tag{5-13}$$

称所得到的新数列 $\boldsymbol{X}^{(1)}=(x^{(1)}(1),x^{(1)}(2),\cdots,x^{(1)}(n))^{\mathrm{T}}$ 为数列 $\boldsymbol{X}^{(0)}$ 的 1 次累加生成数列。类似地有

$$x^{(r)}(k)=\sum_{i=1}^{k}x^{(r-1)}(i) \qquad k=1,2,\cdots,n,r\geqslant 1 \tag{5-14}$$

称为 $\boldsymbol{X}^{(0)}$ 的 r 次累加生成数列。

一般地，对非负数列，累加的生成次数越多，数列的随机性就越弱化，当累加次数足够大时，时间序列由随机变为非随机了。在 GM 模型中，一般只对数列做一次 AGO。

2. 累减生成

对原始数列依次做前后相邻的两个数据相减的运算过程称为累减生成过程(Inverse Accumulated Generating Operation，简称 IAGO)。如果原始数列为

$$\boldsymbol{X}^{(1)}=(x^{(1)}(1),x^{(1)}(2),\cdots,x^{(1)}(n))^{\mathrm{T}} \tag{5-15}$$

令

$$\boldsymbol{X}^{(0)}(k)=x^{(1)}(k)-x^{(1)}(k-1) \qquad k=2,3,\cdots,n \tag{5-16}$$

称所得到的新数列 $\boldsymbol{X}^{(0)}$ 为 $\boldsymbol{X}^{(1)}$ 的 1 次累减生成数列。

注：从这里的记号也可以看到，由原始数列 $\boldsymbol{X}^{(0)}$ 得到新数列 $\boldsymbol{X}^{(1)}$，再通过累减生成可以还原出原始数列。实际运用中，在数列 $\boldsymbol{X}^{(1)}$ 的基础上预测出 $\hat{\boldsymbol{X}}^{(1)}$，通过累减生成得到预测数列 $\hat{\boldsymbol{X}}^{(0)}$。

3. 加权邻值生成

设原始数列为 $\boldsymbol{X}^{(0)}=(x^{(0)}(1),x^{(0)}(2),\cdots,x^{(0)}(n))^{\mathrm{T}}$，称 $x^{(0)}(k-1)$，$x^{(0)}(k)$ 为数列 $x^{(0)}$ 的邻值，$x^{(0)}(k-1)$ 为后邻值，$x^{(0)}(k)$ 为前邻值。对于常数 $\alpha\in[0,1]$，令

$$z^{(0)}(k)=\alpha x^{(0)}(k)+(1-\alpha)x^{(0)}(k-1) \qquad k=2,3,\cdots,n \tag{5-17}$$

由此得到的新数列 $\boldsymbol{Z}^{(0)}$ 称为数列 $\boldsymbol{X}^{(0)}$ 在权 α 下的邻值生成数，权 α 也称为生成系数。

特别地，当生成系数 $\alpha=0.5$ 时，则称

$$z^{(0)}(k)=0.5x^{(0)}(k)+0.5x^{(0)}(k-1) \qquad k=2,3,\cdots,n \tag{5-18}$$

为均值生成数，也称等权邻值生成数。

4. GM(1,1)模型

当 $n=1,h=1$ 时，一般的GM模型为

$$\frac{\mathrm{d}x^{(1)}(t)}{\mathrm{d}t}+ax^{(1)}(t)=b \tag{5-19}$$

令

$$\boldsymbol{Y}_n=\begin{bmatrix} x^{(0)}(2) \\ x^{(0)}(3) \\ \vdots \\ x^{(0)}(n) \end{bmatrix}, \quad \boldsymbol{\gamma}=\begin{pmatrix} a \\ b \end{pmatrix}, \quad \boldsymbol{B}=\begin{bmatrix} -\frac{1}{2}(x^{(1)}(2)+x^{(1)}(1)) & 1 \\ -\frac{1}{2}(x^{(1)}(3)+x^{(1)}(2)) & 1 \\ \vdots & \vdots \\ -\frac{1}{2}(x^{(1)}(n)+x^{(1)}(n-1)) & 1 \end{bmatrix} \tag{5-20}$$

则由最小二乘法可得

$$\hat{\boldsymbol{\gamma}}=\begin{pmatrix} \hat{a} \\ \hat{b} \end{pmatrix}=(\boldsymbol{B}^{\mathrm{T}}\boldsymbol{B})^{-1}\boldsymbol{B}^{\mathrm{T}}\boldsymbol{Y}_n \tag{5-21}$$

对应于灰微分方程的一阶微分方程 $\frac{\mathrm{d}x^{(1)}(t)}{\mathrm{d}t}+ax^{(1)}(t)=b$，其在初始值为 $x^{(1)}(t=1)=x^{(0)}(1)$ 下的解为

$$x^{(1)}(t)=\left(x^{(0)}(1)-\frac{b}{a}\right)\mathrm{e}^{-a(t-1)}+\frac{b}{a} \tag{5-22}$$

5. 灰色系统模型的检验

GM模型精度的检验方法一般有：残差检验法、关联度检验法、后验差检验法等，其中残差检验法就是逐点检验，该方法直观易操作。

下面以GM(1,1)为例，详细介绍后面两种方法。

为了保证GM(1,1)建模方法的可行性，需要对已知数据做必要的检验处理。

- 级比检验

设原始数列为 $\boldsymbol{X}^{(0)}=(x^{(0)}(1),x^{(0)}(2),\cdots,x^{(0)}(n))^{\mathrm{T}}$，计算数列的级比

$$\lambda(k)=\frac{x^{(0)}(k-1)}{x^{(0)}(k)} \qquad k=2,3,\cdots,n \tag{5-23}$$

如果所有的级比都落在可容覆盖区间$(e^{\frac{-2}{n+1}},e^{\frac{2}{n+1}})$内，则数列$\boldsymbol{X}^{(0)}$可以建立GM(1,1)模型且可以进行灰色预测。

- 相对误差检验

设$e(k)=x^{(0)}(k)-\hat{x}^{(0)}(k)$，则得到残差数列为

$$\boldsymbol{e}=(e(1),e(2),\cdots,e(n))^{\mathrm{T}} \tag{5-24}$$

相对误差序列为

$$\Delta=\left(\left|\frac{e(1)}{x^{(0)}(1)}\right|,\left|\frac{e(2)}{x^{(0)}(2)}\right|,\cdots,\left|\frac{e(n)}{x^{(0)}(n)}\right|\right) \tag{5-25}$$

平均相对误差为

$$\bar{\Delta}=\frac{1}{n}\sum_{k=1}^{n}\left|\frac{e(k)}{x^{(0)}(k)}\right| \tag{5-26}$$

(1) 关联度检验法

计算给定序列$\boldsymbol{X}^{(0)}=(x^{(0)}(1),x^{(0)}(2),\cdots,x^{(0)}(n))^{\mathrm{T}}$与其模型模拟序列$\hat{\boldsymbol{X}}^{(0)}$的关联度，并给定关联度合格标准，如果给定序列与其模拟序列的关联度超过关联度合格标准，就称模型为关联合格模型。

(2) 后验差检验法

将按GM(1,1)建模法已经求出的$\hat{\boldsymbol{X}}^{(1)}$按公式化为$\hat{\boldsymbol{X}}^{(0)}$，计算残差$\boldsymbol{e}(k)=x^{(0)}(k)-\hat{x}^{(0)}(k)$，得到残差数列$\boldsymbol{e}=(e(1),e(2),\cdots,e(n))^{\mathrm{T}}$，记原始数列$\boldsymbol{X}^{(0)}$和残差数列$\boldsymbol{e}$的方差分别为$S_1^2,S_2^2$，则

$$S_1^2=\frac{1}{n}\sum_{k=1}^{n}(x^{(0)}(k)-\bar{x}^{(0)})^2 \tag{5-27}$$

$$S_2^2=\frac{1}{n}\sum_{k=1}^{n}(e(k)-\bar{e})^2 \tag{5-28}$$

式中：$\bar{x}^{(0)}=\frac{1}{n}\sum_{k=1}^{n}x^{(0)}(k)$，$\bar{e}=\frac{1}{n}\sum_{k=1}^{n}e(k)$。

计算后验差比值$C=S_2/S_1$和小误差概率$P=P\{|e(k)-\bar{e}|<0.067\,45S_1\}$。模型的精度由$C$和$P$共同刻画。一般地将精度分为四级，如表5-5所示。

表5-5　GM(1,1)模型精度分级表

模型精度等级	1级(好)	2级(较好)	3级(合格)	4级(不合格)
P	$0.95\leqslant P$	$0.80\leqslant P<0.95$	$0.70\leqslant P<0.80$	$P<0.70$
C	$C\leqslant 0.35$	$0.35<C\leqslant 0.50$	$0.5<C\leqslant 0.65$	$0.65<C$

模型的精度级别$=\max\{P$所在的级别，C所在的级别$\}$，如某GM(1,1)模型，

按 P 精度为1级，按 C 精度为3，则该模型的精度为 $\max\{1,3\}=3$。

综上给出总体的精度检验等级参照表5-6。

表5-6　GM(1,1)模型精度检验等级临界值参照表

精度等级	1级	2级	3级	4级
相对误差临界值	0.01	0.05	0.10	0.20
关联度临界值	0.90	0.80	0.70	0.60
均方差比值	0.35	0.50	0.65	0.80
小误差概率	0.95	0.80	0.70	0.60

6. 我国海洋经济发展预测分析

自1992年联合国环境与发展大会通过《21世纪议程》后，各国越来越重视海洋经济的发展，海洋经济产值占国家GDP的比重逐年上升，中国的海洋经济发展亦是如此。2001—2007年短短的六年时间，海洋产业总产值上升了17 695.2亿元，占国内生产总值的比重由3.4%上升为10.11%，发展速度具有明显的上升趋势。随着我国海洋开发战略和海洋强国战略的实施，海洋经济的发展对我国社会经济的可持续发展越来越重要。因此，为保证海洋经济的健康发展，运用科学的方法对海洋经济的发展变化趋势进行准确预测是十分必要的。

灰色预测分析法是经济数据分析预测的重要方法之一，具有预测精度高、需要数据量小，以及能对预测系统做长期预测等优点。灰色系统作为预测模型主要是GM(1,1)模型。由于影响海洋经济发展的因素有很多，整个系统结构不易明确，作用原理难以阐述清楚，但对系统的最后结果总能得到一些资料和信息，即可以知道每年的海洋产业总产值，因而海洋经济发展可视为灰色系统。因此，可以应用灰色理论建立海洋经济发展动态预测模型。

表5-7为我国2001—2007年的海洋经济总产值，以此作为原生时间数据系列，用直接累加法求得一次累加量，根据模型建模步骤可以得到我国海洋经济发展灰色预测模型。

表5-7　2001—2007年我国海洋经济总产值　　单位：百亿元

年份	2001	2002	2003	2004	2005	2006	2007
原始数据	72.338 0	90.502 9	105.234	128.41	169.87	184.08	249.29
累加数列	72.338 0	162.840	268.070	396.48	566.35	750.43	999.72

注：原始数据来源于2001—2007年《中国海洋经济统计公报》。

根据 5.1.3 节所述，GM 模型为

$$\frac{dx^{(1)}(t)}{dt}+ax^{(1)}(t)=b \tag{5-29}$$

令

$$\boldsymbol{Y}_n=\begin{pmatrix}90.5029\\105.234\\\vdots\\249.29\end{pmatrix},\quad \boldsymbol{\gamma}=\begin{pmatrix}a\\b\end{pmatrix},\quad \boldsymbol{B}=\begin{pmatrix}-\frac{1}{2}(162.84+72.3380) & 1\\-\frac{1}{2}(268.07+72.3380) & 1\\\vdots & \vdots\\-\frac{1}{2}(999.72+750.43) & 1\end{pmatrix} \tag{5-30}$$

则由最小二乘法可得

$$\hat{\boldsymbol{\gamma}}=\begin{pmatrix}\hat{a}\\\hat{b}\end{pmatrix}=(\boldsymbol{B}^{\mathrm{T}}\boldsymbol{B})^{-1}\boldsymbol{B}^{\mathrm{T}}\boldsymbol{Y}_n=\begin{pmatrix}-0.2048\\63.0593\end{pmatrix} \tag{5-31}$$

根据 GM(1,1)模型在初始值为 $x^{(1)}(t=1)=x^{(0)}(1)$下的解为

$$x^{(1)}(t)=380.174e^{0.2048(t-1)}-307.836 \tag{5-32}$$

根据模型拟合原始数据得表 5-8。

表 5-8　2001—2007 年我国海洋经济总产值　　单位：百亿元

年份	2001	2002	2003	2004	2005	2006	2007
原始数据	72.338 0	90.502 9	105.234	128.41	169.87	184.08	249.29
拟合数据	72.340 0	86.430 0	106.080	130.19	159.79	196.11	240.70
相对误差/%	0.002 8	4.500 3	0.804	1.39	5.93	6.54	3.45

对于模型是否具有可用性需要进行检验，采用级比界区检验和相对误差检验。

(1) 级比界区检验

计算 $\lambda(k)=\frac{x^{(0)}(k-1)}{x^{(0)}(k)}$，得到(0.799 3,0.860 0,0.819 5,0.755 9,0.922 8,0.738 4)。因为所有的级比都落在可容覆盖区间$\left(e^{\frac{-2}{n+1}},e^{\frac{2}{n+1}}\right)=(0.7788,1.2840)$内，所以数列 $\boldsymbol{X}^{(0)}$ 可以建立 GM(1,1)模型且可以进行灰色预测。

(2) 相对误差检验

$$e(k)=x^{(0)}(k)-\hat{x}^{(0)}(k) \tag{5-33}$$

得到残差数列为

$$\begin{aligned}\boldsymbol{e}&=(e(1),e(2),\cdots,e(n))^{\mathrm{T}}\\&=(-0.002,4.0729,-0.846,-1.78,10.08,-12.03,8.59)^{\mathrm{T}}\end{aligned} \tag{5-34}$$

相对误差序列为

$$\Delta = \left(\left| \frac{e(1)}{x^{(0)}(1)} \right|, \left| \frac{e(2)}{x^{(0)}(2)} \right|, \cdots, \left| \frac{e(n)}{x^{(0)}(n)} \right| \right)$$

$$= (0.00003, 0.04500, 0.00804, 0.01386, 0.05934, 0.06535, 0.03446) \tag{5-35}$$

平均相对误差为

$$\bar{\Delta} = \frac{1}{n}\sum_{k=1}^{n}\Delta_k = 0.0323 \tag{5-36}$$

精度达到2级,模型可用。

建立的模型还可以用于预测海洋经济的发展趋势。运用上述模型对海洋经济总产值进行预测,得表5-9。

表5-9　2008—2014年我国海洋经济总产值预测值　　单位:百亿元

年份	2008	2009	2010	2011	2012	2013	2014
预测数据	295.23	362.4	444.7	545.8	669.9	822.1	1008.9

5.2　基于回归分析模型的海洋经济数据分析

5.2.1　一元与多元回归分析及其在经济数据分析中的应用

1. 一元线性回归模型

• 模型形式

设$(x_1, y_1), (x_2, y_2), \cdots, (x_n, y_n)$为一组成对观察值,则称$x_i$与$y_i$之间的下列关系:

$$y_i = \alpha + \beta x_i + \varepsilon_i \qquad i = 1, 2, \cdots, n \tag{5-37}$$

为一元线性回归模型

式中:y——因变量;

x——解释变量;

α——截距;

β——回归参数;

ε_i——随机项。

一元线性回归模型的经典假定条件是:

(1) ε_i服从正态分布$N(0, \sigma^2)$;

(2) 均值 $E(\varepsilon_i)=0$;

(3) 方差 $\mathrm{Var}(\varepsilon_i)=\sigma^2$;

(4) 协方差 $\mathrm{Cov}(\varepsilon_i,\varepsilon_j)=0$;

(5) 协方差 $\mathrm{Cov}(\varepsilon_i,x_i)=0$。

符合以上假定条件的一元线性回归模型,称为一元线性经典回归模型,它可简单地写成

$$\begin{cases} y_i=\alpha+\beta x_i+\varepsilon_i, \\ \varepsilon_i\sim N(0,\sigma^2) \end{cases} \tag{5-38}$$

或直接简写成

$$y_i\sim N(\alpha+\beta x_i,\sigma^2) \qquad i=1,2,\cdots,n \tag{5-39}$$

• 回归参数估计形式

一元线性回归模型中参数估计方法常见的有两种:最小二乘法和极大似然估计法,两种方法估计出的参数表达形式具有一致性,为

$$\begin{cases} \hat{\beta}=\dfrac{\sum\limits_{i=1}^{n}(x_i-\bar{x})(y_i-\bar{y})}{\sum\limits_{i=1}^{n}(x_i-\bar{x})^2}, \\ \hat{\alpha}=\bar{y}-\hat{\beta}\bar{x} \end{cases} \tag{5-40}$$

回归模型检验主要有:

(1) 拟合优度系数检验(相关系数的平方);

(2) 回归参数 α、β 的检验(t 检验);

(3) 残差图形分析;

(4) 回归模型检验(F 检验)。

常用的一元非线性回归模型有:

(1) 双对数模型

设(x_1,y_1),(x_2,y_2),…,(x_n,y_n)为一组成对观察值,如果存在关系:

$$y_i=\alpha x_i^{\beta}e^{\varepsilon_i} \qquad i=1,2,\cdots,n \tag{5-41}$$

那么称该模型为双对数简单非线性回归模型。此模型可以通过取对数转化为线性回归模型。

(2) 半对数模型

设(x_1,y_1),(x_2,y_2),…,(x_n,y_n)为一组成对观察值,如果存在关系:

$$y_t=A(1+B)^t e^{e_t} \qquad t\in[-T,T] \tag{5-42}$$

那么称该模型为半对数模型,其中 A 为常数,B 为增长率,t 为时间因素,y_t 为 t 时

刻的总量。此模型可以通过取对数转化为线性回归模型。

(3) 倒数模型

设$(x_1,y_1),(x_2,y_2),\cdots,(x_n,y_n)$为一组成对观察值,如果存在关系:

$$\frac{1}{y_i}=\alpha+\frac{\beta}{x_i}+\varepsilon_i \qquad i=1,2,\cdots,n \tag{5-43}$$

那么称该模型为倒数模型。此模型可以通过做倒数变换转化为线性回归模型。

(4) 倒数-指数模型

设$(x_1,y_1),(x_2,y_2),\cdots,(x_n,y_n)$为一组成对观察值,如果存在关系:

$$y_i=\frac{1}{\alpha+\beta e^{-x_i}+\varepsilon_i} \qquad i=1,2,\cdots,n \tag{5-44}$$

那么称该模型为倒数-指数模型。

2. 辽宁省主要海洋产业发展回归模型

我国海洋产业的统计内容在近50年经历了几次调整,由新中国成立初对海洋渔业、海洋盐业等二、三个主要海洋产业的统计,到20世纪80年代逐渐发展为对海洋渔业、海洋油气业、海滨砂矿业、海洋盐业、海洋交通运输业、滨海旅游业6个产业的统计。进入21世纪,海洋产业迅速发展壮大,2001年主要海洋产业统计范围增加了海洋化工业、海洋生物医药业、海洋电力业、海水利用业、海洋工程建筑业、海洋信息服务业和其他海洋产业,并在滨海旅游中增加了国内部分统计。1995—2005年,由于辽宁省海洋渔业、海洋油气业、海洋盐业、海洋船舶工业、海洋交通运输业、滨海旅游业这6个海洋产业的指标数据时间连贯、比较齐全,并且占主要海洋产业总产值的比例高于70%,因此对辽宁省海洋经济做整体分析时主要以这6个产业为对象进行模型的构建、分析和预测,而对于各区域、各产业则根据获取数据的具体情况分别调整时间范围再进行分析研究。1995—2005年,辽宁省的海洋统计数据主要统计的经济指标是海洋总产值,这里主要运用总产值数据进行分析研究,根据样本空间和分析对象的不同,运用趋势外推法分别建立了预测外延模型、结构线性模型、抛物线模型。

辽宁省1995—2005年海洋总产值以及海洋渔业、海洋油气业、海洋船舶工业、海洋盐业、海洋交通运输业、滨海旅游业(不包括国内部分)这6个海洋产业的指标数据如表5-1所示。

从图5-1和表5-1中可以看出自1995年以来辽宁省海洋经济总产值一直呈增长趋势,到2005年已达到1 039.91亿元。计算总产值与时间的相关系数为0.899,两者呈正相关且相关性较强。图5-2显示辽宁省海洋渔业产值随时间的变化,两者之间的相关系数为0.965 78,两者正相关性较强。其他海洋产业产值变化趋势和海洋经济生产总值的变化趋势类似,见图5-3至图5-7。

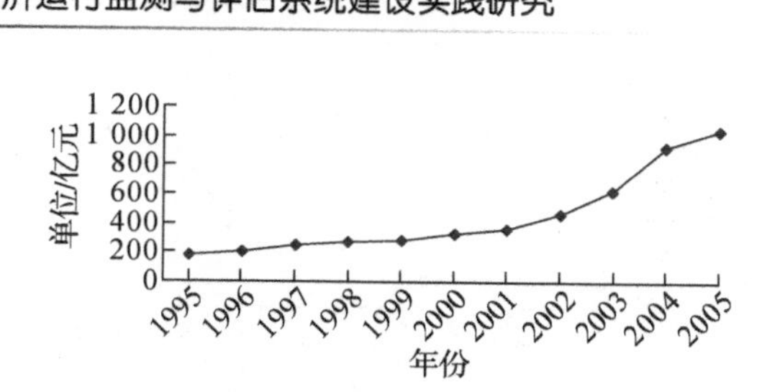

图 5－1　辽宁省海洋经济生产总值随年份的变化

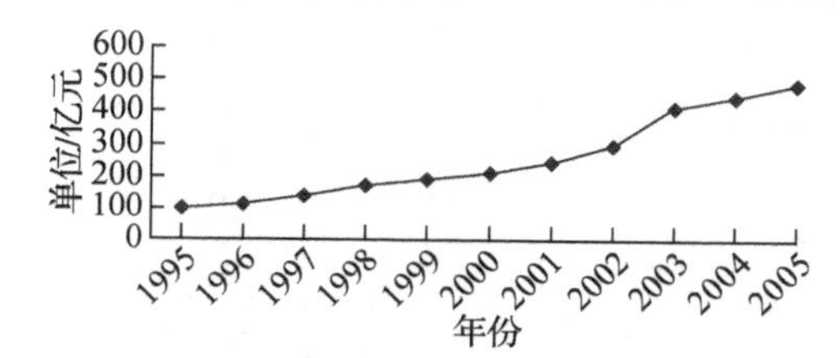

图 5－2　辽宁省海洋渔业产值随年份的变化

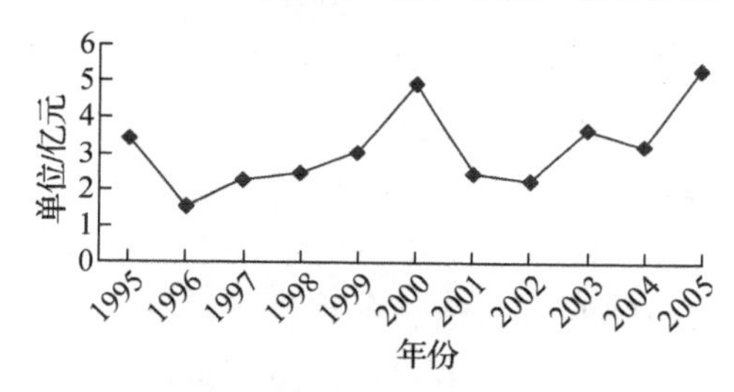

图 5－3　辽宁省海洋油气业产值随年份的变化

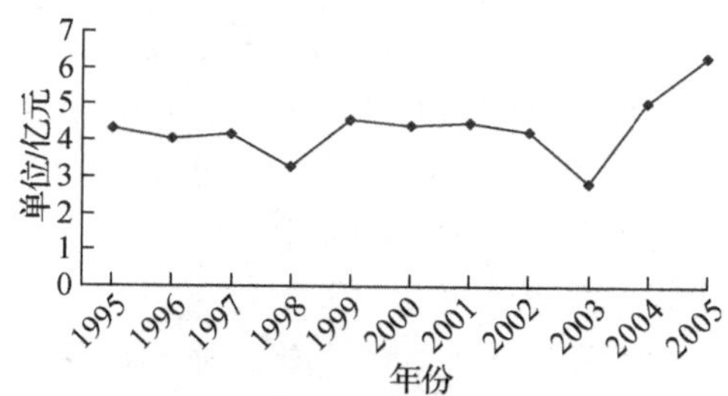

图 5－4　辽宁省海洋盐业产值随年份的变化

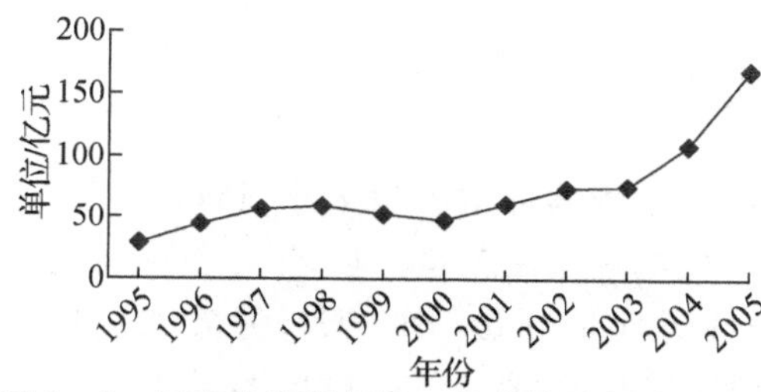

图 5－5　辽宁省海洋船舶工业产值随年份的变化

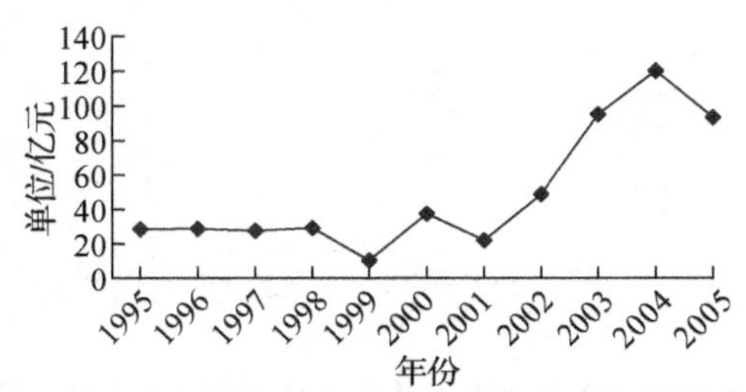

图 5-6 辽宁省海洋交通运输业产值随年份的变化

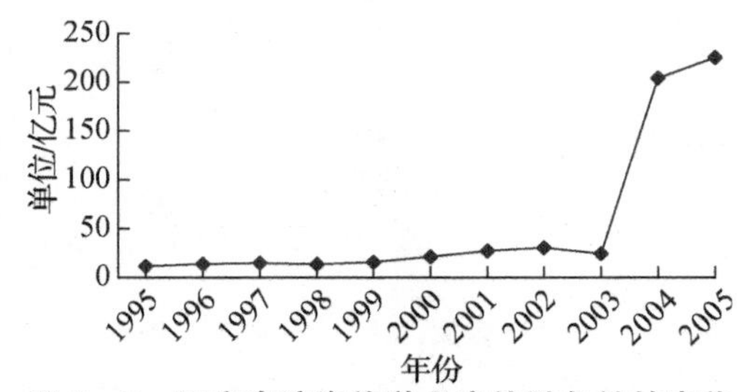

图 5-7 辽宁省滨海旅游业产值随年份的变化

对于辽宁省海洋经济总产值与时间的关系，建立线性回归曲线回归模型，比较发现如下二次曲线模型的方差较小。

$$y=50\ 244\ 096-50\ 323.542\times n+12.600\ 828\times n^2 \tag{5-45}$$

辽宁省海洋渔业与时间的回归模型为

$$y=13\ 115\ 808-13\ 155.671\times n+3.298\ 939\ 4\times n^2 \tag{5-46}$$

因为海洋油气业与时间两者之间的相关系数为 0.509 9，呈现出弱相关性，不适合建立线性回归模型。海洋盐业与时间的相关系数也较小。

海洋造船业与时间的相关系数为 0.822 4，线性回归方程为

$$y=-19\ 123.617+9.596\ 909\ 1\times n \tag{5-47}$$

海洋运输业与时间的相关系数为 0.782 5。

滨海旅游业与时间的相关系数为 0.722 7。

对于相关系数较小的海洋运输业和滨海旅游业不再建立回归方程模型。

5.2.2 岭回归

1. 多重共线性识别

在多元线性回归中往往因为样本容量太小，造成回归分析中解释变量之间具有多重共线性。它所产生的现实后果是：(1) 存在多重共线性时，得到参数的最小二乘估计就是最优线性无偏估计量(BLUE)，但方差和协方差较大，精度不高；(2) 置信区间比原本宽，使得接受 H_0 假设的概率更大；(3) t 统计量不显著；

(4) 拟合优度 R^2 很大;(5) 最小二乘法(OLS)估计量及其标准误对数据微小变化敏感。

在处理实际问题的过程中,数据的多重共线性可以通过下面几种方法识别:(1) 直接观察法。如果在自变量的相关系数矩阵中,有某些自变量的相关系数值比较大;回归系数的符号与专业知识或一般经验相反;对重要的自变量的回归系数进行 t 检验,其结果不显著,但是 F 检验显著;增加变量或删除变量,回归系数的估计值发生了很大的变化;重要变量的回归系数置信区间过大,可认为数据存在多重共享性。(2) 方差膨胀因子(VIF)法。一般认为如果最大的 VIF_j 超过 10,常常表示存在多重共线性。(3) 特征值判定法。$\boldsymbol{X}'\boldsymbol{X}$ 矩阵中存在多个特征值近似为零时,$\boldsymbol{X}$ 的列向量之间必存在多重共线性,$\boldsymbol{X}'\boldsymbol{X}$ 有多少个特征根近似为零矩阵,$\boldsymbol{X}$ 就有多少个多重共线性。(4) 条件数法。条件数大于 10 时,可以认为存在多重共线性。

2. 岭回归原理

岭回归分析是 1962 年由 Hoerl 首先提出的,1970 年后他与 Kennard 合作,进一步发展了该方法,其主要内容是在多元线性回归模型的矩阵形式 $\boldsymbol{Y}=\boldsymbol{X\beta}+\boldsymbol{\varepsilon}$ 的基础上,对参数 $\boldsymbol{\beta}$ 的普通最小二乘估计 $\boldsymbol{\beta}=(\boldsymbol{X}'\boldsymbol{X})^{-1}\boldsymbol{X}'\boldsymbol{Y}$ 进行了修正。在自变量存在多重共线性的情况下($|\boldsymbol{X}'\boldsymbol{X}|\approx 0$),给参数 $\boldsymbol{\beta}$ 的估计矩阵加上矩阵 $k\boldsymbol{I}$,即 $\boldsymbol{\beta}=(\boldsymbol{X}'\boldsymbol{X}+\boldsymbol{KI})^{-1}\boldsymbol{X}'\boldsymbol{Y}, k\in[0,1]$。$k=0$ 时就是普通的最小二乘估计。

3. 基于岭回归的辽宁省海洋经济影响因素分析

辽宁是海洋大省,海洋资源开发潜力较大。早在 1986 年,辽宁省就提出了建设“海上辽宁”的战略设想,辽宁省海洋经济从 90 年代中期开始崛起,海洋经济总产值从 1997 年的 246.3 亿元发展至 2006 年的 1 468.6 亿元,年平均增长速度达 21.9%,明显快于同期 GDP 的增长速度。2010 年,辽宁省海洋经济总产值突破 3 000 亿元,达到 3 008.7 亿元,年增长 19.6%。从数据可以看出,辽宁省海洋经济一直保持着良好的增长趋势,因此研究辽宁省海洋经济的发展趋势以及其影响因素,对确定辽宁省海洋经济增长目标和海洋开发战略有重要的实践和参考价值。

回归分析是研究经济发展趋势以及影响因素的一种方法,其中最经典的是最小二乘估计,但其必须满足一些假设条件,多重共线性就是其中的一个。而实际上,解释变量间完全不相关的情形是非常少见的,大多数变量都在某种程度上存在一定的共线性,而存在共线性会给模型带来许多不确定性的结果,岭回归是一种消除多重共线性的回归方法。

根据 1995—2005 年辽宁省海洋经济总产值与各主要海洋经济产业的数据,首先从各个角度验证数据之间存在多重共线性,然后利用岭回归方法建立预测模型,并对影响海洋经济发展的各因素进行分析。

(1) 辽宁省海洋经济影响因素分析

海洋经济是指开发、利用和保护海洋的各类产业活动以及与之相关联的经济活动的总和。辽宁省的海洋经济产业体系主要由6个海洋产业组成:海洋渔业、海洋油气、海洋盐业、海洋船舶工业、海洋交通运输业和滨海旅游业。表5-1是1995—2005年辽宁省海洋经济总产值与各海洋产业的数据。由于海洋化工业、海洋生物医药和海洋工程建筑业的数据在2004年之前没有调查,数据不完整,本书仅对海洋渔业、海洋油气业、海洋盐业、海洋船舶工业、海洋交通运输业和滨海旅游业的数据进行分析。

(2) 海洋经济产业多重共线性识别

针对表5-1中的数据,以海洋经济总产值为因变量,各海洋产业为解释变量,运用SPSS相关功能对其先进行多元线性回归,再进行多重共线性识别。数据处理的结果见表5-10和表5-11。

由表5-10我们可以得到由变量全部组成的多元线性回归模型:

$$\text{海洋经济总产值}=4.235+0.978\times\text{渔业}+1.518\times\text{油气业}-0.738\times\text{盐业}+1.012\times\text{造船业}+0.997\times\text{交通运输业}+1.284\times\text{滨海旅游业} \tag{5-48}$$

表5-10　多元线性回归方程系数

模型		非标准化系数		标准系数	t	$Sig.$	共线性统计量	
		B	标准误差				容差	VIF
	(常量)	4.235	5.094		0.831	0.453		
	渔业	0.978	0.009	0.457	112.732	0.000	0.074	13.539
	油气业	1.518	0.374	0.006	4.059	0.015	0.559	1.787
	海盐	−0.738	1.156	−0.002	−0.639	0.558	0.098	10.206
	造船	1.012	0.031	0.133	32.681	0.000	0.073	13.660
	交通	0.997	0.040	0.123	24.987	0.000	0.050	19.863
	旅游	1.284	0.024	0.346	53.749	0.000	0.029	34.063

在模型里海洋盐业前面的系数为负值,这与实际不符。尽管对回归方程的检验是显著的,但是在对回归系数的检验中海洋盐业系数检验不显著。这反映了由全部变量组成的多元线性回归模型在此不适用。表5-10中,各变量的方差膨胀因子数据中只有油气业的VIF值小于10,这反映了各解释变量间存在严重的共线性。表5-11中的各项指标可以进一步说明多重共线性的存在。从表5-11中可以看出对应的特征值中有3个接近于零,条件数中有4个大于10,根据判断多重共线性的方法,可以断定原始数据存在严重的多重共线性,上面得到的回归模型不再适用。

表 5-11　多元线性回归方程解释变量多重共线性的检验

特征值	条件数	方差比例						
		（常量）	渔业	油气	海盐	造船	交通	旅游
6.215	1.000	0.00	0.00	0.00	0.00	0.00	0.00	0.00
0.549	3.366	0.00	0.00	0.01	0.00	0.00	0.00	0.02
0.130	6.927	0.00	0.02	0.00	0.00	0.00	0.06	0.03
0.057	10.438	0.01	0.00	0.83	0.00	0.01	0.00	0.00
0.039	12.600	0.01	0.10	0.00	0.01	0.15	0.08	0.04
0.009	26.362	0.01	0.75	0.04	0.03	0.66	0.13	0.04
0.002	62.902	0.98	0.14	0.12	0.95	0.18	0.73	0.87

（3）岭回归在海洋经济影响因素分析中的应用

处理多重线性的方法有多种，常用方法有逐步回归、主成分分析、岭回归。对于原始数据，运用岭回归的方法对其进行重新处理，结果见图 5-8，表 5-14。

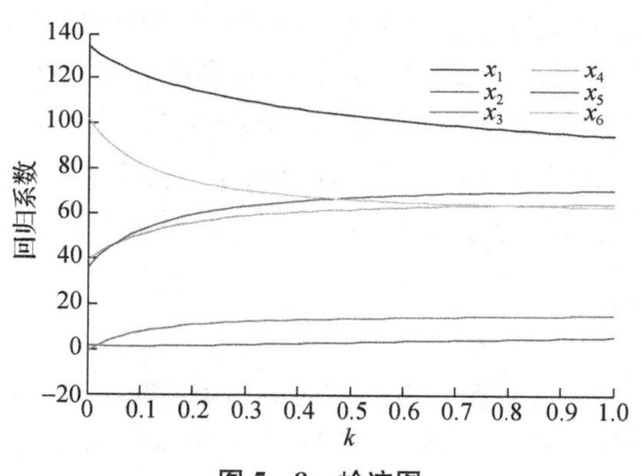

图 5-8　岭迹图

从岭迹图 5-8 中可以看到：当岭参数 k 从 0 到 0.2 时，各回归系数值变化较大，这就是多重共线性所引起的异常变化。当 k 达到 0.2 之后，岭回归系数值趋于稳定，再参照 R^2 值，当岭参数 $k=0.2$ 时，$R^2=0.995$ 仍然较大，因此可选取岭参数 $k=0.2$。从而得到标准化后的岭回归方程为

$$Y=0.291x_1+0.032x_2+0.057x_3+0.219x_4+0.241x_5+0.207x_6 \tag{5-49}$$

表 5-12 岭回归系数表

k	R^2	x_1(渔业)	x_2(油气)	x_3(海盐)	x_4(造船)	x_5(运输)	x_6(旅游)
0.00	1.000	0.457	0.006	−0.002	0.133	0.123	0.346
0.05	0.999	0.352	0.011	0.047	0.210	0.228	0.225
0.10	0.998	0.322	0.020	0.052	0.219	0.240	0.214
0.15	0.996	0.304	0.026	0.055	0.220	0.242	0.210
0.20	0.995	0.291	0.032	0.057	0.219	0.241	0.207
0.25	0.993	0.281	0.037	0.059	0.217	0.240	0.205
0.30	0.991	0.273	0.041	0.061	0.215	0.237	0.202

本节对近十余年广泛使用的经济模型及其应用领域进行总结，旨在给读者提供一个经济模型及其在我国经济研究领域的使用概况。

5.3 综合运用经济模型的数据分析实例

本节以 1954—2006 年我国海洋捕捞和海水养殖产量的数据为例，以揭示海洋捕捞和海水养殖产量的相关关系，准确地跟踪并预测海洋捕捞和海水养殖产量的短期未来趋势为目的，综合运用细分小波、Logistic(逻辑斯谛)增长模型以及自回归移动平均模型(简称 ARMA 模型)对数据进行了分析，还利用单纯的时序分析方法对两个时间序列建立了多维自回归滑动平均模型(简称 ARMAV 模型)。作为有凹陷现象的时间序列实例，对 1985—2008 年辽宁省水产品的产量统计数据采用模糊分析方法进行分析并取到了良好效果。本节力图为时间序列数据提供综合分析的方法与案例。

5.3.1 问题的提出

我国海洋捕捞业、海水养殖业有着悠久的历史。早在夏代，我国沿海地区就采用网具、钩具开展海洋捕捞活动；明代后期，我国东南沿海渔民已经有了牡蛎等贝类生物的养殖活动。我国海洋捕捞业、海水养殖业的发展相当缓慢。海洋捕捞受落后渔具、渔船的限制；海水养殖多停留在粗养阶段，单位面积产量低下。新中国成立特别是改革开放后，伴随着海洋捕捞技术的不断发展与捕捞设备的不断进步，海洋捕捞产量大幅度增长，然而伴随着全球海洋环境相关因素的影响与过度捕捞带来的海洋渔业资源的衰退，我国海洋捕捞产量在 1999—2000 年达到高峰后开始缓慢下行。而海水养殖业伴随着海带育苗和养殖、坛紫菜养殖和栽培的成功，海珍品等海水养殖生物的遗传改良和新品种培育的技术突破以及在海水养殖生物营养机理、病原病理、养殖生态和现代生物技术的研究与应用等方面取得的显著成绩，我国已成为世界海水养殖大国。与此同时，海水养殖面积不断扩大，产量由1954年的15.37万吨增长到2006年的1 445.64万吨，增长幅度近100倍。海水养殖产量在经历上20世纪50～70年代的缓慢增长后，从80年代中期开始呈现快速增长的趋势。

表5-13给出了1954—2006年全国海洋捕捞与海水养殖总产量，其中1954—1997年的数据是按全国水产品产量新标准计量的，由于1998—2006年《中国渔业统计年鉴》中的资料沿用了这个标准，因此数据统计具有统一性。图5-9为1954—2006年我国海洋捕捞与海水养殖总产量点图。

表5-13　1954—2006年全国海洋捕捞与海水养殖总产量　　单位：万吨

YEAR	HYBL	HSYZ	YEAR	HYBL	HSYZ	YEAR	HYBL	HSYZ	YEAR	HYBL	HSYZ
1954	144.90	15.37	1968	197.08	25.29	1982	343.92	86.57	1996	1 245.64	765.89
1955	171.95	18.71	1969	209.87	27.30	1983	341.03	95.39	1997	1 385.30	791.70
1956	182.26	11.25	1970	232.78	32.13	1984	366.88	111.74	1998	1 496.68	860.04
1957	201.44	21.37	1971	258.71	40.15	1985	386.86	124.65	1999	1 497.62	974.30
1958	180.25	14.70	1972	295.12	44.78	1986	432.21	150.08	2000	1 477.45	1 061.29
1959	194.66	18.38	1973	298.67	38.61	1987	486.30	192.61	2001	1 440.61	1 131.53
1960	194.12	21.16	1974	333.65	43.49	1988	514.30	249.29	2002	1 433.49	1 212.84
1961	148.32	15.86	1975	340.55	48.77	1989	559.04	275.73	2003	1 432.31	1 253.31
1962	156.51	15.44	1976	346.58	52.03	1990	611.49	284.22	2004	1 451.08	1 367.70
1963	185.45	15.98	1977	354.66	74.11	1991	676.70	333.31	2005	1 453.30	1 384.78
1964	200.19	13.30	1978	349.12	78.66	1992	767.27	424.31	2006	1 442.03	1 445.64
1965	211.99	18.25	1979	307.79	72.78	1993	851.75	540.23			
1966	228.26	21.00	1980	312.21	77.75	1994	994.44	604.80			
1967	227.85	24.47	1981	307.93	80.17	1995	1 139.75	721.51			

YEA 注：R 表示年份；HYBL 表示海洋捕捞总产量；HSYZ 表示海水养殖总产量。

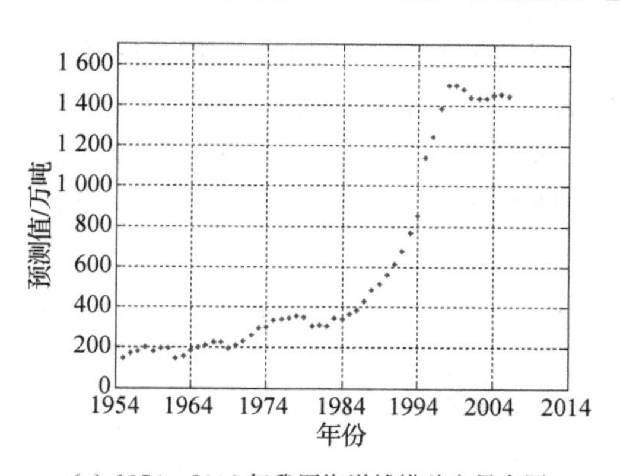

(a) 1954—2006年我国海洋捕捞总产量点图

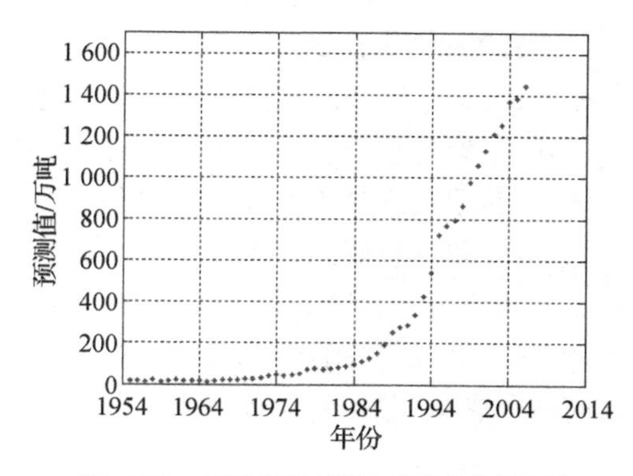

(b) 1954—2006年我国海水养殖总产量点图

图5-9　1954—2006年海洋捕捞总产量、海水养殖总产量点图

在海洋捕捞与海水养殖总量不断扩张的同时，其时间序列数据组所表现出的内在数学关系对有关部门制定可持续发展战略，研究人员从事科学研究均有重要意义。

5.3.2　基于细分小波的国内海洋捕捞和海水养殖产量分析

本小节基于1954—2006年我国海洋捕捞和海水养殖总产量的数据资料，运用细分小波的分解原理对数据进行趋势（低频）与扰动（高频）的初步分离分析；利用细分以及细分小波分别对两个时间序列的数据组进行了重构；根据两组原始数据图像及其细分小波重构数据的特点选用Logistic增长模型分别对其进行了回归分析；分别对海洋捕捞以及海水养殖的原始数据与其Logistic增长拟合模型的差值数据（简称差值数据）进行了ARMA模型拟合，得出海洋捕捞差值数据适合AR(2)模型，而海水养殖差值数据更接近白噪声的结论。

1. 细分小波

在数量经济讨论中，针对时间序列的趋势与扰动的分析与分离方法主要有HP滤波方法。Hodrick和Prescott① 采用对称的数据移动平均方法原理，设计了一个滤波器（即HP滤波器），该滤波器从时间序列 y_t 中得到一个平滑的序列 g_t（即趋势部分），g_t 是下列问题的解：

$$\min\left\{\sum_{t=1}^{T}(y_t-g_t)^2+\lambda\sum_{t=1}^{T}\left|(g_t-g_{t-1})(g_t-g_{t-2})\right|\right\} \tag{5-50}$$

式中：大括号中多项式的第一部分是对波动成分的度量；

第二部分是对趋势成分“平滑程度”的度量；

λ——正数，调节两者的比重，称为平滑参数。

HP滤波方法的一个重要问题就是平滑参数 λ 的取值，不同的 λ 值即不同的滤波器，决定了不同的周期方式和平滑度。在处理季度数据方面，经济学家基本达成了共识，但是在处理其他频率数据尤其是年度数据时的 λ 取值，经济学家有较大分歧，因此采用细分小波滤波方法分离海水捕捞与海水养殖的时间序列趋势与扰动部分，并取得较好的效果。

细分小波是以细分为基础推广而来的。细分方法以其简洁的表达式与经济的计算量而广泛应用在几何造型与计算机图形学中。在众多小波中，细分小波以其简洁的表达，总体的逼近程度高以及光滑性好等特点被广泛采用。

---

① Hodrick R, Prescott E C. Postwar business cycles: An empirical investigation[J]. Journal of Money, Credit and Banking, 1997, 29(1):1-16.

假设描述曲线的点按一定规则排列成列向量点列，记为 $\boldsymbol{P}^k$。在一些情况下需要用更多的列向量点列 $\boldsymbol{P}^{k+1}$ 细化曲线表示，被称为细分方法。细分方法进行这种运算时形成如下公式

$$\boldsymbol{P}^{k+1}=\boldsymbol{S}^{k+1}\boldsymbol{P}^k \tag{5-51}$$

式中：$\boldsymbol{S}^{k+1}$ 被称为细分矩阵。

而对于细分小波运算方法，分解 $\boldsymbol{P}^{k+1}$ 可获得趋势(低频部分)$\boldsymbol{P}^k$ 和扰动 $\boldsymbol{Q}^k$(高频部分)，公式为

$$\boldsymbol{P}^k=\boldsymbol{A}^{k+1}\boldsymbol{P}^{k+1},\boldsymbol{Q}^k=\boldsymbol{B}^{k+1}\boldsymbol{P}^{k+1} \tag{5-52}$$

可按公式

$$\boldsymbol{P}^{k+1}=\boldsymbol{S}^{k+1}\boldsymbol{P}^k+\boldsymbol{T}^{k+1}\boldsymbol{Q}^k \tag{5-53}$$

重构第 $k+1$ 层列向量点列 $\boldsymbol{P}^{k+1}$，在处理扰动项时，细分小波比细分刻画得更为细致。

在细分矩阵 $\boldsymbol{S}^{k+1}$ 已知的前提下，构造细分小波的核心是寻找矩阵 $\boldsymbol{T}^{k+1}$、$\boldsymbol{A}^{k+1}$、$\boldsymbol{B}^{k+1}$，使其满足

$$\begin{pmatrix}\boldsymbol{A}^{k+1}\\ \boldsymbol{B}^{k+1}\end{pmatrix}(\boldsymbol{S}^{k+1}\quad \boldsymbol{T}^{k+1})=\begin{pmatrix}\boldsymbol{I} & \boldsymbol{O}\\ \boldsymbol{O} & \boldsymbol{I}\end{pmatrix} \tag{5-54}$$

式中：$\boldsymbol{I}$ 为单位矩阵。

本小节以 10 个闭合控制点为例，该细分小波系数构成的矩阵如下：

$$\boldsymbol{S}^{k+1}=\frac{1}{16}\begin{pmatrix}-1 & 13 & 5 & -1 & 0\\ -1 & 5 & 13 & -1 & 0\\ 0 & -1 & 13 & 5 & -1\\ 0 & -1 & 5 & 13 & -1\\ -1 & 0 & -1 & 13 & 5\\ -1 & 0 & -1 & 5 & 13\\ 5 & -1 & 0 & -1 & 13\\ 13 & -1 & 0 & -1 & 5\\ 13 & 5 & -1 & 0 & -1\\ 5 & 13 & -1 & 0 & -1\end{pmatrix},\boldsymbol{T}^{k+1}=\frac{1}{16}\begin{pmatrix}11 & -3 & 1 & 0 & -1\\ 3 & -11 & 1 & 0 & -1\\ -1 & 11 & -3 & 1 & 0\\ -1 & 3 & -11 & 1 & 0\\ 0 & -1 & 11 & -3 & 1\\ 0 & -1 & 3 & -11 & 1\\ 1 & 0 & -1 & 11 & -3\\ 1 & 0 & -1 & 3 & -11\\ -3 & 1 & 0 & -1 & 11\\ -11 & 1 & 0 & -1 & 3\end{pmatrix}$$

$$\boldsymbol{A}^{k+1}=\frac{1}{16}\begin{pmatrix}11 & -3 & -1 & 1 & 0 & 0 & 1 & -1 & -3 & 11\\ -3 & 11 & 11 & -3 & -1 & 1 & 0 & 0 & 1 & -1\\ 1 & -1 & -3 & 11 & 11 & -3 & -1 & 1 & 0 & 0\;1\\ 0 & 0 & 1 & -1 & -3 & 11 & 11 & -3 & -1 & 1\\ -1 & 1 & 0 & 0 & 1 & -1 & -3 & 11 & 11 & -3\end{pmatrix}$$

$$B^{k+1}=\frac{1}{16}\begin{pmatrix} 13 & -5 & -1 & 1 & 0 & 0 & -1 & 1 & 5 & -13 \\ 5 & -13 & 13 & -5 & -1 & 1 & 0 & 0 & -1 & 1 \\ -1 & 1 & 5 & -13 & 13 & -5 & -1 & 1 & 0 & 0 \\ 0 & 0 & -1 & 1 & 5 & -13 & 13 & -5 & -1 & 1 \\ -1 & 1 & 0 & 0 & -1 & 1 & 5 & -13 & 13 & -5 \end{pmatrix} \tag{5-55}$$

分别对图5-9中海洋捕捞与海水养殖的数据进行处理得到如下结果：图5-10是用细分小波分解一次海洋捕捞时间序列数据所得的趋势部分与扰动部分；图5-11是海洋捕捞细分数据图与原始点图、海洋捕捞细分小波重构数据图与原始点图。经计算仅用细分得到的结果与原图相比的相对误差为0.030 9；而用细分小波重构得到的结果与原图相比的相对误差为0.029 3。从图5-11以及相对误差数据来看，使用该细分小波平滑的数据进行数据分析与预测是可行的。同理对于海水养殖数据也可以使用细分小波平滑，见图5-12。

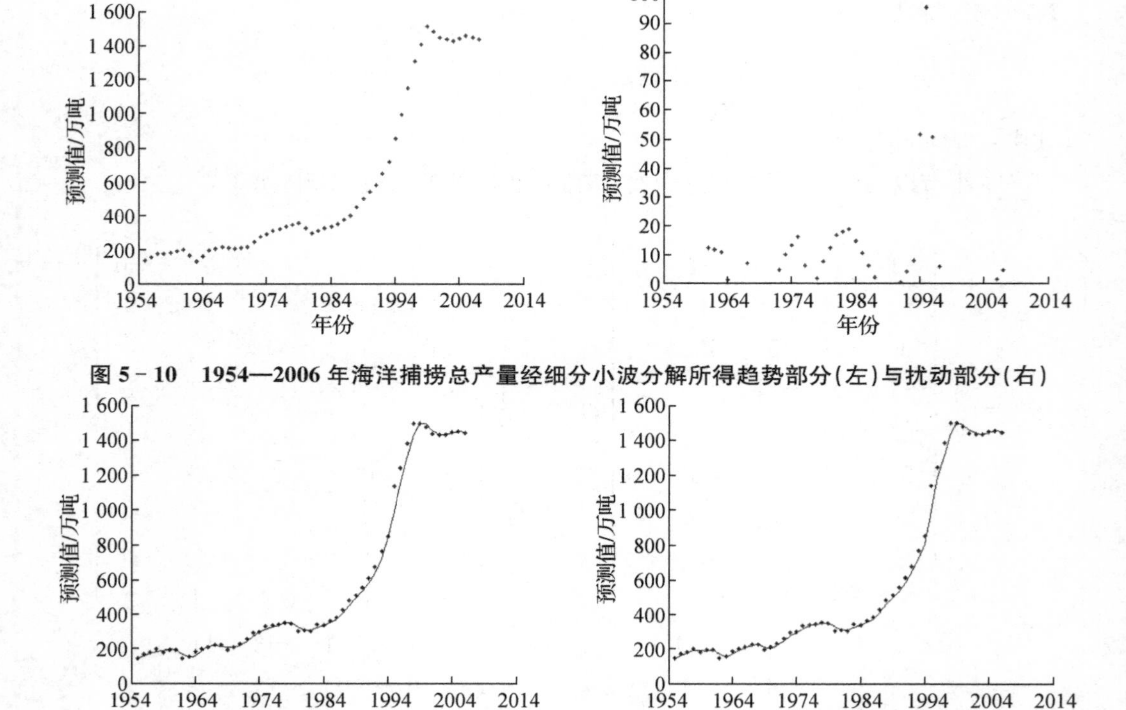

图5-10　1954—2006年海洋捕捞总产量经细分小波分解所得趋势部分(左)与扰动部分(右)

图5-11　1954—2006年海洋捕捞细分数据图与原始点图(左)、海洋捕捞细分小波重构数据图与原始点图(右)

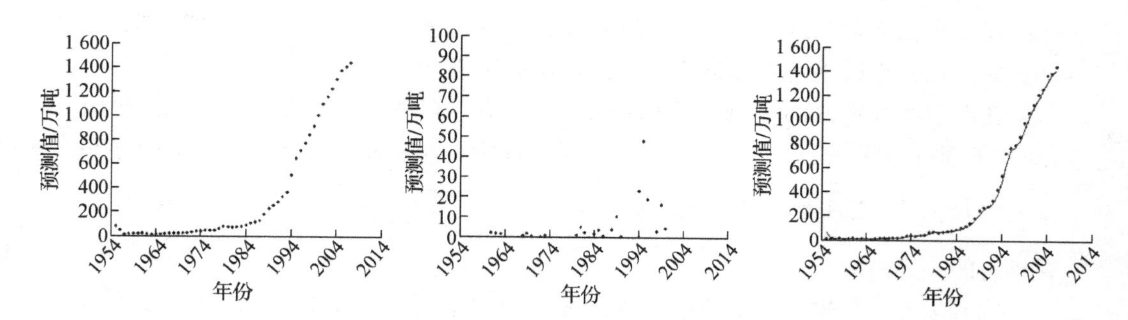

图 5-12　1954—2006 年海水养殖总产量经细分小波分解所得趋势(左)部分与扰动部分(中)、细分小波重构数据图与原始点图(右)

2. 对重构数据的分析

因为图 5-11、图 5-12 中海洋捕捞与海水养殖细分小波重构数据更好地反映出了数据变化的整体趋势，排除了极端噪声的干扰，更有利于进行回归分析，特别是更有利于数据的多分辨分析。从数据模型的精准度考虑，对 1954—2006 年海洋捕捞与海水养殖细分小波重构数据进行模型预测，从曲线表现出的增长趋势来看，比较符合 Logistic 增长模型或 Gompertz(龚伯兹)成长曲线。经进一步分析，Logistic 增长模型能更充分地描述海洋捕捞与海水养殖的增长行为。

海洋捕捞与海水养殖的原始数据与用细分小波重构数据拟合的 Logistic 回归模型数据的差(简称差值数据)还含有大量的规则信息，经检验发现海洋捕捞差值时间序列某一时刻的响应不仅与以前的自身值有关，还和以前时刻进入系统的扰动存在一定的依存关系，因此适合用 Box 和 Jenkins 20 世纪 70 年代提出的 ARMA 模型进行数据建模。而海水养殖的差值时间序列较为符合白噪声序列。

(1) 对海水养殖重构数据的分析

Logistic 增长曲线模型，俗称“S 曲线”，是由生物数学家 Verhulst 于 1845 年为研究人口增长过程而导出的，但在学术界并没有引起足够的重视，直到 20 世纪 20 年代才为 Pear 和 Reed 重新发现并应用。Logistic 曲线方程既应用于社会经济现象研究，也广泛应用于动植物生长发育或繁殖过程研究。

Logistic 模型的一般形式为

$$y=L/(1+a\times e-bt) \tag{5-56}$$

式中：L——曲线最大极限值；

b——曲线的增长速率因子；

a——近似为曲线的缩小因子；

t——时间。

模型中极大值的确定是关键。以实际数据最大值为参考，上下浮动增长幅值，并在此范围内以残差平方和最小为依据确定最大值。

在对海水养殖时间序列的检验中，因为差值数据的复杂度从图中可见，所以 Logistic 曲线拟合更注重整体性，在指定极大值为 1 700(在实际产生极大值的浮动范围内)时，用 Matlab 软件得到回归函数为$\dfrac{1\,700}{1+59.346\,9e^{-0.120\,1n}}$，$n$ 表示开始计算时年份的顺序数。

以海水养殖数据已达到的最大值为参考，上下浮动增长幅值，并在此范围内以残差平方和最小为依据确定最大值，结果发现将 L 锁定在区间(1 700，1 800)内较为合理。合理性的判断依据三个因素，即模型对现有数据的拟合效果、模型生长的快慢以及其他综合因素。用 Matlab 软件得到海水养殖拟合模型为$\dfrac{1\,800}{1+6.207\,7e^{-0.163\,3n}}$，$n$ 表示开始计算时年份的顺序数，此时相对误差为 2.667 2e—007。

图 5-13 是海水养殖细分小波重构数据的 Logistic 拟合曲线、拟合曲线加入白噪声序列以及原始数据的比对图。

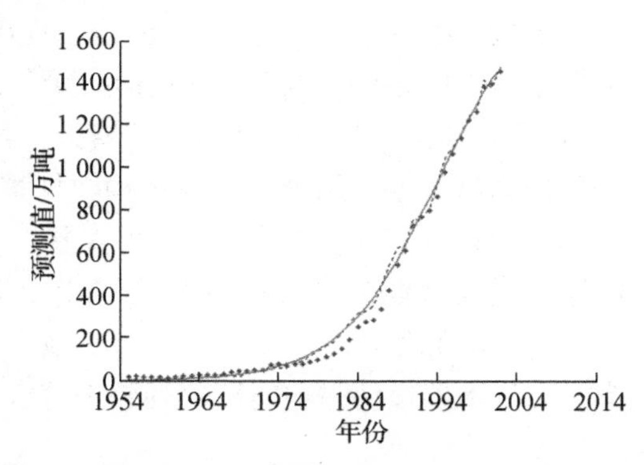

图 5-13 海水养殖细分小波重构数据拟合曲线(实线)、拟合曲线加入白噪声(虚线)以及原始图(方点图)的比对图

(2) 对海洋捕捞重构数据的分析

自回归移动平均过程是由自回归(AR)和移动平均(MA)两部分共同构成的随机过程，记为 ARMA(p,q)，其中 p,q 分别表示自回归和移动平均部分的最大阶数。

ARMA(p, q)的一般表达式是

$$xt=\phi 1xt-1+\phi 2xt-2+\cdots+\phi p\,xt-p+ut+\theta\,1ut-1+\theta\,2\,ut-2+\cdots+\theta\,q\,ut-q \tag{5-57}$$

由于该模型是在平稳的时间序列条件下提出的，因此对于非平稳的时间序列，要经过适当的平稳变换获得平稳的时间序列，并对此序列进行建模，这是对序列平

稳性的辨识以及平稳化处理的过程。平稳的时间序列在图形上往往表现为围绕其均值上下波动；而非平稳序列则往往表现为在不同的时间段具有不同的均值(如持续上升或持续下降)。一个序列平稳性的检验一般采用单位根检验方法，平稳化处理一般采用去趋势或差分方程的方法。若序列存在指数趋势，则进行对数处理；若存在线性趋势，则进行一阶差分或多阶差分方法处理。模型的形式和阶数可以初步根据序列的自相关函数和偏自相关函数图来判定，若平稳序列的偏自相关函数是截尾的，而自相关函数是拖尾的，则可断定序列适合 AR 模型；若平稳序列的偏自相关函数是拖尾的，而自相关函数是截尾的，则可断定序列适合 MA 模型；若平稳序列的偏自相关函数和自相关函数均是拖尾的，则可断定序列适合 ARMA 模型。在模型定阶时选用的是赤池信息准则(AIC)和施瓦兹准则(SC)，即尽量选择 AIC 和 SC 值较小的模型。而且参差平方和 R^2 以及调整的参差平方和 Adjusted R^2 要接近 1。

通过对海洋捕捞差值数据的单位根检验(图 5－14)，知其为平稳时间序列。分析数据的自相关图与偏自相关图断定序列适合 AR 模型(图 5－15)。实验检验结果为

$$x_t = 1.840\,0 x_{t-1} - 0.902\,5 x_{t-2} + u_t$$

$$R^2 = 0.987\,0, Adjusted R^2 = 0.986\,7; AIC = 8.299\,0, SC = 8.378\,6 \qquad (5-58)$$

而且模型的 DW 值处于无自相关的区间内。图 5－16 给出了海洋捕捞差值数据的实际值、拟合值以及残差值的分析(序号 1～53 分别对应 1954—2006 年的数据)，这种分析方法优于直接采用 ARMA 方法对整体数据序列的拟合分析。

ADF Test Statistic	－4.277 071	1%	Critical Value*	－3.577 8
		5%	Critical Value	－2.925 6
		10%	Critical Value	－2.600 5

图 5－14　海洋捕捞差值数据的单位根检验结果

Autocorrelation	Partial Correlation		AC	PAC	Q-Stat	Prob
		1	0.953	0.953	46.344	0.000
		2	0.841	-0.719	83.253	0.000
		3	0.690	-0.050	108.66	0.000
		4	0.522	0.004	123.53	0.000
		5	0.351	-0.080	130.41	0.000
		6	0.189	-0.034	132.45	0.000
		7	0.044	0.027	132.56	0.000
		8	-0.074	-0.009	132.89	0.000
		9	-0.168	-0.079	134.63	0.000
		10	-0.241	-0.099	138.29	0.000
		11	-0.298	-0.093	144.04	0.000
		12	-0.344	-0.062	151.93	0.000
		13	-0.379	-0.029	161.80	0.000
		14	-0.403	0.003	173.25	0.000
		15	-0.411	0.023	185.53	0.000
		16	-0.403	-0.007	197.68	0.000
		17	-0.379	-0.029	208.78	0.000
		18	-0.342	-0.044	218.13	0.000
		19	-0.297	-0.059	225.43	0.000
		20	-0.248	-0.034	230.72	0.000

图 5－15　海洋捕捞差值数据的自相关图和偏自相关图

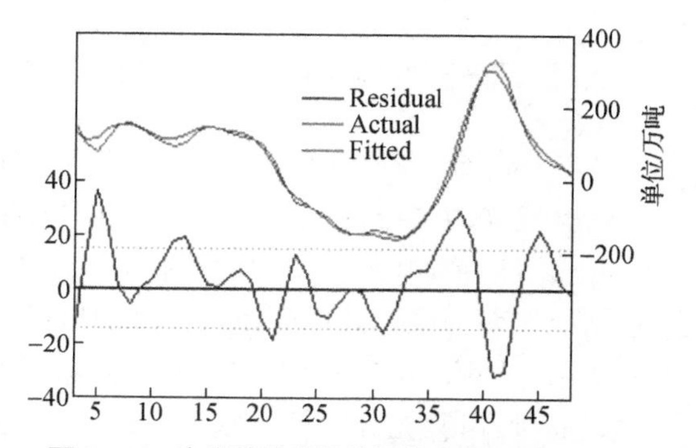

图 5－16　海洋捕捞差值数据的实际值(Actual)、拟合值(Fitted)与残差值(Residual)

3. 结论与分析

粗略观察发现海洋捕捞与海水养殖数据服从 Logistic 模型，但由于海洋捕捞数据在 1999—2000 年出现转折，使得任何 Logistic 曲线拟合后的差值不服从白噪声（比如服从 AR(2)过程），这说明不能单纯用 Logistic 曲线来拟合海洋捕捞数据，也说明海洋捕捞与海水养殖产业在一段时期内没有协调发展，这也是海洋捕捞与海水养殖两组数据不宜使用向量自回归模型（VAR）估计的原因。

合理开发、利用和保护海洋渔业资源是确保粮食安全的重要环节，因此，海洋渔业生产活动和资源的经济均衡问题成为多方共同关注的焦点。这其中包括研究基于渔业资源开发利用的生物经济分析方法，分析最高的可持续产量和最大的经济产量，并以此作为确定最适捕捞强度的依据。近年来，随着随机过程、统计学等理论的发展，平稳时间序列分析方法得到了广泛的应用。随着小波分析的发展，分层次、分细节地判断趋势，在去除扰动的情况下进行数据的多分辨分析，为资料的处理提供更多便利。在众多小波中，细分小波以其简洁的表达，总体的逼近程度高以及光滑性好等特点被采用。结合 Matlab 和 Eviews 软件，从海洋捕捞与海水养殖时间序列数据出发所获得的纯数学层面上的结果，对有关部门以及专业人员进行科学决策以及科学研究，进行科学预测具有一定的意义。

但也应该看到，主观因素对时间序列数据的影响是不可控制的。正如迅速增长的海洋捕捞人员，大大超过海水养殖业从业人员，会导致沿海渔业结构严重失调。1998 年，我国沿海 11 个省份的海洋捕捞产量约达到海水养殖产量的 1.7 倍，当时海洋捕捞渔业劳动力（118 万人）约为海水养殖劳动力（49 万人）的 2.4 倍，导致过度捕捞，资源枯竭，捕捞产量下滑。对水产养殖来说，突破种苗瓶颈，加速人工配合饲料研制，加速养殖生物技术和种质资源保护，加速网箱布局和管理，必将带来海水养殖产量新一轮的快速增长。因此，数据的分析方法要具有普适性，而预测只能是短期的和可解析的。

5.3.3　基于 ARMAV 模型的国内海洋捕捞与海水养殖产量分析

本小节介绍利用时序分析方法对 1954—2006 年国内海洋捕捞和海水养殖产量数据建立的多维自回归滑动平均（ARMAV）模型。该方法不仅避免了分别使用自回归滑动平均（ARMA）模型对两序列建模时未考虑序列间关系的弊端，还通过数据的先期平稳化处理而使得算法的运用更具有针对性。图像与误差计算结果均表明用 ARMAV(2,1,2)算法对两序列进行跟踪及预测具有有效性。

上节看到，在分别单一使用 ARMA 模型以及 Logistic 模型拟合数据时，两序列之间的相关关系并未在模型建立时得到很好的体现。事实上两序列之间虽没有相互确定的关系，但数据的产生均受到当年的政治、经济、环境、人文、供需关系等诸多因素的影响，因此海水捕捞与海水养殖产量共同对未来两序列数据产生影响是合乎道理的。近年来国内学者已经将多维自回归滑动平均模型(ARMAV)广泛应用于工农业生产的模型建立与分析中，吴晓明等分别建立了国内第一产业与第二产业、第三产业产值的 ARMAV 模型，并取到了很好的分析与预测效果。本小节介绍利用两序列建立多维自回归滑动平均(ARMAV)模型，将两序列相互作用共同影响未来产量数据的内在关系揭示出来。表 5-14 中第 1 列为序号列，第 2、3 列为 1954—2006 年全国海洋捕捞总产量(bl_t)与海水养殖总产量(yz_t)，单位为万吨，其中 1954—1997 年的数据是按全国水产品产量新标准计量的，由于 1998—2006 年《中国渔业统计年鉴》中的资料沿用了这个标准，因此数据统计具有统一性。

1. 序列数据的检验与定阶

由于虚假回归问题的存在，在回归模型中应避免直接使用不存在协积关系的非平稳变量，因此检验变量的平稳性是一个必须解决的问题。利用 Eviews 软件对海洋捕捞产量和海水养殖产量分别进行严格的序列平稳性的统计检验——单位根检验，在对二阶差分数据进行单位根检验时得到平稳的时间序列 b_t, y_t，数据见表 5-14 第 4、5 列。分别检验海洋捕捞、海水养殖二阶差分数据的自相关与偏自相关图，粗略获知其自回归部分的阶数为 2。按照通常的做法，当自回归部分的阶数为 2 时，滑动平均部分的阶数应定为 1。这样，依据时间系列分析理论，借助 Eviews 软件，确定适合本书数据的多维自回归滑动平均模型为 ARMAV(2,1,2)。

2. 序列的多维自回归滑动平均(ARMAV)模型分析

设$(b_t, y_t)^{\mathrm{T}}(t=1,2,\cdots,N)$表示第 N 个年份的海洋捕捞二阶差分数据 b_t 以及海水养殖二阶差分数据 y_t，则所建立的基本模型为

$$\begin{pmatrix} b_t \\ y_t \end{pmatrix} = \begin{pmatrix} \varphi_{111} & \varphi_{121} \\ \varphi_{211} & \varphi_{221} \end{pmatrix} \begin{pmatrix} b_{t-1} \\ y_{t-1} \end{pmatrix} + \begin{pmatrix} \varphi_{112} & \varphi_{122} \\ \varphi_{212} & \varphi_{222} \end{pmatrix} \begin{pmatrix} b_{t-2} \\ y_{t-2} \end{pmatrix} + \begin{pmatrix} \theta_{11} & \theta_{12} \\ \theta_{21} & \theta_{22} \end{pmatrix} \begin{pmatrix} \varepsilon_{t-1} \\ \eta_{t-1} \end{pmatrix} + \begin{pmatrix} \varepsilon_t \\ \eta_t \end{pmatrix} \tag{5-59}$$

式中：$\begin{pmatrix} \varphi_{111} & \varphi_{121} \\ \varphi_{211} & \varphi_{221} \end{pmatrix}$、$\begin{pmatrix} \varphi_{112} & \varphi_{122} \\ \varphi_{212} & \varphi_{222} \end{pmatrix}$——自回归参数矩阵；

$\begin{pmatrix} \theta_{11} & \theta_{12} \\ \theta_{21} & \theta_{22} \end{pmatrix}$——滑动平均参数矩阵；

$(\varepsilon_t, \eta_t)^{\mathrm{T}}$——白噪声向量。

故$(\varepsilon_t, \eta_t)^{\mathrm{T}}$ 应满足 $E((\varepsilon_t, \eta_t)^{\mathrm{T}})=0, E\left((\varepsilon_t, \eta_t)\begin{pmatrix} \varepsilon_{t-k} \\ \eta_{t-k} \end{pmatrix}\right)=\delta_k \mathbf{Q}$，其中 E 为数学期

望,$\boldsymbol{Q}$ 为$(\varepsilon_t,\eta_t)^{\mathrm{T}}$ 的方差矩阵,$\delta_k=\begin{cases}1, & k=0,\\0, & k\neq 0。\end{cases}$

为了更好地控制噪声序列,先建立一个 ARV(3,2)模型:

$$\begin{pmatrix}b_t\\y_t\end{pmatrix}=\begin{pmatrix}\varphi_{111} & \varphi_{121}\\\varphi_{211} & \varphi_{221}\end{pmatrix}\begin{pmatrix}b_{t-1}\\y_{t-1}\end{pmatrix}+\begin{pmatrix}\varphi_{112} & \varphi_{122}\\\varphi_{212} & \varphi_{222}\end{pmatrix}\begin{pmatrix}b_{t-2}\\y_{t-2}\end{pmatrix}+\begin{pmatrix}\varphi_{113} & \varphi_{123}\\\varphi_{213} & \varphi_{223}\end{pmatrix}\begin{pmatrix}b_{t-3}\\y_{t-3}\end{pmatrix}+\begin{pmatrix}\varepsilon_t\\\eta_t\end{pmatrix} \tag{5-60}$$

这里 $t=4,5,\cdots,N$。

对(5-60)式进行分析和整理得到

$$\begin{pmatrix}b_4 & y_4\\b_5 & y_5\\\vdots & \vdots\\b_N & y_N\end{pmatrix}=\begin{pmatrix}b_3 & b_2 & b_1 & y_3 & y_2 & y_1\\b_4 & b_3 & b_2 & y_4 & y_3 & y_2\\\vdots & \vdots & \vdots & \vdots & \vdots & \vdots\\b_{N-1} & b_{N-2} & b_{N-3} & y_{N-1} & y_{N-2} & y_{N-3}\end{pmatrix}\begin{pmatrix}\varphi_{111} & \varphi_{211}\\\varphi_{112} & \varphi_{212}\\\varphi_{113} & \varphi_{213}\\\varphi_{121} & \varphi_{221}\\\varphi_{122} & \varphi_{222}\\\varphi_{123} & \varphi_{223}\end{pmatrix} \tag{5-61}$$

简记(5-60)式为矩阵方程 $\boldsymbol{X}=\boldsymbol{W\Phi}$。由于$(b_t,y_t)^{\mathrm{T}}(t=1,2,\cdots,N)$为已知,由最小二乘法计算得知 $\boldsymbol{\Phi}=(\boldsymbol{W}^{\mathrm{T}}\boldsymbol{W})^{-1}\boldsymbol{W}^{\mathrm{T}}\boldsymbol{X}$,具体计算结果为

$$\boldsymbol{\Phi}=\begin{pmatrix}\varphi_{111} & \varphi_{211}\\\varphi_{112} & \varphi_{212}\\\varphi_{113} & \varphi_{213}\\\varphi_{121} & \varphi_{221}\\\varphi_{122} & \varphi_{222}\\\varphi_{123} & \varphi_{223}\end{pmatrix}=\begin{pmatrix}-0.1774 & 0.1216\\0.0965 & 0.0180\\0.0792 & -0.0921\\-0.2281 & -0.5666\\0.1157 & -0.2096\\0.4447 & -0.3283\end{pmatrix} \tag{5-62}$$

将其(5-62)式代入(5-60)式,得到估计的噪声序列$(\varepsilon_t,\eta_t)^{\mathrm{T}}$,$t=4,5,\cdots,N$。将其具体结果带回到基本模型(5-59)中,整理得到

$$\begin{pmatrix}b_t & y_t\\b_{t+1} & y_{t+1}\\\vdots & \vdots\\b_N & y_N\end{pmatrix}=\begin{pmatrix}b_{t-1} & b_{t-2} & y_{t-1} & y_{t-2} & \varepsilon_{t-1} & \eta_{t-1}\\b_t & b_{t-1} & y_t & y_{t-1} & \varepsilon_t & \eta_t\\\vdots & \vdots & \vdots & \vdots & \vdots & \vdots\\b_{N-1} & b_{N-2} & y_{N-1} & y_{N-2} & \varepsilon_{N-1} & \eta_{N-1}\end{pmatrix}\begin{pmatrix}\varphi_{111} & \varphi_{211}\\\varphi_{112} & \varphi_{212}\\\varphi_{121} & \varphi_{221}\\\varphi_{122} & \varphi_{222}\\\theta_{11} & \theta_{21}\\\theta_{12} & \theta_{22}\end{pmatrix} \tag{5-63}$$

将估计的噪声序列$(\varepsilon_t,\eta_t)^{\mathrm{T}}$,$t=4,5,\cdots,N$ 用于(5-63)式的计算,此处 $t=5$。简记(5-63)式为矩阵方程 $\boldsymbol{X}_1=\boldsymbol{W}_1\boldsymbol{\Phi}_1$,同样由最小二乘法得到 $\boldsymbol{\Phi}_1=(\boldsymbol{W}_1^{\mathrm{T}}\boldsymbol{W}_1)^{-1}$

$W_1^T X_1$，将计算结果 Φ_1 代入基本模型(5-59)中，得到所建立模型的具体表达式为

$$\begin{pmatrix} \hat{b}_t \\ \hat{y}_t \end{pmatrix} = \begin{pmatrix} -0.1539 & -0.2566 \\ 0.1032 & -0.5508 \end{pmatrix} \begin{pmatrix} b_{t-1} \\ y_{t-1} \end{pmatrix} + \begin{pmatrix} -0.0216 & 0.0142 \\ 0.1114 & -0.1455 \end{pmatrix} \begin{pmatrix} b_{t-2} \\ y_{t-2} \end{pmatrix} + \begin{pmatrix} 1.0022 & 0.0004 \\ -0.0021 & 0.9996 \end{pmatrix} \begin{pmatrix} \varepsilon_{t-1} \\ \eta_{t-1} \end{pmatrix} + \begin{pmatrix} \varepsilon_t \\ \eta_t \end{pmatrix} \tag{5-64}$$

应用此模型对海洋捕捞与海水养殖二阶差分数据进行预测得到 $(\hat{b}_t, \hat{y}_t)^T$，将其返回到海洋捕捞与海水养殖产值数据进行预测得到预测结果 $(\tilde{b}_t, \tilde{y}_t)^T$，具体内容见表5-14第6至第9列。

表5-14　1954—2006年全国海洋捕捞产量与海水养殖产量的预测值与实际值比较表

单位:万吨

序号	bl_t	yz_t	b_t	y_t	$\hat{b}_t$	$\hat{y}_t$	$\tilde{b}_t$	$\tilde{y}_t$
1	144.90	15.37	−16.74	−10.80				
2	171.95	18.71	8.87	17.58				
3	182.26	11.25	−40.37	−16.79				
4	201.44	21.37	35.60	10.35				
5	180.25	14.70	−14.95	−0.90	−5.848 7	−0.174 4		
6	194.66	18.38	−45.26	−8.08	3.089 7	−2.112 8		
7	194.12	21.16	53.99	4.88	5.987 3	1.201 3	203.221 3	21.885 6
8	148.32	15.86	20.75	0.96	−6.961 5	−3.673 6	196.669 7	21.827 2
9	156.51	15.44	−14.20	−3.22	0.8148	13.577 9	108.507 3	11.761 3
10	185.45	15.98	−2.94	7.63	−1.815 7	5.747 9	157.738 5	11.346 4
11	200.19	13.30	4.47	−2.20	−3.384 9	−12.999 8	215.204 8	30.097 9
12	211.99	18.25	−16.68	0.72	1.534 1	−0.919 9	213.114 3	16.367 9
13	228.26	21.00	−30.36	−2.65	2.629 6	−1.051 5	220.405 1	10.200 2
14	227.85	24.47	43.56	1.19	2.935 3	−8.271 5	246.064 1	22.830 1
15	197.08	25.29	10.12	2.82	−3.480 1	3.961 3	230.069 6	26.888 5
16	209.87	27.30	3.02	3.19	0.338 7	8.265 3	169.245 3	17.838 5
17	232.78	32.13	10.48	−3.39	−4.931 2	0.714 3	219.179 9	33.271 3
18	258.71	40.15	−32.86	−10.80	−0.692 7	−0.650 3	256.028 7	45.225 3
19	295.12	44.78	31.43	11.05	5.984 7	1.217 7	279.708 8	48.884 3

续表 5 - 14

序号	bl_t	yz_t	b_t	y_t	$\hat{b}_t$	$\hat{y}_t$	$\tilde{b}_t$	$\tilde{y}_t$
20	298.67	38.61	−28.08	0.40	−8.125 8	−4.885 9	330.837 3	48.759 7
21	333.65	43.49	−0.87	−2.02	6.135 3	−0.242 4	308.204 7	33.657 7
22	340.55	48.77	2.05	18.82	−0.571 4	0.402 0	360.504 2	43.484 1
23	346.58	52.03	−13.62	−17.53	−3.089 5	−16.250 6	353.585 3	53.807 6
24	354.66	74.11	−35.79	−10.43	6.315 1	6.887 7	352.038 6	55.692 0
25	349.12	78.66	45.75	10.85	7.281 4	0.611 1	359.650 5	79.939 4
26	307.79	72.78	−8.70	−2.55	−10.050 6	−5.096 4	349.895 1	90.097 7
27	312.21	77.75	40.27	3.98	5.972 9	13.536 8	273.741 4	67.511 1
28	307.93	80.17	−38.88	2.42	−8.385 6	6.792 6	306.579 4	77.623 6
29	343.92	86.57	28.74	7.53	3.871 9	−9.728 4	309.622 9	96.126 8
30	341.03	95.39	−5.87	−3.44	−8.053 5	−6.336 8	371.524 4	99.762 6
31	366.88	111.74	25.37	12.52	5.407 0	0.252 4	342.011 9	94.481 6
32	386.86	124.65	8.74	17.10	−8.751 7	−3.564 5	384.676 5	121.753 2
33	432.21	150.08	−26.09	14.15	−4.881 9	−12.523 6	412.247 0	137.812 4
34	486.30	192.61	16.74	−30.24	−0.794 4	−17.242 3	468.808 3	171.945 5
35	514.30	249.29	7.71	−17.95	5.624 3	6.421 1	535.508 1	222.616 4
36	559.04	275.73	12.76	40.60	3.806 5	14.771 0	541.505 6	288.727 7
37	611.49	284.22	25.36	41.91	−17.475 7	−17.421 1	609.404 3	308.591 1
38	676.70	333.31	−6.09	24.92	−10.203 2	−18.798 6	667.746 5	307.481 0
39	767.27	424.31	58.21	−51.35	0.035 1	−23.638 1	724.434 3	364.978 9
40	851.75	540.23	2.62	52.14	3.792 6	14.974 0	847.636 8	496.511 4
41	994.44	604.80	−39.42	−72.33	−17.044 0	−31.282 2	936.265 1	632.511 9
42	1 139.75	721.51	33.77	−18.57	13.015 7	24.553 6	1 140.923 0	684.344 0
43	1 245.64	765.89	−28.28	42.53	6.476 7	34.242 8	1 268.016 0	806.937 8
44	1 385.30	791.70	−110.44	45.92	−14.693 4	−28.806 8	1 364.546 0	834.823 6
45	1 496.68	860.04	−21.11	−27.27	5.952 4	−33.957 3	1 531.437 0	851.752 8
46	1 497.62	974.30	−16.67	−16.75	19.413 0	−13.967 8	1 593.367 0	899.573 2
47	1 477.45	1 061.29	29.72	11.07	13.802 4	−3.468 0	1 504.512 0	1 054.603 0

续表 5 - 14

序号	bl_t	yz_t	b_t	y_t	$\hat{b}_t$	$\hat{y}_t$	$\tilde{b}_t$	$\tilde{y}_t$
48	1 440.61	1 131.53	5.94	−40.84	−12.296 1	−2.980 8	1 476.693 0	1 134.312 0
49	1 433.49	1 212.84	19.95	73.92	12.328 2	41.973 5	1 417.572 0	1 198.302 0
50	1 432.31	1 253.31	−16.55	−97.31	−22.554 8	−28.841 9	1 414.074 0	1 291.169 0
51	1 451.08	1 367.70	−13.49	43.78	24.509 8	44.050 3	1 443.458 0	1 335.754 0
52	1 453.30	1 384.78			−5.922 1	−7.642 6	1 447.295 0	1 453.248 0
53	1 442.03	1 445.64					1 480.030 0	1 445.910 3

序号 1～53 分别对应 1954—2006 年的数据。其中，bl_t 表示第 t 年海洋捕捞产量，yz_t 表示第 t 年海水养殖产量；b_t、y_t 分别表示海洋捕捞产量、海水养殖产量的二阶差分数据，其计算公式为 $b_t=bl_{t+2}-2bl_{t+1}+bl_t$，$y_t=yz_{t+2}-2yz_{t+1}+yz_t$；$\hat{b}_t$、$\hat{y}_t$分别表示利用 ARMAV(2,1,2)模型（即(5 - 64)式）对 b_t、y_t 进行预测所获得的结果值；$\tilde{b}_t$、$\tilde{y}_t$分别表示在$\hat{b}_t$、$\hat{y}_t$的基础上对 bl_t、yz_t 的预测结果，其计算公式为$\tilde{b}_t=\hat{b}_{t-2}+2bl_{t-1}-bl_{t-2}$，$\tilde{y}_t=\hat{y}_{t-2}+2yz_{t-1}-yz_{t-2}$。海洋捕捞与海水养殖实际值与其跟踪预测值的比较见图 5 - 17。

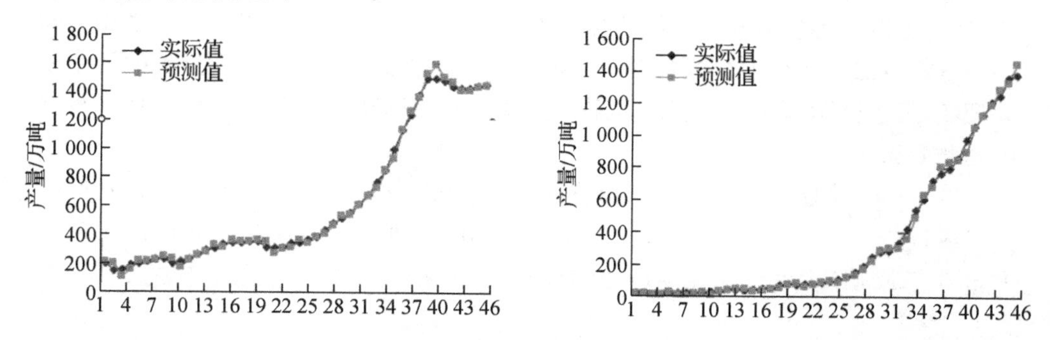

图 5 - 17　左图为海洋捕捞实际值与其预测值的比较图；右图为海水养殖实际值与其预测值的比较图

3. *误差估计*

利用(5 - 64)式可以对后续年份的海洋捕捞产量以及海水养殖产量进行短期动态预测，但由于实际产量受到自然环境、政治经济等诸多因素的影响，所以预测产生一定程度的偏差是必然的。

本小节通过计算方差矩阵进行误差分析，先利用(5 - 64)式对 2007 年海洋捕捞产量与海水养殖产量进行预测分别得到预测值为 1 424.88 万吨和 1 499.267 万吨。设海洋捕捞与海水养殖预测值与实际值的残差序列分别为 $b_e=\{be_t\}$，$y_e=$

$\{ye_t\}$，其中 $be_t = b_t - bl_t$，$ye_t = y_t - yz_t$，通过计算得到 b_e 与 y_e 的方差矩阵为

$$\begin{bmatrix} \sigma^2(b_e) & \mathrm{Cov}(b_e, y_e) \\ \mathrm{Cov}(b_e, y_e) & \sigma^2(y_e) \end{bmatrix} = \begin{pmatrix} 850.6073 & -78.8976 \\ -78.8976 & 520.4184 \end{pmatrix} \tag{5-65}$$

式中：σ^2——方差；

Cov——协方差。

该方法避免了分别单一对海洋捕捞产量与海水养殖产量进行跟踪和预测所导致的片面性，对综合考虑两者之间的关系提供算法分析原理与数据支持，也为进一步多指标研究两者之间的关系奠定基础。

5.3.4 基于模糊分析方法的时间序列分析实例

随着社会的进步，科技的发展，许多发展过程中的产值、产量随时间的变化呈现出总体上升趋势，称之为增长型时间序列。这类数据受诸多因素的影响，在随着时间变化的过程中还呈现出某种模糊性和不确定性，有时时间序列曲线出现偏离总体趋势的较大异常现象，称之为凹陷现象，这给数据分析以及预测提出新的课题。为解决这类问题，以 1985—2008 年辽宁省水产品产量统计数据为例，分别用 Logistic 模型、自回归移动平均模型（ARMA 模型）、模糊时间序列模型进行数据分析，通过比较三种模型预测所得的结果图像与误差分析发现，采用适当的模糊时间序列分析方法对数据进行拟合更为有效。通过数据改造形成同侧或异侧的两个凹陷现象，经过图示与误差分析发现采用模糊时间序列建立的预测模型仍具有较好的预测效果。

图 5-18 是辽宁省水产品产量统计（1985—2008），图 5-19 是辽宁省水产品产量统计（1985—2005），即图 5-18 中去掉凹陷的部分。其中每一年度的水产品产量等于海水产品与淡水产品产量的合计，资料来源于《辽宁省统计年鉴》。

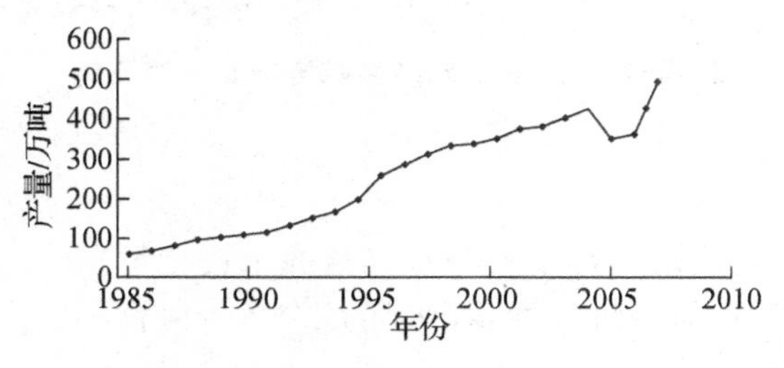

图 5-18 辽宁省水产品产量统计图（1985—2008）

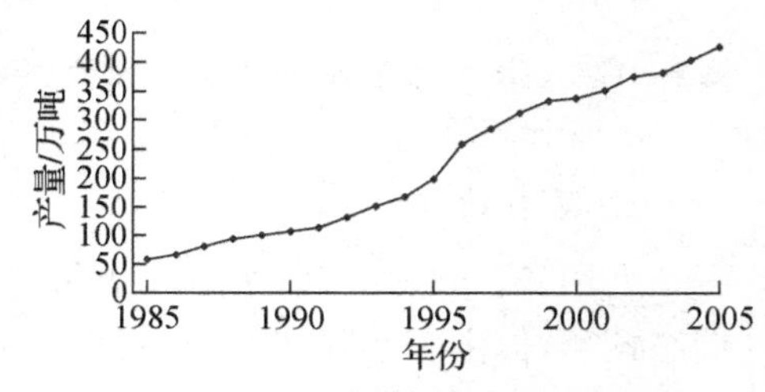

图 5-19 辽宁省水产品产量统计图（1985—2005）（去掉凹陷部分）

该时间序列数据的特点是增长的同时（在时间序列末端）出现较大的凹陷。在

没有凹陷部分的条件下，通常会采用 Logistic 模型或自回归移动平均模型进行数据分析与预测。在有凹陷部分的情况下，上述数据分析与预测方法是否还是最佳选择呢？经过数据建模、预测和误差分析，发现有一个矛盾难以解决，就是整体趋势模型的建立与凹陷部分细节信息的预测之间的矛盾，采用 Logistic 模型建模整体规律表达得较好而凹陷部分的细节信息难以更多地顾及，而采用自回归移动平均模型建模照顾到了细节信息，但由于数据的相互制约导致对凹陷处的预测发生较大偏差。为此选用模糊时间序列模型对数据进行建模，经过计算与分析，发现适当的模糊时间序列模型可以很好地解决凹陷部分与整体趋势的预测矛盾问题。

1. 用 Logistic 模型建模

这里采用 Logistic 模型的另一种表达形式，即

$$y=\frac{L}{1+e^{a+bt}} \tag{5-66}$$

式中：L——曲线的最大值；

b——增长因子；

a——伸缩因子。

在时间序列建模过程中，最大值 L 的确定是序列建模的关键。依据公式(5-66)可得

$$a+bt=\ln\left(\frac{L}{y}-1\right) \tag{5-67}$$

记

$$\ln\left(\frac{L}{y}-1\right)=c \tag{5-68}$$

则原式成为

$$a+bt=c \tag{5-69}$$

依据辽宁省水产品产量，本书确定 L 为 500 万吨，t 为第 t 年，例如 1985 年为第 1 年，$t=1$，2008 为第 24 年，$t=24$。

把辽宁省水产品产量(1985—2008)依次代入公式(5-69)并按矩阵表示为 $\boldsymbol{AX}=\boldsymbol{C}$，其中

$$\boldsymbol{A}=\begin{pmatrix}1 & 1\\ 1 & 2\\ 1 & 3\\ \vdots & \vdots\\ 1 & 24\end{pmatrix},\boldsymbol{X}=\begin{pmatrix}a\\ b\end{pmatrix},\boldsymbol{C}=\begin{pmatrix}c_1\\ c_2\\ c_3\\ \vdots\\ c_{24}\end{pmatrix} \tag{5-70}$$

c_i 表示第 i 年相应的值 $\ln\left(\frac{L}{y_i}-1\right)$。由最小二乘法知只需解方程组 $\boldsymbol{A'AX}=\boldsymbol{A'C}$，

具体地有$\begin{pmatrix}24 & 300\\300 & 4\,900\end{pmatrix}\boldsymbol{X}=\begin{pmatrix}-1.130\,2\\-239.287\,9\end{pmatrix}$，$\boldsymbol{X}=\begin{pmatrix}2.400\,3\\-0.195\,8\end{pmatrix}$，$a=2.400\,3$，$b=-0.195\,8$，$y=\dfrac{500}{1+e^{2.400\,3-0.195\,8t}}$，具体结果见图 5-20。

2. 用自回归移动平均（ARMA）模型建模

通过对辽宁省水产品产量统计值数据的单位根检验，知其近似为平稳时间序列。分析数据的自相关图与偏自相关图断定序列适合 AR 模型。实验检验结果为

$$x_t=1.07x_{t-1}-0.07x_{t-2}+18.4821+u_t \tag{5-71}$$

$$R^2=0.5629, AdjustedR^2=0.5143; AIC=9.696, SC=9.845 \tag{5-72}$$

平方差 R^2 以及调整的平方差 $AdjustedR^2$ 并没有接近 1，其主要原因还是受凹陷现象的影响，具体结果见图 5-21。

3. 模糊时间序列分析

考虑到带有凹陷现象的时间序列的不确定性与模糊性，这里尝试采用模糊时间序列方法对辽宁省水产品产量进行分析与预测。

模糊集理论与模糊逻辑是 Zadel 首先提出的处理语言学中信息变量的不确定性与模糊性的一般方法。Song 和 Chissom 用 Zadeh 给出的模糊集理论所引发的模糊时间序列模型预测了 Alabama 大学的学生注册问题。模糊时间序列预测的主要问题是预测的精度问题。许多研究者对模糊时间序列的预测问题进行了改进。在这些改进的方法中，主要是从论域的选取、模糊关系分析、预测算法等方面对原有算法进行改进。总体来讲，考虑的因素越多，算法越精细。

模糊时间序列的基本概念来自 Singh 的论文 。

定义 1　设 $U=\{u_1, u_2, \cdots, u_n\}$ 为论域，u_i 是 U 的可能的语意值，则 U 的语意变量 A_i 的一个模糊集定义为

$$A_i=\frac{u_{A_i}(u_1)}{u_1}+\frac{u_{A_i}(u_2)}{u_2}+\cdots+\frac{u_{A_i}(u_n)}{u_n} \tag{5-73}$$

式中：u_{A_i} 是模糊集 A_i 的成员函数，使得 $u_{A_i}: U\rightarrow[0,1]$。若 u_j 是模糊集 A_i 的成员，则 $u_{A_i}(u_j)$ 表示 u_j 属于 A_i 的程度，简称隶属度。

定义 2　设 $Y(t)(t=\cdots,0,1,2,3,\cdots)$ 为论域 R 的子集，在其上定义模糊集 $f_i(t)(i=1,2,3,\cdots)$，$F(t)$ 为 f_i 的并级，则 $F(t)$ 为定义在 $Y(t)$ 上的模糊时间系列。

定义 3　若 $F(t)$ 仅由 $F(t-1)$ 确定，则记为 $F(t-1)\rightarrow F(t)$，此时 $F(t)$ 与 $F(t-1)$ 之间的模糊关系为 $F(t)=F(t-1)^{\circ}R(t,t-1)$。这里"°"是极大极小复合算子，称 $R(t,t-1)$ 为 $F(t)$ 的一阶模型。进一步，若 $F(t)$ 的模糊关系 $R(t,t-1)$ 独立于时间 t，即对于两个不同的时间 t_1、t_2，有 $R(t_1,t_1-1)=R(t_2,t_2-1)$，则称 $F(t)$ 为

时不变模糊时间序列。

若 $F(t)$ 由更多的模糊集 $F(t-n), F(t-n+1), \cdots, F(t-1)$ 确定，则模糊关系可表达为

$$F(t-n), F(t-n+1), \cdots, F(t-1) \rightarrow F(t) \tag{5-74}$$

称之为 n 阶模糊时间序列模型。

定义 4　若 $F(t)$ 同时由 $F(t-1), F(t-2), \cdots, F(t-m)(m>0)$ 确定，且关系为时变的，则称 $F(t)$ 为时变模糊时间序列，且模糊时间关系为 $F(t)=F(t-1)\circ R^{w}(t,t-1)$，$w>1$ 为时间参数。

Singh 建立了三阶模型，模型中新的预测值总是通过不同尺度预测后有条件地进行微调，在不断的选择中进行多次初步预测，并将预测值进行加权平均。下面采用 Singh 论文中的基本思路，考虑到海洋水产数据所呈现出的一定规律性，因此采用二阶模型法，具体算法如下：

建立论域 $U=[50,500]$，并将论域分割为 9 个区间(语意值)

$u_1=[50,100], u_2=[100,150], u_3=[150,200], u_4=[200,250],$

$u_5=[250,300], u_6=[300,350], u_7=[350,400], u_8=[400,450],$

$u_9=[450,500]$

定义 9 个模糊集：

$A_1=1/u_1+0.5/u_2+0/u_3+0/u_4+0/u_5+0/u_6+0/u_7+0/u_8+0/u_9,$

$A_2=0.5/u_1+1/u_2+0.5/u_3+0/u_4+0/u_5+0/u_6+0/u_7+0/u_8+0/u_9,$

$A_3=0/u_1+0.5/u_2+1/u_3+0.5/u_4+0/u_5+0/u_6+0/u_7+0/u_8+0/u_9,$

$A_4=0/u_1+0/u_2+0.5/u_3+1/u_4+0.5/u_5+0/u_6+0/u_7+0/u_8+0/u_9,$

$A_5=0/u_1+0/u_2+0/u_3+0.5/u_4+1/u_5+0.5/u_6+0/u_7+0/u_8+0/u_9,$

$A_6=0/u_1+0/u_2+0/u_3+0/u_4+0.5/u_5+1/u_6+0.5/u_7+0/u_8+0/u_9,$

$A_7=0/u_1+0/u_2+0/u_3+0/u_4+0/u_5+0.5/u_6+1/u_7+0.5/u_8+0/u_9,$

$A_8=0/u_1+0/u_2+0/u_3+0/u_4+0/u_5+0/u_6+0.5/u_7+1/u_8+0.5/u_9,$

$A_9=0/u_1+0/u_2+0/u_3+0/u_4+0/u_5+0/u_6+0/u_7+0.5/u_8+1/u_9$

采用三角成员函数方法将原始时间序列数据模糊化得到表 5-15。

表 5-15　辽宁省水产品产量统计数据及其模糊化结果

年份	产量/万吨	语义值	年份	产量/万吨	语义值
1985	58.3	*A*1	1997	285.1	*A*5
1986	67	*A*1	1998	312.7	*A*5
1987	80.6	*A*1	1999	333.8	*A*6

续表 5-15

年份	产量/万吨	语义值	年份	产量/万吨	语义值
1988	94.7	$A1$	2000	338.5	$A6$
1989	101.2	$A2$	2001	350.8	$A7$
1990	107.3	$A2$	2002	374.8	$A7$
1991	114.1	$A2$	2003	382.0	$A7$
1992	132.2	$A2$	2004	402.5	$A8$
1993	151.7	$A3$	2005	425.3	$A8$
1994	167.8	$A3$	2006	351.3	$A7$
1995	197.9	$A3$	2007	361.3	$A7$
1996	258.0	$A4$	2008	494.9	$A9$

设第 i 年的原始数据为 E_i，以初始值一阶差分的绝对值 $d_i=|E_i-E_{i-1}|$ 为基础移动项。具体地，取其若干个系数作为移动项，本数据计算分别取 $m=\frac{1}{6},\frac{1}{4},\frac{1}{2},1,2,3$，将初始值分别加、减$\frac{1}{6}d,\frac{1}{4}d,\frac{1}{2}d,1d,2d,3d$，共得到 12 个预测的备选值 $E_i\pm md_i$，依据模糊化处理的经验，将落入模糊集 A_j 所对应的区间 u_j 中的备选值 $E_i\pm md_i$ 求和，再加上区间 u_j 的中点值后取平均数，即为第 $i+1$ 年的预测值。系数的选取反映了预测的谨慎，但系数的选取可以有微调，比如 d_i 的选取并未遵从 Singh 论文中的方法选取初始时间序列的二阶差分的绝对值而是选取一阶差分的绝对值，这是因为所选时间序列总体上呈现出较好的增长性，只是有较大的凹陷出现，具体结果见图 5-22。

4. 比较分析

图 5-20 是辽宁省水产品产量统计与其 Logistic 模型的比较图，由于 Logistic 模型从整体函数出发进行预测，无法更多顾及出现凹陷处的逼近，因此在凹陷处出现较大偏差。图 5-21 是辽宁省水产品产量统计与其 AR 模型的比较图，预测不再仅从整体出发而是考虑局部信息，但凹陷处的预测偏差较大。图 5-22 是辽宁省水产品产量统计与其模糊时间序列预测模型的比较图，整体与局部均达到很好的逼近效果。

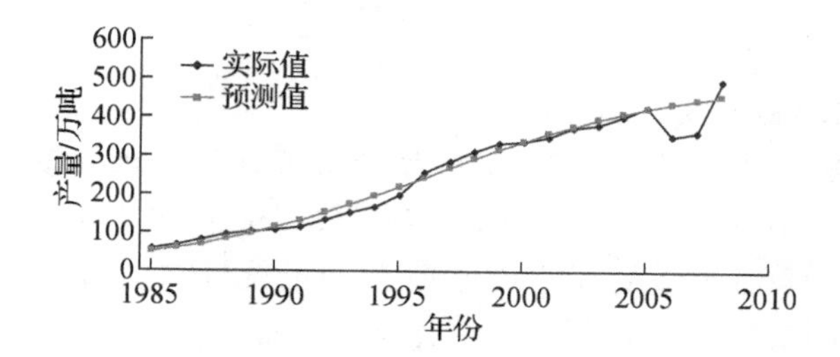

图 5－20　辽宁省水产品产量统计与其 Logistic 模型的比较图

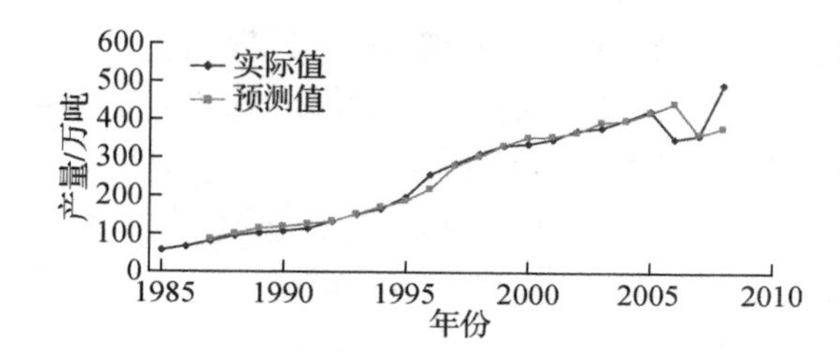

图 5－21　辽宁省水产品产量统计与其 AR 模型的比较图

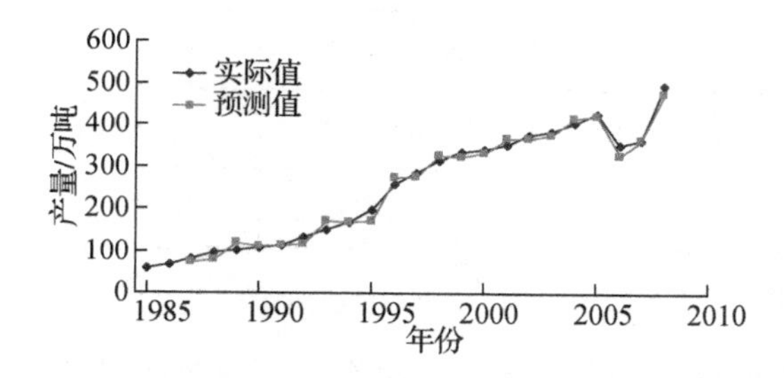

图 5－22　辽宁省水产品产量统计与其模糊时间序列预测模型的比较图

下面采用均方误差公式和平均预测误差公式进行比较分析，具体公式为

均方误差：

$$MSE=\frac{\left[\sum_{i=1}^{n}(E_i-F_i)^2\right]}{n} \tag{5-75}$$

平均预测误差：

$$AFE=\frac{\left[\sum_{i=1}^{n}\frac{|E_i-F_i|}{E_i}\right]}{n} \tag{5-76}$$

式中：E_i——第 i 年实际值；

F_i——第 i 年预测值；

n——预测的总年数。

表 5-16 是三种方法对辽宁省水产品产量统计与其预测模型的误差分析比较结果。在表 5-16 中，"gap"表示带凹陷部分，"no gap"表示无凹陷部分。AFE(gap)表示图 5-18 所表示的辽宁省水产品产量统计与其预测模型的平均预测误差，AFE(no gap)表示图 5-19 所表示的辽宁省水产品产量统计(去掉 gap 部分)与其预测模型的平均预测误差。同理，MSE(gap)表示图 5-18 所表示的辽宁省水产品产量统计与其预测模型的均方误差，MSE(no gap)表示图 5-19 所表示的辽宁省水产品产量统计(去掉 gap 部分)与其预测模型的均方误差。整体来看，平均预测误差相对稳定，带有凹陷的 Logistic 与 AR 模型的均方误差相对较大，分别为 839.081 7 和 1 123.859，而其他均方误差稳定在 200 上下。这说明在有凹陷部分的情况下，Logistic 与 AR 模型不是好的选择，模糊时间序列预测模型可以作为首选模型。

表 5-16 辽宁省水产品产量统计与其预测模型的误差分析

模型	AFE(no gap)	MSE(no gap)	AFE(gap)	MSE(gap)
Logistic	0.078 628	205.932 0	0.091 902	839.081 7
AR	0.046 113	145.886 2	0.062 921	1 123.859 0
Fuzzy	0.067 105	167.544 7	0.060 165	194.142 4

5. 进一步讨论

为了观察模糊时间序列预测模型对多个凹陷现象的影响，对辽宁省水产品统计数据进行微调处理使其产生两个以上凹陷现象，且新产生的凹陷现象与原凹陷现象分别在同侧或异侧，见图 5-23 与图 5-24。

将 1999 年原 333.8 替换为 200，2000 年原 350.8 替换为 230，产生同侧的两个凹陷现象，称为 gap-1。将 1999 年原 333.8 替换为 420，2000 年原 350.8 替换为 430，产生异侧的两个凹陷现象，称为 gap-2。图 5-23 与图 5-24 反映出时间序列数据整体上以及凹陷处均与其模糊时间序列预测模型有较好的逼近效果。表 5-17 的平均预测误差和均方误差也表现出与表 5-16 的模糊时间序列预测模型相近的效果，即平均预测误差相对稳定，均方误差稳定在 200 上下。

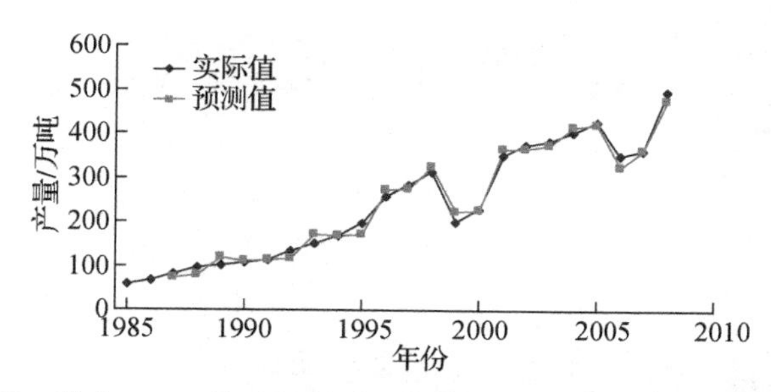

图 5－23　带有 gap-1 的时间序列及其模糊时间序列预测模型的比较图

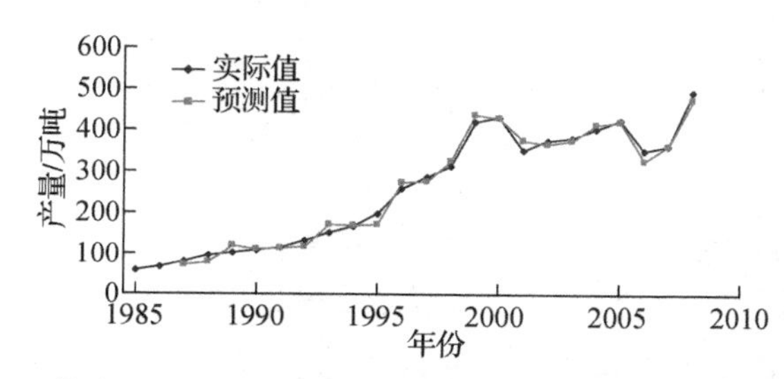

图 5－24　带有 gap-2 的时间序列及其模糊时间序列预测模型的比较图

表 5－17　带有两个 gap 的增长型时间序列及其预测模型的误差分析

模型	AFE(gap-1)	MSE(gap-1)	AFE(gap-2)	MSE(gap-2)
Fuzzy	0.063 517	209.725 4	0.060 49	214.118 6

最后值得一提的是，除上述所采用的经济模型方法外，我们还在下列模型的应用研究中有所尝试，如：马尔可夫模型在市场占有率方面的预测，基于聚类分析的全国水产养殖单产数据分析，基于主成分分析的辽宁渔业产业分析，基于数据包络分析法的辽宁农林牧渔业的效率研究，分层抽样方法在海洋捕捞船渔获量统计中的应用等，限于篇幅，不再赘述。另外，近十年来我国经济数据分析中常用的经济模型也应该作为海洋经济分析的备选模型，如：VAR 模型、CGE 模型、ARIMA 模型、FDI 模型等。

第6章 海洋经济核算体系

6.1 海洋经济生产总值核算内容

6.1.1 海洋经济生产总值核算的意义

1. 海洋经济生产总值核算的背景

经过千百年的开发利用，一度蕴藏丰富的陆上资源已经出现枯竭趋势，海洋经济的地位和作用逐渐凸显，成为各国经济新的增长点。我国政府对海洋经济发展十分重视，2003年国务院印发了《全国海洋经济发展规划纲要》，2006年的《国民经济和社会发展第十一个五年规划纲要》强调要"强化海洋意识，维护海洋权益，保护海洋生态，开发海洋资源，实施海洋综合管理，促进海洋经济发展"，这些都标志着我国海洋经济正与国际化发展大趋势接轨，标志着国家对海洋事业的发展提出了更新更高的要求。

沿海各级政府近几年来对海洋经济的重视程度日益提高，都把开发海洋资源、发展海洋经济作为实现经济振兴的重要举措，掀起了开发海洋经济的热潮。我国以及各省市县海洋经济发展运行的总体规模、状况如何，结构是否合理，存在什么问题等成为各级政府普遍关心的问题。

在以往每年发布的《中国海洋经济统计公报》中，显示的只是主要海洋产业增加值，它只是单纯实物量和价值量的统计，无法反映海洋各产业之间的相互联系，无法全面、客观、科学地反映海洋经济的总体运行情况。

在这种环境下，为全面反映海洋经济的发展规模、结构及发现海洋经济运行过程中出现的问题，为各级政府制定海洋政策、进行海洋管理、宏观调控海洋经济提供依据及加快我国海洋经济健康发展，近年来，原国家海洋局、国家统计局联合开展了海洋经济核算体系研究，编制完成了《海洋经济核算体系实施方案》，相继制定了国家标准《海洋及相关产业分类》、海洋行业标准《沿海行政区域分类与代码》以及《海洋生产总值核算制度》。

《海洋生产总值核算制度》明确了我国海洋生产总值核算的调查区域范围、行业范围及调查方式、手段等。海洋行业标准《沿海行政区域分类与代码》(HY/T

094—2006)(以下简称《分类与代码》)主要涉及我国11个沿海地区、53个沿海城市。《分类与代码》构建了以海洋经济主体核算、基本核算与附属核算三大部分内容为主体的海洋经济核算体系总体框架,主要内容涉及主要海洋产业(海洋渔业、海洋油气业、海洋矿业、海洋盐业、海洋化工业、海洋生物医药业、海洋船舶工业、海洋电力业、海水利用业、海洋工程建筑业、海洋交通运输业、滨海旅游业)、海洋科研教育管理服务业和海洋相关产业。调查资料主要来自国家、地方和涉海企事业单位的现有统计资料和行政记录,数据收集主要采用重点调查和抽样调查相结合的方式。《海洋生产总值核算制度》的实施,既确保了海洋经济生产总值核算数据的真实性、准确性、权威性,又初步实现了海洋经济核算与国民经济核算的一致性和可比性。

2. 海洋经济生产总值核算的意义

2008年国务院在批准《国家海洋事业发展规划纲要》时,又明确提出要建立和完善全国海洋经济监测和评估系统,加强对海洋经济运行的动态评价,加强海洋经济生产总值核算。这对于创新和完善海洋经济生产总值核算,全面深入了解海洋经济发展情况,促进海洋经济的发展具有重要的理论意义和实践价值。

(1) 海洋经济生产总值核算是获得全面和准确的海洋经济数据的重要手段之一。海洋经济是一个由多部门、多产业构成的综合而复杂的系统,按照核算的分类标准和核算方法,可以把海洋经济各个方面的基本指标有机地组织起来,实现不同类型海洋经济数据之间的相互衔接,反映海洋经济整体运行过程和结果。

(2) 海洋经济生产总值核算是提高海洋经济核算工作质量,监测海洋经济运行状况的一种有效工具。通过海洋经济生产总值核算不仅能及时发现哪些数据缺失,而且能发现海洋经济运行过程中出现的问题,便于及时调整修正,保证海洋经济核算的工作质量。

(3) 为制定海洋经济政策和发展战略提供一个强有力的技术支撑。由于海洋经济核算提供的是整个海洋经济运行状况的系统数据,它全面反映了海洋经济的发展水平、总体规模和产业结构,从而可以依据核算数据合理地制定海洋经济政策和发展战略。

(4) 海洋经济生产总值核算是实现与国际、国内经济数据可比和共享的有效途径。海洋经济核算的具体内容包括海洋经济生产总值核算、海洋固定资产核算、海洋对外贸易核算和海洋资源与环境核算等,从根本上改变了以往单纯实物量和价值量的统计内容。

6.1.2　海洋经济生产总值核算的内涵

1. 海洋经济生产总值的概念

(1) 海洋经济的概念和范畴

关于海洋经济的概念和范畴，目前国际上没有统一的界定。原国家海洋局对我国海洋经济的解释是：开发、利用和保护海洋的各类产业活动以及与之相关联的活动的总和。其主要包括五个方面：直接从海洋获取产品的生产和服务；直接从海洋获取的产品一次加工生产和服务；直接应用于海洋和海洋开发活动的产品的生产和服务；利用海水或海洋空间作为生产过程的基本要素所进行的生产和服务；与海洋密切相关的科学研究、教育、服务和管理。

(2) 海洋三次产业划分

根据国家标准《国民经济行业分类》(GB/T 4754—2002)的三次产业划分原则，原国家海洋局对海洋三次产业做如下划分：

海洋经济第一产业：海水养殖业和海洋捕捞业。

海洋经济第二产业：海洋水产品加工、海洋油气业、海洋矿业、海洋盐业、海洋化工业、海洋生物医药业、海洋电力业、海水利用业、海洋船舶工业、海洋工程建筑业等。

海洋经济第三产业：海洋交通运输业、滨海旅游业、涉海金融保险服务业、海洋科学研究、教育、涉海社会服务业等。

(3) 海洋生产总值概念与范畴

海洋生产总值(Gross Ocean Product，简称 GOP)是海洋经济生产总值的简称，是指按市场价格计算的沿海地区常住单位在一定时期内海洋产业(海洋相关产业)生产活动的最终成果。它是国民经济中全部涉海经济活动的最终反映。

从核算框架来看，海洋经济核算体系与国民经济核算体系之间具有相对应的关系。两者采用的分类标准都是国际通用的国民经济核算体系标准。可以说，海洋经济核算是国民经济核算在海洋领域的一个分支。

从核算内容来看，海洋生产总值反映的是海洋经济活动的总量指标，与国民经济核算中的国内生产总值相对应，并实现了海洋生产总值与国内生产总值的一致性和可比性。

(4) 县级海洋生产总值

县级海洋生产总值，即县级海洋经济生产总值的简称，指按市场价格计算的沿海地区常住单位在一定时期内海洋经济活动的最终成果。

县区级层面的海洋经济监测业务由县区级海洋行政管理机构负责实施，它们对各重点涉海企业的运营指标进行采集。县区级海洋行政管理机构应要求企业指定具体部门，依据监测规范并按照周期向县区级海洋行政管理部门报送企业运营相关数据。

2. 海洋生产总值的构成

海洋生产总值由海洋产业增加值和海洋相关产业增加值构成，其中海洋产业增加值又包括主要海洋产业增加值、海洋科研教育管理服务业增加值，如图 6－1 所示：

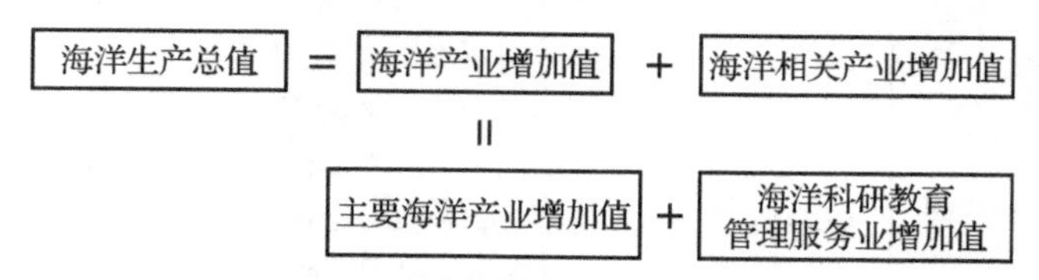

图 6－1 海洋生产总值构成

其中，海洋产业（海洋相关产业）增加值是指按市场价格计算的沿海地区常住单位在一定时期内海洋产业（海洋相关产业）生产活动的最终成果。海洋产业增加值的主要功能是反映开发、利用和保护海洋所进行的生产和服务活动，是衡量海洋产业对海洋经济贡献作用的主要指标；海洋相关产业增加值的主要功能是反映与海洋产业构成技术经济联系的各种生产活动，即与海洋产业活动密切相关的上、下游产业活动，是衡量海洋产业对其他产业的推动与拉动作用的重要指标。具体内容如图 6－2 所示：

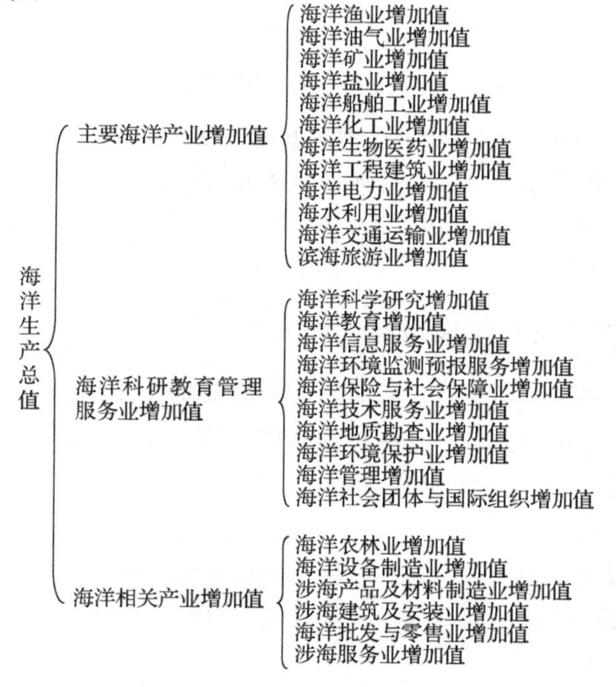

图 6－2 海洋生产总值构成（市级）

3. 海洋三次产业增加值的构成

根据《海洋及相关产业分类》(GB/T 20794—2006),海洋生产总值(市级)的第一产业、第二产业和第三产业增加值的构成如图6-3所示:

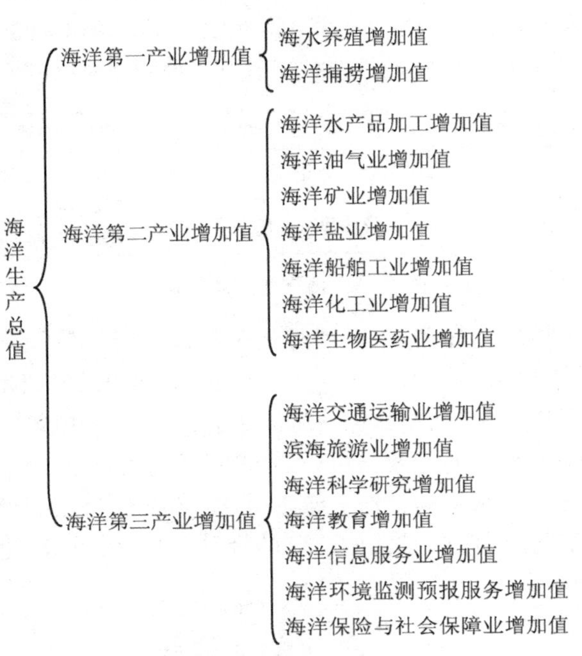

图6-3 海洋生产总值三次产业构成(市级)

需要注意的是,海洋渔业增加值由海水养殖增加值、海洋捕捞增加值、海洋渔业服务增加值和海洋水产品加工增加值四部分构成。其中,海水养殖、海洋捕捞、属于海洋第一产业,海洋水产品加工属于海洋第二产业。计算海洋三次产业增加值时,不能简单地将海洋渔业全部纳入海洋第一产业。

6.1.3 海洋经济生产总值核算工作流程

海洋经济生产总值核算(市级)的技术流程主要包括确定核算范围、采集基础数据、审核基础数据、确定核算方法、开展数据核算、校验数据结果等六个步骤(如图6-4所示)。

1. 确定核算范围

全面了解某市各沿海地区海洋经济活动的基本情况,通过调研各沿海地区行政区划调整情况和辖区内各海洋产业活动情况,确定市级海洋经济生产总值核算的区域范围和产业范围。

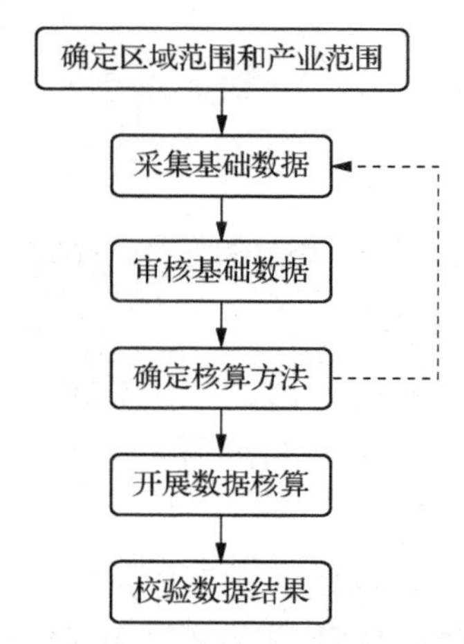

图 6－4　市级海洋经济生产总值核算技术流程图

2. 采集基础数据

多渠道搜集市级海洋经济生产总值核算所需的统计数据，包括海洋部门统计数据、统计部门统计数据和涉海部门统计数据等。

市级海洋经济生产总值核算的基础数据主要来源于海洋部门、统计部门和涉海部门等，包括：

(1)《海洋统计报表制度》

(2)《规模以上工业统计报表制度》

(3)《国民经济核算统计报表制度》

(4)《渔业统计报表制度》

(5) 第二次全国经济普查资料

(6) 其他用于计算剥离系数的统计数据（如其他国民经济统计报表、专业统计年鉴等）

3. 审核基础数据

对基础数据进行真实性和逻辑性审核，确保基础数据真实、准确。

(1) 真实性审核

审核所采集数据的资料来源、统计口径、统计方法、计量单位等是否与有关标准和报表制度一致。

(2) 逻辑性审核

审核所采集数据的合计值与分项值是否符合逻辑平衡关系，数据与相关历史数据、已公布数据之间的差异是否合理。

(3) 完整性审核

审核所采集数据的数量是否满足市级海洋经济生产总值核算对基础数据、剥离系数的计算需要。

(4) 时效性审核

审核所采集数据的发布时间是否满足市级海洋生产总值核算的时效性要求。

4. 确定核算方法

结合已有基础资料情况,确定每个海洋及相关产业的核算方法;再根据核算方法,搜集缺失的统计数据,并对数据进行审核。

5. 开展数据核算

以基础数据为基础,按照所确定的核算方法,开展海洋及相关产业增加值核算,进而汇总得到市级海洋生产总值,并测算海洋三次产业结构等统计指标。

6. 校验数据结果

综合国家级、省级海洋经济数据和国民经济相关行业数据,对数据结果的合理性进行校验,及时发现数据问题,保证核算结果准确、可靠。

6.2 海洋经济生产总值核算方法

市级海洋经济生产总值核算原则上依次选用企业核算法、增加值率法、行业剥离法、投入产出法等,如图6-5所示。

6.2.1 一般计算方法

1. 企业核算法

企业核算法是指按照国民经济的核算原理,对每个涉海企业的增加值进行核算,之后将涉海企业增加值汇总,计算该产业增加值的方法,主要包括生产法和收入法。

生产法是从生产的角度衡量常住涉海企业在一定时期新创造的海洋产品和服务价值的方法,即从生产的全部海洋货物和服务总产品价值中,扣除生产过程中投入的中间货物和服务价值得到增加价值。具体计算方法见公式(6-1):

$$增加值=总产出-中间投入 \tag{6-1}$$

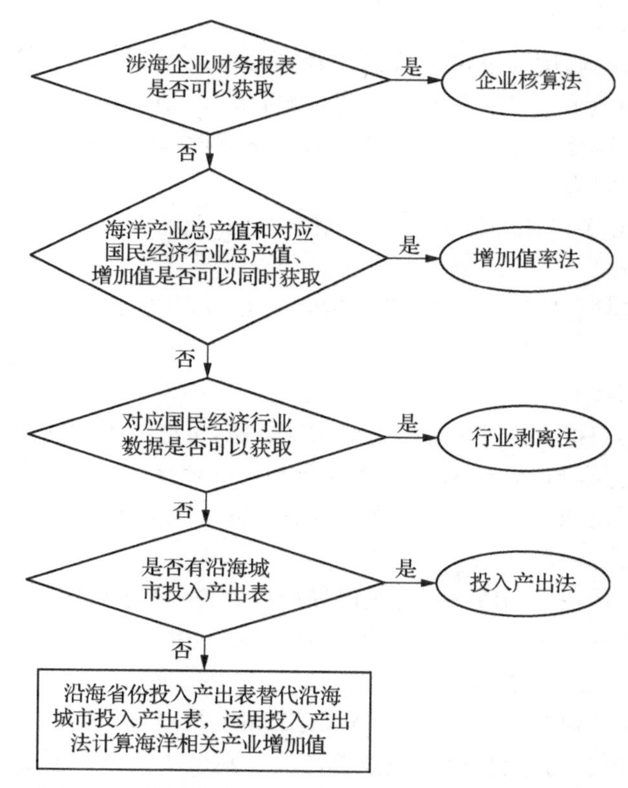

图 6-5　市级海洋经济生产总值核算方法遴选流程图

收入法也称分配法，是从常住涉海企业从事生产活动产生收入的角度来计算海洋生产活动最终成果的方法。海洋经济各产业部门收入增加值由从事海洋产业活动获得的劳动者报酬、生产税净额、固定资产折旧和营业盈余四个部分组成。计算公式为：

增加值＝劳动者报酬＋生产税净额＋固定资产折旧＋营业盈余　(6-2)

2. 增加值率法

增加值率法是指利用“海洋产业总产值”与“对应国民经济行业的增加值率”的乘积，来计算海洋产业增加值的方法。“海洋产业总产值”通常由该海洋产业中的涉海企业总产值数据汇总而成。计算公式为：

海洋产业增加值＝海洋产业总产值×对应国民经济行业的增加值率(6-3)

3. 行业剥离法

行业剥离法是指采用适当的反映海洋经济成分的剥离系数，对与海洋及相关产业对应的国民经济行业产值进行剥离，以计算海洋产业增加值的方法。

(1) 基本公式

海洋及相关产业增加值由对应国民经济行业的增加值(《海洋及相关产业分类》与《国民经济行业分类》对照表参见《海洋及相关产业分类》(GB/T 20794—2006),下同,对应的国民经济行业增加值通常从统计部门获得)与剥离系数相乘计算得到。计算公式为:

$$海洋及相关产业增加值=对应国民经济行业的增加值\times剥离系数 \quad (6-4)$$

(2) 扩展公式

如果不能直接获取基本指标,可以使用其他指标进行推算,即运用扩展公式进行计算。

① 总产值推算

若不能直接获得对应国民经济行业的增加值,可以使用"对应国民经济行业的总产值(或总产出)"与"对应国民经济行业的增加值率"的乘积进行推算。其中,"对应国民经济行业的增加值率"通常根据历史资料或其他渠道的统计资料计算得到。计算公式为:

$$海洋及相关产业增加值=对应国民经济行业的总产值(或总产出)\times对应国民经济行业的增加值率\times剥离系数 \quad (6-5)$$

② 规模以上增加值推算

若不能直接获得对应国民经济行业的增加值,可以使用"对应国民经济行业规模以上企业增加值"与"规模以上工业总产值占整个工业总产值的比重"的商进行推算。计算公式为:

$$海洋及相关产业增加值=\frac{对应国民经济行业规模以上企业增加值}{规模以上工业总产值占整个工业总产值的比重}\times剥离系数 \quad (6-6)$$

③ 规模以上总产值推算

若不能获得对应国民经济行业规模以上企业增加值,可以使用"对应国民经济行业规模以上总产值(或总产出)"与"对应国民经济行业的增加值率"的乘积进行推算。计算公式为:

$$海洋及相关产业增加值=\frac{对应国民经济行业规模以上总产值(或总产出)}{规模以上工业总产值占整个工业总产值的比重}\times对应国民经济行业的增加值率\times剥离系数 \quad (6-7)$$

4. 投入产出法

投入产出法是指运用投入产出原理,利用产业间的技术经济联系,计算与各主要海洋产业关联的各海洋相关产业增加值,进而核算海洋产业增加值的方法。计算公式为:

海洋及相关产业增加值＝主要海洋产业总产出×辐射力系数×对应国民经济行业的增加值率　　(6－8)

6.2.2　海洋及相关产业增加值核算方法

1. 主要海洋产业增加值核算

(1) 海洋渔业

海洋渔业增加值由海水养殖增加值、海洋捕捞增加值、海洋渔业服务增加值、海洋水产品加工增加值四部分构成。

海洋渔业增加值＝海水养殖增加值＋海洋捕捞增加值＋海洋渔业服务增加值＋海洋水产品加工增加值　　(6－9)

① 海水养殖和海洋捕捞

采用渔业统计中沿海城市的海水养殖增加值和海洋捕捞增加值。

数据来源:《渔业统计报表制度》。

② 海洋渔业服务

方法 1:采用行业剥离法,使用基本公式,计算公式为:

海洋渔业服务增加值＝水产苗种增加值×剥离系数　　(6－10)

数据来源:《渔业统计报表制度》。

方法 2:采用行业剥离法,使用总产值推算扩展公式,计算公式为:

海洋渔业服务增加值＝渔业服务业总产出×渔业服务业增加值率×剥离系数　　(6－11)

数据来源:《规模以上工业统计报表制度》《国民经济核算统计报表制度》。

③ 海洋水产品加工

方法 1:采用行业剥离法,使用基本公式,计算公式为:

海洋水产品加工增加值＝水产品加工增加值×剥离系数　　(6－12)

数据来源:《渔业统计报表制度》。

方法 2:采用行业剥离法,使用规模以上总产值推算扩展公式,计算公式为:

$$海洋水产品加工增加值=\frac{海洋水产品加工对应国民经济行业总产值}{规模以上工业总产值占整个工业总产值的比重}\times 对应国民经济行业的增加值率\times 剥离系数 \quad (6-13)$$

数据来源:《规模以上工业统计报表制度》《国民经济核算统计报表制度》、第二次全国经济普查资料。

(2) 海洋油气业

采用中国海洋石油集团有限公司、中国石油天然气集团有限公司、中国石油化工集团有限公司的下属公司统计的市级海洋油气业增加值数据。

数据来源：中国海洋石油集团有限公司、中国石油天然气集团有限公司、中国石油化工集团有限公司下属公司的统计资料。

(3) 海洋矿业

采用增加值率法，计算公式为：

$$\text{海洋矿业增加值}=\text{海洋产业总产值}\times\text{对应国民经济行业的增加值率} \tag{6-14}$$

数据来源：《海洋统计报表制度》《国民经济核算统计报表制度》。

(4) 海洋盐业

方法1：采用行业剥离法，使用基本公式，计算公式为：

$$\text{海洋盐业增加值}=\text{海洋盐业增加值}\times\text{剥离系数} \tag{6-15}$$

数据来源：中国盐业集团有限公司下属公司的统计资料。

方法2：采用行业剥离法，使用规模以上总产值推算扩展公式，计算公式为：

$$\text{海洋盐业增加值}=\frac{(\text{采盐业总产值}+\text{盐加工业总产值})}{\text{规模以上工业总产值占整个工业总产值的比重}}\times\text{对应国民经济行业的增加值率}\times\text{剥离系数} \tag{6-16}$$

数据来源：《规模以上工业统计报表制度》《国民经济核算统计报表制度》、第二次全国经济普查资料。

(5) 海洋化工业

海洋化工业增加值由海盐化工增加值、海洋石油化工增加值两部分构成，由于海藻化工和海水化工尚未形成产业规模，暂不涉及。

$$\text{海洋化工业增加值}=\text{海盐化工增加值}+\text{海洋石油化工增加值} \tag{6-17}$$

① 海盐化工

采用行业剥离法，使用规模以上总产值推算扩展公式，计算公式为：

$$\text{海盐化工增加值}=\frac{\text{无机碱制造总产值}}{\text{规模以上工业总产值占整个工业总产值的比重}}\times\text{对应国民经济行业的增加值率}\times\text{剥离系数} \tag{6-18}$$

数据来源：《规模以上工业统计报表制度》《国民经济核算统计报表制度》、第二次全国经济普查资料。

② 海洋石油化工

采用行业剥离法，使用规模以上总产值推算扩展公式，计算公式为：

$$海洋石油化工增加值=\frac{有机化学原料制造总产值}{规模以上工业总产值占整个工业总产值的比重}\times 对应国民经济行业的增加值率\times 剥离系数 \quad (6-19)$$

数据来源:《规模以上工业统计报表制度》《国民经济核算统计报表制度》、第二次全国经济普查资料。

(6) 海洋生物医药业

采用增加值率法,计算公式为:

$$海洋生物医药业增加值=\sum 海洋生物医药企业总产值\times 对应国民经济行业的增加值率 \quad (6-20)$$

数据来源:《海洋统计报表制度》。

(7) 海洋电力业

方法1:采用企业核算法,计算公式为:

$$海洋电力业增加值=\sum 海洋电力企业增加值 \quad (6-21)$$

数据来源:企业财务报表。

方法2:采用增加值率法,计算公式为:

$$海洋电力业增加值=\sum 海洋电力企业总产值\times 对应国民经济行业的增加值率 \quad (6-22)$$

数据来源:《海洋统计报表制度》。

(8) 海水利用业

海水利用业增加值由海水淡化增加值和海水冷却增加值两部分构成,由于大生活用水和海水灌溉尚未形成产业规模,暂不涉及。

$$海水利用业增加值=海水淡化增加值+海水冷却增加值 \quad (6-23)$$

① 海水淡化

采用增加值率法,计算公式为:

$$海水淡化增加值=\sum 海水淡化企业总产值\times 对应国民经济行业的增加值率 \quad (6-24)$$

数据来源:《海洋统计报表制度》。

② 海水冷却

采用增加值率法,计算公式为:

$$海水冷却增加值=\sum 海水冷却企业海水综合利用总量\times 水价\times 对应国民经济行业的增加值率 \quad (6-25)$$

数据来源:《海洋统计报表制度》。

(9) 海洋船舶工业

方法1:采用行业剥离法,使用规模以上总产值推算扩展公式,计算公式为:

$$\text{海洋船舶工业增加值}=\frac{\text{海洋船舶工业对应国民经济行业总产值}}{\text{规模以上工业总产值占整个工业总产值的比重}}\times \text{对应国民经济行业的增加值率}\times\text{剥离系数} \tag{6-26}$$

数据来源:《规模以上工业统计报表制度》《国民经济核算统计报表制度》、第二次全国经济普查资料。

方法2:采用企业核算法,计算公式为:

$$\text{海洋船舶工业增加值}=\sum\text{海洋船舶企业增加值} \tag{6-27}$$

数据来源:企业财务报表。

(10) 海洋工程建筑业

采用行业剥离法,使用基本公式,计算公式为:

海洋工程建筑业增加值=海洋工程建筑业对应国民经济行业的增加值×剥离系数 (6-28)

数据来源:《国民经济核算统计报表制度》。

(11) 海洋交通运输业

海洋交通运输业增加值由海洋旅客运输增加值、海洋货物运输增加值、海洋港口增加值、海底管道运输增加值、海洋运输辅助活动增加值五部分构成。

海洋交通运输业增加值=海洋旅客运输增加值+海洋货物运输增加值+海洋港口增加值+海底管道运输增加值+海洋运输辅助活动增加值 (6-29)

① 海洋旅客运输和海洋货物运输

采用行业剥离法,使用基本公式,计算公式为:

海洋旅客运输增加值+海洋货物运输增加值=水上运输业增加值×剥离系数 (6-30)

数据来源:《国民经济核算统计报表制度》。

② 海洋港口、海底管道运输、海洋运输辅助活动

采用行业剥离法,使用基本公式,计算公式为:

海洋港口增加值+海底管道增加值+海洋运输活动增加值=(装卸搬运和其他运输服务业增加值+仓储业增加值+管道运输业增加值)×剥离系数 (6-31)

数据来源:《国民经济核算统计报表制度》。

(12) 滨海旅游业

滨海旅游业增加值由滨海国际旅游增加值和滨海国内旅游增加值两部分构成。

滨海旅游增加值＝滨海国际旅游增加值＋滨海国内旅游增加值　(6-32)

① 滨海国际旅游

采用增加值率法,计算公式为:

滨海国际旅游增加值＝滨海国际旅游总收入×对应国民经济行业的增加值率　(6-33)

数据来源:旅游部门统计资料。

② 滨海国内旅游

方法1:采用增加值率法,计算公式为:

滨海国内旅游增加值＝(滨海旅游住宿收入＋滨海旅游经营服务收入＋滨海游览与娱乐收入＋滨海旅游文化服务收入)×对应国民经济行业的增加值率　(6-34)

数据来源:旅游部门统计资料、《国民经济核算统计报表制度》。

方法2:采用行业剥离法,使用总产值推算扩展公式,计算公式为:

滨海国内旅游增加值＝沿海城市国内旅游总收入×对应国民经济行业的增加值率×剥离系数　(6-35)

数据来源:《海洋统计报表制度》《国民经济核算统计报表制度》。

2. 海洋科研教育管理服务业增加值核算

(1) 海洋科学研究

采用行业剥离法,使用基本公式,计算公式为:

海洋科学研究增加值＝科学研究、技术服务和地质勘查业增加值×剥离系数　(6-36)

数据来源:《国民经济核算统计报表制度》。

(2) 海洋教育

采用行业剥离法,使用基本公式,计算公式为:

海洋教育增加值＝海洋教育增加值×剥离系数　(6-37)

数据来源:《国民经济核算统计报表制度》。

(3) 海洋信息服务业、海洋环境监测预报服务、海洋保险与社会保障业、海洋技术服务业、海洋地质勘查业、海洋环境保护业、海洋管理、海洋社会团体与国际组织

采用行业剥离法,使用基本公式,计算公式为:

海洋信息服务业增加值＋海洋环境监测预报服务增加值＋
海洋保险与社会保障业增加值＋海洋技术服务业增加值＋
海洋地质勘查业增加值＋海洋环境保护业增加值＋海洋管理增加值＋
海洋社会团体与国际组织增加值＝
（信息传输、计算机服务和软件业增加值＋水利、环境和公共设施管理业增加值＋
卫生、社会保障和社会福利业增加值＋公共管理和社会组织增加值）×剥离系数
（6－38）

数据来源：《国民经济核算统计报表制度》。

3．海洋相关产业增加值核算

（1）海洋农林业

方法1：采用市级海洋部门报送的海洋农林业增加值数据。

数据来源：《海洋统计报表制度》

方法2：采用增加值率法，计算公式为：

海洋农林业增加值＝海洋农林业产值×对应国民经济行业的增加值率
（6－39）

数据来源：《海洋统计报表制度》《国民经济核算统计报表制度》。

（2）海洋设备制造业、涉海产品及材料制造业、涉海建筑与安装业、海洋批发与零售业、涉海服务业

方法1：采用行业剥离法，使用基本公式，计算公式为：

海洋设备制造业增加值＋涉海产品及材料制造业增加值＋涉海建筑与安装业增加值＋海洋批发与零售业增加值＋涉海服务业增加值＝对应国民经济行业的增加值×剥离系数
（6－40）

数据来源：《国民经济核算统计报表制度》。

方法2：采用投入产出法。

① 基本公式

以主要海洋产业核算数据为基础，依次与辐射力系数、特质系数相乘，计算与各主要海洋产业关联的各海洋相关产业增加值。计算公式为：

海洋相关产业增加值＝海洋相关产业总产出×
海洋相关产业对应国民经济行业的增加值率＝
（主要海洋产业总产出×辐射力系数×特质系数）×
海洋相关产业对应国民经济行业的增加值率
（6－41）

② 主要海洋产业总产出

主要海洋产业总产出由主要海洋产业增加值核算结果，除以各主要海洋产业

对应国民经济行业的增加值率计算得到。计算公式为：

$$主要海洋产业总产出=\frac{主要海洋产业增加值}{对应国民经济行业的增加值率} \tag{6-42}$$

③ 辐射力系数

辐射力系数用来反映主要海洋产业通过一定的技术经济联系，对海洋相关产业的辐射带动作用，由前向辐射力系数和后向辐射力系数两部分组成，辐射力系数主要通过投入产出表计算得到。计算公式为：

$$辐射力系数=前向辐射力系数+后向辐射力系数 \tag{6-43}$$

前向辐射力系数：用来测定一个产业对那些将本产业的产品或服务作为生产原材料的产业的影响。

后向辐射力系数：用来测定一个产业对那些向自己供应产品或服务的产业或部门的影响。

数据来源：沿海城市投入产出表。如没有市级投入产出表，可采用省级投入产出表替代。

除此之外，根据对核算区经济发展的了解掌握情况，还可采用专家评估法等其他辅助核算方法。

6.2.3 数据结果校验

1. 规模校验

主要校验市级海洋经济总量与国民经济总量比例关系的合理性；各海洋产业增加值与对应国民经济增加值比例关系的合理性；市级海洋经济总量与省级海洋经济总量对等关系的合理性等。如沿海地区海洋生产总值应大于或等于辖区内各沿海城市海洋生产总值之和。

2. 结构校验

主要校验市级海洋经济三次产业结构的合理性；主要海洋产业、海洋科研教育管理服务业、海洋相关产业比例关系的合理性；各主要海洋产业比例关系的合理性；各个沿海城市海洋经济总量比例关系的合理性等。

3. 速度校验

主要校验海洋生产总值、主要海洋产业增加值、海洋科研教育管理服务业增加值、海洋相关产业增加值、各主要海洋产业增加值现价增长速度的合理性。

第7章 系统业务架构

7.1 系统建设内容

7.1.1 概述

海洋经济运行监测与评估系统建设的实质是提升海洋经济运行监测业务能力，构建海洋经济运行监测与评估体系，并使之能业务化运行。

海洋经济运行监测与评估系统建设将覆盖全国沿海 11 个省（自治区、直辖市）、52 个沿海地级市和 237 个沿海县，并与国家统计局等 20 个涉海单位实现数据资源共享。主要任务是开展一个网络、一个信息资源库、两个平台及四个系统的建设，即“1124 工程”。具体内容是：基于现有基础，建设涵盖省、市、县三级的海洋经济数据监测网；建立海洋经济运行监测与评估信息资源库；搭建海洋经济数据交换共享及信息服务发布平台；设计开发海洋经济运行监测系统、海洋经济评估系统、海洋经济 GIS 系统以及辅助支持系统。其系统总体设计示意图如图 7－1 所示：

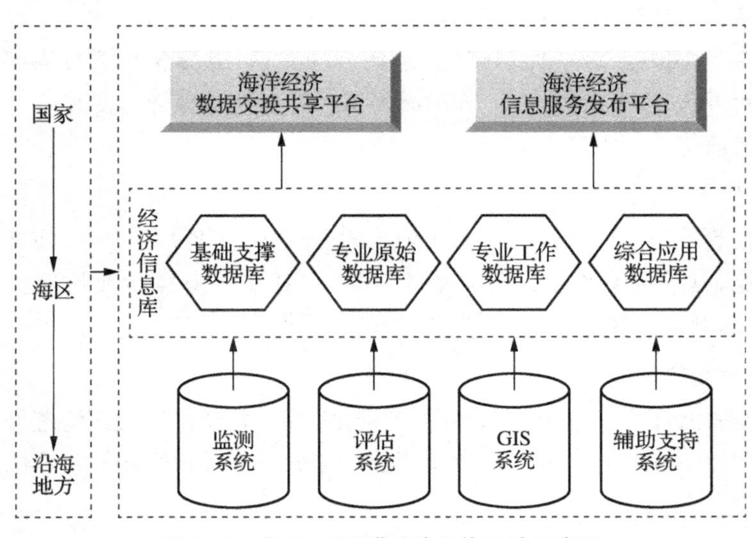

图 7－1 “1124 工程”系统总体设计示意图

辽宁省海洋经济运行监测与评估系统，以《国家海洋经济运行监测与评估系统建设总体方案》为指导，以满足国家海洋经济运行监测与评估系统对辽宁省海洋经济运行监测网、海洋经济运行监测与评估信息资源库、海洋经济运行数据交换共享及信息服务发布平台的要求为基本目标，建设成了体现辽宁海洋资源环境特点、海洋管理体系、区域海洋经济特征的省域海洋信息公共服务平台。其系统总体设计示意图如图 7 - 2 所示：

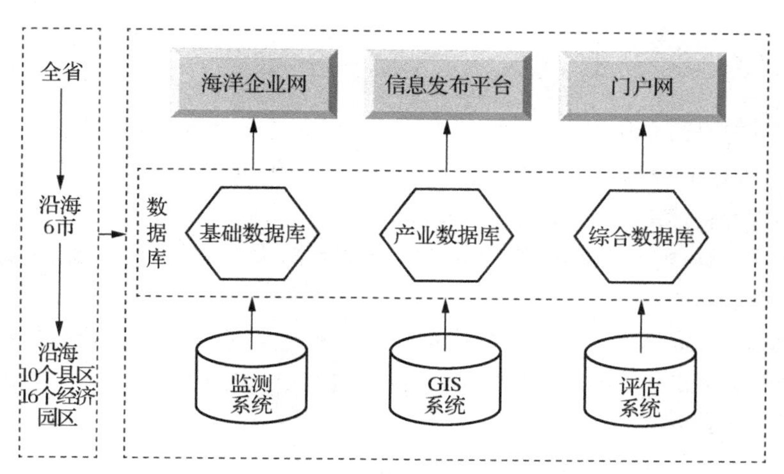

图 7 - 2　辽宁省系统总体设计示意图

辽宁省海洋经济运行监测与评估系统项目，在不同情形下分别指辽宁省海洋经济运行监测与评估系统平台建设或辽宁省海洋经济运行监测与评估业务能力建设或辽宁省海洋经济信息体系/系统建设。

7.1.2　系统平台建设

系统平台建设是指用于支持海洋经济运行监测与评估系统正常运行的软硬件设备和系统部署，包括省中心、市级分中心、县区（经济园区）监测站建设。具体建设内容涵盖基础网络和硬件设备、应用服务器、应用中间件、工作流引擎等基础软件和系统的应用。

7.1.3　系统业务能力建设

海洋经济运行监测系统建设：采用多种监测方法，实现主要海洋产业、海洋科研教育管理服务业、海洋相关产业、海洋经济发展环境等相关信息的采集、审核、汇总、整理等，完成对海洋经济的运行状况及发展环境的监测。

海洋经济 GIS 系统建设：利用地理信息系统技术采集、模拟、处理、探索、分析沿海地区海洋经济监测、评估数据,结合电子地图进行直观的展示。

海洋经济信息库建设:依托成熟的数据库技术,采取统一的标准、统一的设计方式,根据海洋经济运行监测与评估指标体系、历史海洋统计数据等,设计本地区数据库结构,整合海洋经济运行监测结果和相关信息,开发研制海洋经济信息源库,完成海洋经济信息数据库的初步设计,包括框架设计、结构设计和关系设计等。

7.1.4 系统运行保障建设

系统支撑环境能力建设:遵循技术先进性、可扩充性、高可靠性、高可用性、成熟性、可管理性的设计原则和总体设计思想进行数据处理和存储系统设计,充分满足用户的现有需求和将来的扩充需求。

系统安全保障能力建设:地方节点主要部署防火墙、网络防病毒、入侵检测系统、漏洞扫描等。

系统运行维护能力建设:主要包括网络系统运行维护、数据处理与数据库维护、数据存储备份运行维护、应用系统运行维护、机房运行维护、安全运行维护、网络客户端运行维护等。

7.2 系统建设技术路线

辽宁省海洋经济运行监测与评估系统建设的思路是基于对辽宁省海洋经济发展现状的掌握,依据相关学科领域的基本理论和方法,首先对辽宁省海洋经济的内涵进行全面深入的分析,其次在上述分析的基础上构建辽宁省海洋经济运行监测指标体系和评估指标体系,然后根据两个指标体系研发辽宁省海洋经济运行监测与评估系统,设计辽宁省海洋经济运行监测与评估决策辅助系统,最终形成辽宁省海洋经济运行监测与评估系统。系统建设的技术路线如图 7 - 3 所示。

基于图 7 - 3 的系统建设技术路线,遵循经济管理问题研究框架和范式的发展趋势,辽宁省海洋经济运行监测与评估系统建设的研究方法是实证分析与规范分析相结合,定性分析与定量分析相结合。

对辽宁省海洋经济运行的实证分析,其实质就是对全省海洋经济运行的现状分析(经验总结、问题及成因分析);而对辽宁省海洋经济运行的规范分析,其实质就是在实证分析的基础上,对全省海洋经济运行未来发展的指向分析(提升路径、发展对策、建议措施)。

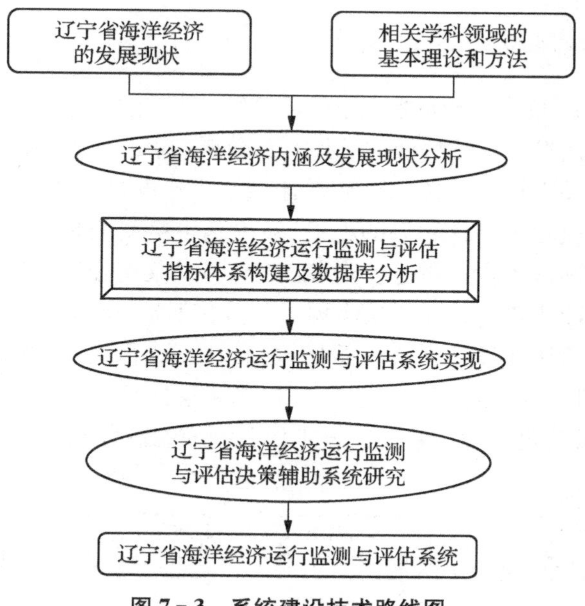

图 7－3　系统建设技术路线图

对辽宁省海洋经济运行的定性分析，其实质就是对全省海洋经济运行现状的全面概括；而对辽宁省海洋经济运行的定量分析，其实质就是在定性分析的基础上，对全省海洋经济运行的抽象归纳，使得定性分析的过程更加规范，阐释的结果更加客观，研究的结论更加可信。

辽宁省海洋经济运行监测与评估系统建设工作在具体研究过程中，将结合海洋经济运行发展的现状和趋势，采用系统科学、统计学、计量经济学、计算机科学、产业经济学、制度经济学等学科领域的基本研究方法和分析手段。

以下就系统建设实施的具体环节展开讨论。

7.2.1　设计系统建设工作流程

辽宁省海洋经济运行监测与评估系统建设作为一项科学性、技术性要求很高，规范性、可靠性要求很严，政策性、实效性要求很强的专项工作，设计和优化“系统”建设基本技术路线是保证工作质量和提高工作效率的前提。根据“系统”建设的目的要求，建设项目工作的质量要求，促进项目工作顺利展开，保证项目工作质量，设计辽宁省海洋经济运行监测与评估系统建设工作流程图，规范“系统”建设工作流程，为提高工作效率和工作质量打下技术管理基础。

7.2.2　分析关键控制点

导入HACCP(危害分析的临界控制点)原理与技术,对辽宁省海洋经济运行监测与评估系统建设工作流程做关键控制点分析,确定关键控制点,为“系统”建设提供技术路线。关键控制点(CCP)是指对“系统”建设过程中的步骤进行控制后,就可以有效控制监测与评估结果的误差,减少到可接受质量水平。原则上“系统”技术流程中每个环节都应是质量控制点(CP),但是某些控制点对其他质量方面的影响可以通过全面质量管理保证来实现,因此,并不是每个环节都可以作为关键点来控制。通过对系统建设工作流程质量控制点的分析,确定“系统”的关键控制点为:框架设计先进性、指标体系合理性、评估体系层次性、软件开发实用性、管理制度完备性、评估报告可比性。系统建设工作关键控制点分析见图7-4。

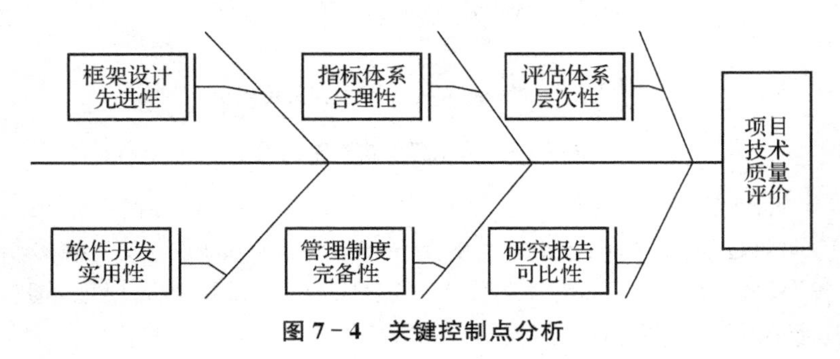

图7-4　关键控制点分析

7.2.3　编制工作任务书

《辽宁省海洋经济运行监测与评估系统建设实施方案》(以下简称《方案》)是系统建设的总体构思和设计,《辽宁省海洋经济运行监测与评估系统项目任务书》(以下简称《任务书》)是针对《方案》的考核指标内涵的细分以及经费、人员责任制的具体落实。编制《方案》是系统建设的基础性工作,与系统建设结果的代表性、准确性、有效性关系极大,直接影响工作的质量。该项工作包括方案编制前的资料准备,明确方案编制原则、基本内容与要求、保证措施等。工作实施方案的基本内容与要求中明确了监测任务的性质,框定了监测范围,规定了布设节点的数量、监测项目、监测频率与时间等。节点布设以能真实反映经济运行质量状况和空间趋势为前提,以所获得的监测结果能满足监测目的为原则,确保节点数量科学合理。同时《方案》中明确了组织分工与责任、数据接口和管理归口等。

《任务书》在科学分析考核指标内涵的基础上,将考核指标分解为三级:一级指标、二级指标、三级指标，并对每一个三级指标的执行方式、子课题经费安排、完成时间、子课题负责人、成果形式等做出明确安排，特别是对指标内涵以及技术指标要求做了明确阐释。《任务书》由项目领导小组办公室下达，有效保证了工作有组织、有秩序地运行。

7.3 系统组织体系

系统建设领导工作小组下设办公室，办公室主任由辽宁省海洋与渔业厅政策法规与规划处处长和计财处处长担任，办公室秘书由政策法规与规划处处级调研员担任(图 7-5)。

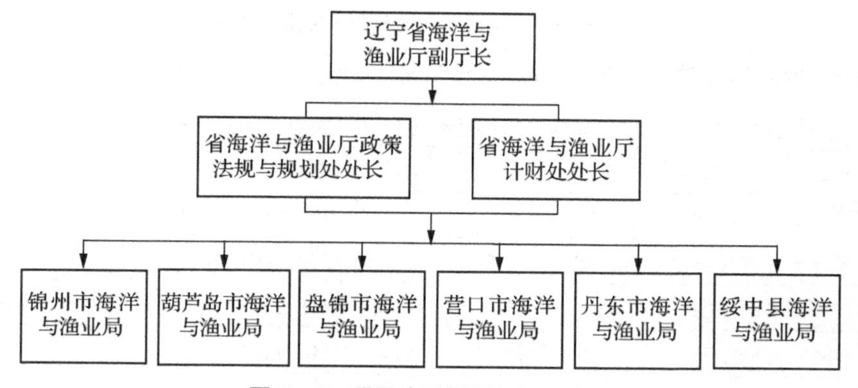

图 7-5 项目建设领导组织示意图

组建辽宁省海洋经济监测评估技术中心，并将其挂靠在辽宁省海洋环境预报总站；成立沿海 6 市县(锦州、葫芦岛、盘锦、营口、丹东、绥中)市级分中心，并将其挂靠在各市县的海洋与渔业局；建立 10 个涉海县级海洋经济监测站，分别为：东港市、鲅鱼圈区、老边区、盖州市、大洼区、盘山县、凌海市、连山区、龙港区、兴城市，并将其挂靠在各县的海洋与渔业局；建立 9 个经济园区监测站，分别为：大孤山经济区、丹东边境经济合作区、锦州经济技术开发区、锦州龙栖湾新区、锦州建业经济区、锦州大有经济区、盘锦辽东湾新区、辽河口生态经济区、觉华岛旅游度假区，并将其分别挂靠相应技术单位。省、市、县三级监测机构组织机构图如图 7-6 所示：

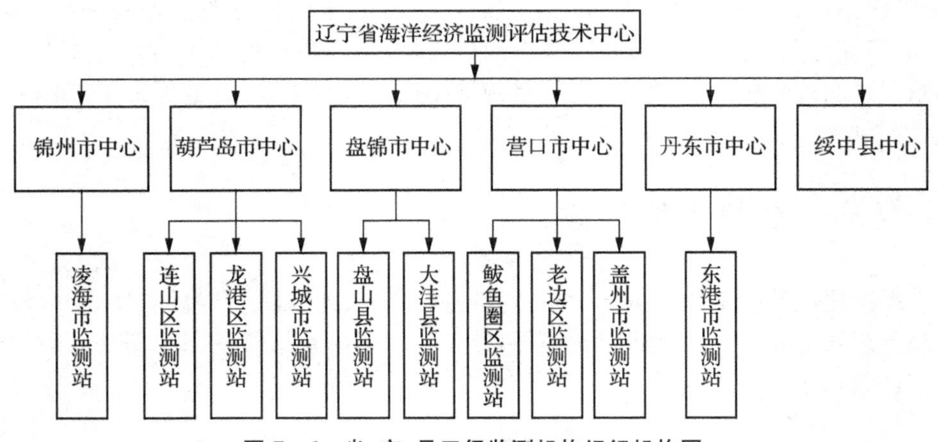

图7-6　省、市、县三级监测机构组织机构图

辽宁省海洋经济运行监测与评估系统业务化运行机构名称如表7-1所示：

表7-1　辽宁省海洋经济运行监测与评估系统业务化运行机构名称表

机构名称	挂靠单位
辽宁省海洋经济监测评估技术中心	辽宁省海洋环境预报总站
辽宁省海洋经济丹东市运行监测评估中心	丹东市海洋与渔业局
辽宁省海洋经济东港市监测站	东港市海洋与渔业局
辽宁省海洋经济丹东大孤山经济区监测站	丹东大孤山经济区经济发展局
辽宁省海洋经济丹东边境经济合作区监测站	中国海监丹东边境经济合作区大队
辽宁省海洋经济锦州市运行监测评估中心	锦州市海洋与渔业局
辽宁省海洋经济凌海市监测站	凌海市海洋与渔业局
辽宁省海洋经济锦州经济技术开发区监测站	锦州经济技术开发区农业发展局
辽宁省海洋经济锦州龙栖湾新区监测站	锦州龙栖湾新区海洋与渔业局
辽宁省海洋经济锦州建业经济区监测站	锦州建业经济区环保与海洋局
辽宁省海洋经济锦州大有经济区监测站	锦州大有经济区海洋局
辽宁省海洋经济营口市运行监测评估中心	营口市海洋与渔业局
辽宁省海洋经济盖州市监测站	盖州市海洋与渔业局
辽宁省海洋经济鲅鱼圈区监测站	鲅鱼圈区海洋与渔业局
辽宁省海洋经济老边区监测站	老边区海洋与渔业局
辽宁省海洋经济盘锦市运行监测评估中心	盘锦市海洋与渔业局

续表 7-1

机构名称	挂靠单位
辽宁省海洋经济盘山县监测站	盘山县海洋与渔业局
辽宁省海洋经济大洼区监测站	大洼区海洋与渔业局
辽宁省海洋经济盘锦辽东湾新区监测站	盘锦辽东湾新区海洋与渔业局
辽宁省海洋经济辽河口生态经济区监测站	盘锦市海洋与渔业局辽河口生态经济区分局
辽宁省海洋经济葫芦岛市运行监测评估中心	葫芦岛市海洋与渔业局
辽宁省海洋经济连山区监测站	连山区海洋与渔业局
辽宁省海洋经济龙港区监测站	龙港区海洋与渔业局
辽宁省海洋经济兴城市监测站	兴城市海洋与渔业局
辽宁省海洋经济觉华岛旅游度假区监测站	觉华岛旅游度假区海洋局
辽宁省海洋经济绥中县运行监测评估中心	绥中县海洋与渔业局
辽宁省海洋经济运行评估中心	大连海洋大学

业务化运行机构的成立，有力地保障了项目建设的顺利实施。

7.4 系统实施管理体系

7.4.1 项目组织管理

成立辽宁省海洋经济运行监测与评估项目领导小组，由分管海洋工作的副省长担任组长，由辽宁省海洋与渔业厅、辽宁省发展改革委、辽宁省统计局、海洋经济涉及的行业管理机构等相关单位领导以及辽宁省沿海六个市县分管海洋工作的副市长担任副组长。项目领导小组下设办公室，办公室主任由辽宁省海洋与渔业厅副厅长担任，副主任由政策法规与规划处处长和计财处处长担任，办公室秘书由政策法规与规划处处级调研员担任。组长负责协调海洋经济运行监测在各行业中的工作开展情况，副组长负责协调海洋经济运行监测在其管辖范围内的工作开展情况，秘书负责协调领导工作。

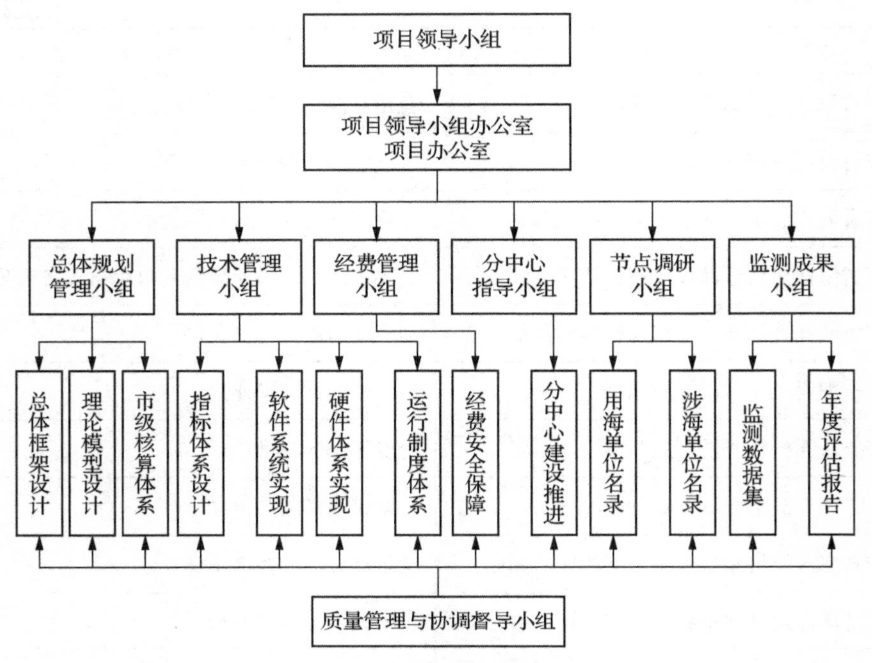

图7-7　项目组织管理结构图

7.4.2　加强制度建设

为加强辽宁省海洋经济运行监测与评估系统项目建设管理，保证项目建设顺利实施，根据国家有关规定和国家海洋局对项目建设批复的要求，特制定了《辽宁省海洋经济运行监测与评估系统建设项目管理办法》（以下简称《办法》）。《办法》规定了组织管理、招投标管理、经费管理、验收管理、监督检查、奖惩制度等一系列制度，规定了省、市、县三级中心及专职人员的职责，明确了项目运行的路线。

7.4.3　招投标管理

完成《辽宁省海洋经济运行监测与评估系统硬件招标方案》《辽宁省海洋经济运行监测与评估系统软件开发招标方案》。成立专门招投标工作小组，建立项目招投标管理制度，严格按照国家海洋公益性项目和海域使用金支出项目管理的具体要求，全力实行分工明确、运转协调、执法有力的招投标运行和监管制度，严格实施招投标管理，为项目建设创造良好环境。

7.4.4 档案管理

建立项目专门档案，包括项目申报资料、项目建设技术资料、项目监理监管资料、经费使用管理资料(耗材)；组织招投标资料、各种会议记录和纪要，各级行政及管理部门为促进项目建设而下发的文件，项目建设过程中的各种总结检查、变更文件等。项目内容控制方面的档案资料，包括成立项目建设领导小组及界定其职责的文件，项目财务管理办法、项目建设管理办法及技术路线、操作规范、工程管护办法，针对项目检查、验收下发的文件资料，项目建设中存在问题的整改方案、质量检验报告等。

7.5 系统运行管理体系

7.5.1 设计管理制度建设方案

依据软件工程思想、原理，从开发管理、运行管理、安全管理及部门人员管理、管理规范等几个方面阐述并设计《辽宁省海洋经济运行监测与评估系统的管理制度建设方案》。其内容包括：信息管理部门及人员结构配置，信息管理部门的责任，辽宁省海洋经济运行监测与评估系统层次结构的信息管理部门配置等；软件系统开发管理规范流程；系统的开发管理、系统的运行管理、系统的安全性管理等。

7.5.2 制定系统的运行管理制度

信息系统的开发与运行是影响“系统”的质量与效果的两个重要方面，如果运行不好，就无法体现“系统”的优越性。《辽宁省海洋经济运行监测与评估系统运行管理制度》规定了信息系统运行管理任务、信息系统日常运行管理、信息系统文档管理等。

7.5.3 编制《辽宁省海洋经济运行监测与评估系统信息系统安全制度汇编》

为保证系统安全运行，编制《辽宁省海洋经济运行监测与评估系统信息系统安全制度汇编》，为构建系统安全管理制度体系打下基础。系统安全管理制度体系包括：信息资产安全制度，网络安全管理制度，账号、口令及权限管理制度，配置变更管理制度，终端管理制度，病毒防护管理制度，办公终端管理制度，数据安全管理制度，密码和密钥安全管理制度等。

第8章 系统运行环境

海洋经济运行监测与评估系统建设的主体包括：涉海企业、各级海洋行政主管部门和各级涉海职能管理部门、相关统计部门、科研机构。要保证监测系统能够准确及时收集到监测数据，必须建立合理的组织结构和科学的监督协调机制，具备安全的网络运行环境。

建立省级数据中心，向国家中心上报监测数据并抄送海区中心。企业监测节点将数据上报市级监测中心或县区（园区）级监测站，县区（园区）级监测站处理、汇总数据后上报市级监测中心，市级监测中心经审核后上报省级监测中心，实现逐级上报制，如图 8-1 所示。

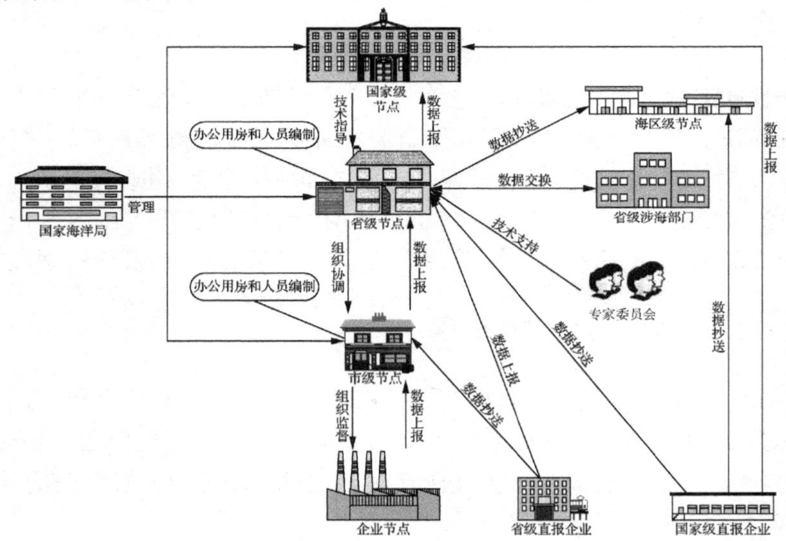

图 8-1 辽宁省海洋经济运行监测与评估系统组织结构图

8.1 省级技术中心网络建设

8.1.1 建设目标

建设辽宁省海洋经济监测评估技术中心，构建省、市、县三级海洋经济运行动态监测业务体系，开展海洋经济运行监视监测工作，提升全省海洋经济监测的管理能力，提高海洋经济的综合评估能力，增强对海洋经济管理与决策咨询的服务能力，促进海洋经济数据使用的全面科学管理。

8.1.2 基础设施建设内容

辽宁省海洋经济监测评估技术中心主要包括服务器机房、系统管理办公区、系统管理监控与指挥中心。

1. 服务器机房

服务器机房可单独设置，面积在40平方米以上，也可与办公区相邻，便于管理。服务器机房内配备服务器及相关设备，它们是整个系统的数据中心，因而对安全性、可靠性及环境的要求相当高。

(1) 服务器机房建设的原则和主要技术规范

计算机机房工程设计应遵循技术先进、整体规划、布局合理、经济适用、安全可靠、质量优良、降低能耗等原则。

① 可靠性

应具备在现有条件下和规定的时间内完成规定功能的能力，应具备长期可靠和稳定工作的能力。

② 实用性

应具备完成机房工程技术需求的能力和水准，应符合本工程实际需要的国内外有关规范的要求。

③ 先进性

在满足可靠性和实用性的前提下，采用先进的技术和设备建设机房，给计算机系统、数据网络系统及宽带、互联网通信等系统提供安全、可靠的服务空间。

④ 经济性

工艺与造价两者兼顾，应满足性能价格比的最优化。

⑤ 整体性

机房工程是一个整体，应考虑各系统的色调、布局、格调及效果的一致性和整体性。

⑥ 安全性

计算机中心机房是信息系统的安全重地，是数据集中与处理、关键设备运行的中心枢纽。机房的设计与建设必须确保其安全性，应满足PDR(一种网络安全模型)的综合防范体系。应保证机房安全可靠，确保机房在无人值守情况下设备能够正常运行；应从防火、防水、防盗、防雷、防静电、防磁、防干扰、降噪等方面采取有效措施。

（2）服务器机房装修工程

机房装饰装修的重点在于：隔热、保温、防火、防尘、防静电等。装修主旨是要与现代化的 IT 设备相匹配。机房装修主要包括房屋装修、机房防静电设备装修、电路线路布局等。机房设备主要包括机房防雷设备、防火设备、安全设备、温控设备等。

服务器机房装修项目主要内容如表 8－1 所示：

表 8－1　服务器机房装修项目主要内容

项目	内容	设备或材料	品牌、规格和技术描述	单位	数量
机房装修	建筑部分	吊顶	中外合资企业生产，著名品牌。微孔铝质棚板，600 mm×600 mm×0.6 mm。TILU×600型，聚酯烤漆，微孔直径为2.8 mm，孔四周为光边	m^2	30
		地面，全钢抗静电活动地板	国内著名品牌。600 mm×600 mm×35 mm，无边。贴面：进口贴面；厚度：35 mm±0.2 mm；规格：600 mm×600 mm±0.2 mm	m^2	30
		不锈钢踏步	国产优质。标准，304 料	m	
		不锈钢踢脚线	国产优质。h=100 mm，304 料	m	
		防盗门	国产优质。根据要求购买或制作	个	1
		墙面乳胶漆，钢化处理	国产优质	项	1
供配电	配电柜总一套 GGD（交流低压配电柜）	市电配电柜	国际国内著名品牌。负责空调、照明、机房内设电源插座及机房扩展备份用电控制。标准，含互投装置	套	1
		UPS 配电柜	国际著名品牌。20 路，支持三路以上电压电流指示	套	1
		机柜专用分支配电柜	国际著名品牌。设计 10 条回路：服务器回路 2 条，监控报警回路 1 条，交换机回路 2 条，工作站回路 2 条，消防回路 1 条，备用回路 2 条	套	1
供配电	开关	四联、双联、开关箱开关	国际著名品牌。10 A；250 V	套	
	管线工程	进机房电缆	国内著名品牌。国标。380 V，220 V，ZR-VV3×35+2	m	
		塑铜线	国内著名品牌	m	

续表 8-1

项目	内容	设备或材料	品牌、规格和技术描述	单位	数量
照明系统	日常照明	三管格栅日光灯	国际著名品牌。600×600，电子整流器及灯管寿命大于1万小时，功率因数大于0.95；铝制栅格。国家级节能产品	套	
	应急照	格栅日光灯	国内著名品牌。照度为60LU其他	套	
防雷系统	一级、二级防雷	防雷器	国内著名品牌。铜排接地小于1 Ω，三级防雷（第一、二级并构），电压保护级别IP20：Up：0.9/1.2 KV 产品通过CQC、CE、ROHS、UL、ISO9000认证，GPU1系列产品	套	
		空开	32 A/3 P空开，国际著名品牌，认证产品。能与防雷器配套。结构先进、性能可靠、分断能力高、外形美观小巧；壳体和三部件由耐冲击、高阻燃材料构成；符合IEC60898和GB10963等标准；额定电压：交流50 Hz或60 Hz，额定电压400 V以下；额定电流：32 A；极数：3 P	套	
空调系统	空调	机房专用	采用大3P柜机，排风扇	台	1
消防报警及灭火	消防报警（系列全套）	光电感烟应探测器	认证产品。含联动及七氟炳烷自动灭火，消防检测WLQF-2.5，采用无极性信号二总线技术，可与海湾生产的各类火灾报警控制器配合使用，采用电子编码	只	1
综合布线	含管线等，著名品牌，用桥架，PVC管，千兆网线			批	1

2. 系统管理办公区

办公区主要负责系统硬件的维护管理、系统软件及数据库的维护管理及信息发布，也可包含其他职能。人员为3～5人，视工作量的大小调整。

3. 系统管理监控与指挥中心

监控与指挥中心的主要职能是根据各指标数值，做出综合评估，完成相关决策，由各类专家完成计算机不能完成的问题，主要是各类非结构化决策问题。

4. 各房间布局

如图8-2所示：

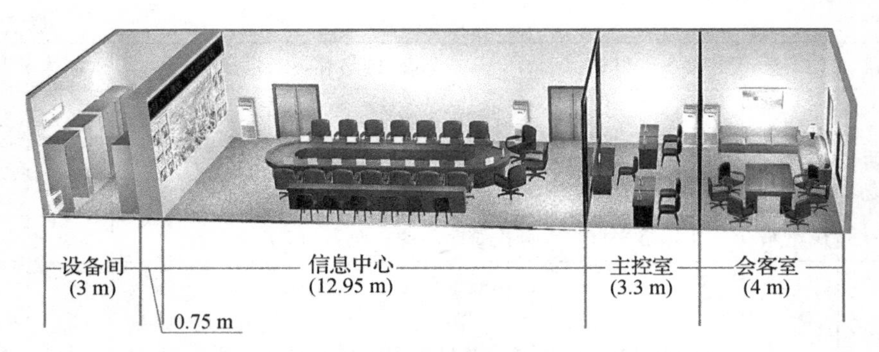

图 8-2 辽宁省海洋经济运行监测与评估中心效果图

5. 各室整体功能的拓扑

如图 8-3 所示：

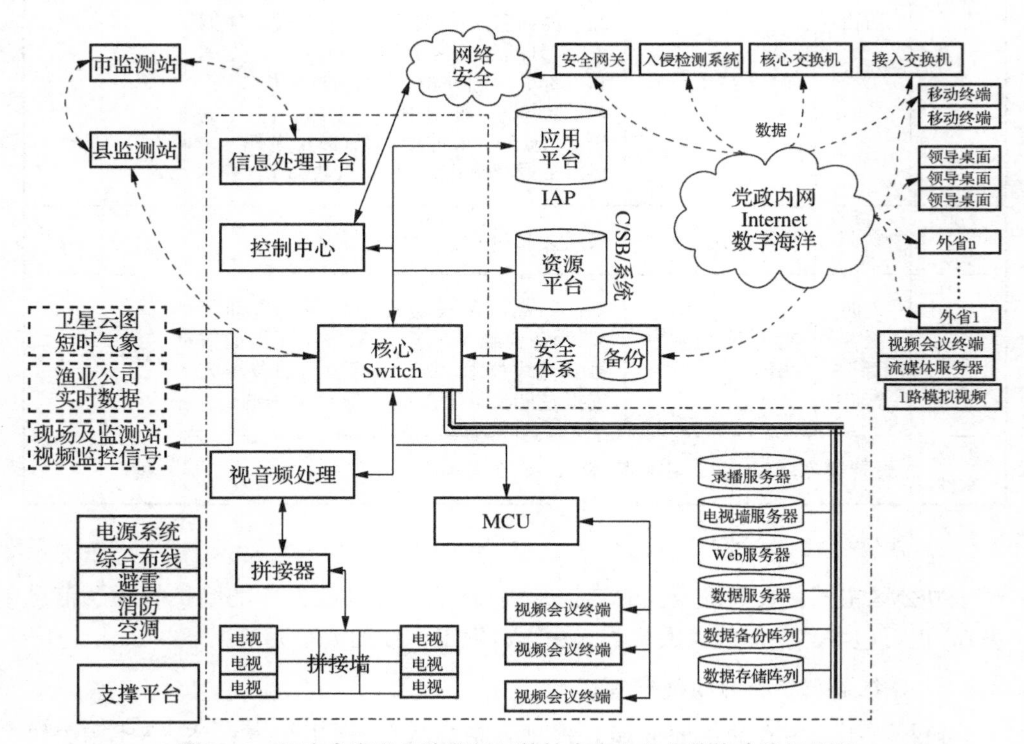

图 8-3 辽宁省海洋经济监测评估技术中心各室整体功能拓扑图

6. 省中心主要设备拓扑结构及设备清单

图 8-4 是辽宁省海洋经济监测评估中心主要设备拓扑结构，实际情况可在此

基础上进行调整和增减。

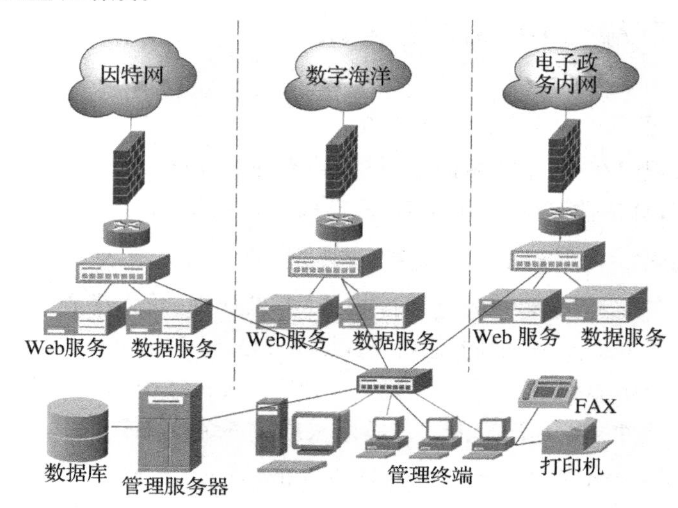

图 8-4　辽宁省海洋经济监测评估技术中心主要设备拓扑结构图

表 8-2 为辽宁省海洋经济监测评估技术中心采购设备清单。

表 8-2　辽宁省海洋经济监测评估技术中心采购设备清单

设备名称	数量	设备名称	数量
服务器	6	服务器机柜	1
核心交换机	1	接入交换机	2
KVM(键盘、视频和鼠标)切换器	1	路由器	2
完全网关	1	入侵检测系统	1
不间断电源	1	手持 GPS(全球定位系统)	2
笔记本电脑	4	微型计算机	4
激光打印机	1	传真机	1
杀毒软件	6	防火墙	1
备份软件	1	数据库管理系统	3
扫描仪	1	摄像机	1
VPN(虚拟专用网络)网关	1	操作系统	6

8.2　市级分中心网络建设

1. 市级分中心办公区基础设施配备

办公区面积应在25平方米以上，供电功率约为5 000 W，配置办公桌椅3套，电脑桌椅3套，具备数字海洋、电子政务、互联网接入口（至少有其中两个）。

2. 市级分中心人员配备及主要职务

初期可配备3人，主要职务是硬件修护、信息处理、数据库管理。要求具备大型网络数据库的管理能力，如能操作Oracle或SQL Server数据库管理系统；同时具备数据统计分析能力，如能使用Excel、SPSS、SAS、Matlab等统计分析软件；此外具备一定的硬件维护和沟通能力。后期根据业务量及业务流程调整人员配备。

3. 市级分中心主要设备拓扑结构及设备清单

辽宁省沿海各市级海洋经济监测评估技术中心主要设备拓扑结构如图8－5所示：

图8－5　市级海洋经济监测评估技术中心主要设备拓扑结构图

市级分中心采购设备清单如表8－3所示：

表8－3　市级分中心拟采购设备清单

设备名称	数量	设备名称	数量
扫描仪	1	手持GPS	2
移动工作站	2	微型计算机	2
激光打印机	1	传真机	1
杀毒软件	3	液晶电视	1

8.3 县区级监测站网络建设

1. 县区级监测站办公区基础设施配备

办公区面积应在25平方米以上，共电功率约为4 000 W，配置办公桌椅2套，电脑桌椅2套，具备数字海洋、电子政务、互联网接入口(至少有其中两个)。

2. 县区级监测站人员配备及主要职务

初期可配备2人，主要职务是硬件修护、信息处理、数据库管理。要求具备大型网络数据库的管理能力，如能操作Oracle或SQL Server数据库管理系统；同时具备数据统计分析能力，如能使用Excel、SPSS、SAS、Matlab等统计分析软件；此外具备一定的硬件维护和沟通能力。后期根据业务量及业务流程调整人员配备。

3. 县区级监测站主要设备拓扑结构及设备清单

辽宁省沿海各县区级海洋经济监测站主要设备拓扑结构如图8-6所示：

图8-6　县区级海洋经济监测站主要设备拓扑结构图

县区级监测站采购设备清单如表8-4所示：

表8-4　县区级监测站拟采购设备清单

设备名称	数量	设备名称	数量
扫描仪	1	手持GPS	2
移动工作站	1	微型计算机	1
激光打印机	1	传真机	1
杀毒软件	3	液晶电视	1

工业园区监测站建设标准和设备配置标准参照县区级监测站。

第9章 系统平台建设

9.1 系统概况

9.1.1 软件系统建设目的

辽宁省海洋经济运行监测与评估系统建设，不仅是辽宁省海洋经济管理信息化的一项重要的基础性能力建设工作，而且是国家海洋经济运行监测与评估系统的一个重要组成部分。通过系统建设，实现辽宁省省、市、县三级海洋经济运行数据的交换和共享及涉海企业经济运行数据的数据采集，进而实现海洋经济评估，为海洋渔业管理部门提供信息服务和决策支持。系统建设的目的主要体现在以下四个方面：

一是提升辽宁省海洋经济信息的监测能力。通过系统建设，提升辽宁省海洋经济信息的采集、监测能力，提高海洋统计数据质量与海洋统计时效性，形成对海洋经济信息的采集、存储、开发的有效管理和服务，进一步提升海洋经济管理的信息化水平。

二是提高辽宁省海洋经济的综合评估能力。通过能力建设，提高对海洋经济的综合评估和辅助决策能力，为增强政府的经济调节能力和决策能力提供保障。

三是增强对海洋经济管理与决策咨询的服务能力。通过系统建设，满足政府部门、科研机构对海洋经济信息的广泛需求，实现海洋经济信息的决策咨询与综合服务功能，为海洋经济管理提供信息服务和决策支持。

四是系统重点监测辽宁省沿海经济带发展战略中海洋经济的运行情况，为国家战略提供依据。

9.1.2 软件系统建设任务

辽宁省海洋经济运行监测与评估系统建设是一项由海洋行政管理部门、涉海部门、用海企业以及涉海企业参与的网络化运行项目，实现这一庞大又复杂的项目需要完成标准规范、数据库、应用支撑平台、应用系统等多个方面的建设。具体为：

1. 标准规范建设

辽宁地区系统建设标准规范参考国家相关标准规范要求，结合辽宁自身特点，由辽宁省海洋与渔业厅、辽宁省海洋技术开发中心、大连海洋大学共同完成。

标准规范主要包括：

——系统软件平台建设方案。主要包括明确辽宁省海洋经济运行监测与评估技术流程和技术要求，对数据库建设、节点及网络建设内容进行明确与规范。

——项目运行管理办法。主要规定辽宁省海洋经济运行监测与评估系统的机构、组织运行、考核监督、成果发布管理办法等。

——辽宁省海洋经济指标体系。从国家需求的角度对海洋经济运行监测与评估指标体系进行规范化、标准化，参考国家出台的《省级海洋经济监测指标》，并结合辽宁海洋经济自身特色，确定辽宁省海洋经济运行监测与评估系统的指标体系。

2. 信息资源规划和数据库建设

信息资源规划和数据库将各种资源整合到海洋经济信息数据库中来存储和管理，用以指导未来应用系统的建设，消除信息孤岛，提供一个海洋经济信息资源整合平台，提供数据抽取、采集、共享等功能。

3. 应用支撑平台建设

应用支撑平台建设是指支撑海洋经济运行监测与评估系统正常运行的软硬件设备和系统的部署和建设，包括基础网络和硬件设备，应用服务器、应用中间件等基础软件和系统的应用。

4. 海洋经济运行监测系统建设

建设涉海企业数据采集业务系统、省涉海部门数据交换业务系统、海洋行政主管部门数据上报系统和省级中心数据处理系统。

5. 海洋经济 GIS 系统建设

海洋经济 GIS 系统能够利用地理信息系统技术采集、模拟、处理、探索、分析辽宁省沿海 6 市县海洋经济监测数据，结合电子地图进行直观的展示，实现海洋经济数据的快速发布、共享、应用、展示等功能。

6. 海洋经济评估系统建设

海洋经济评估系统是海洋经济运行监测与评估系统的重要组成部分，根据其业务需求，该系统主要是利用海洋经济监测数据，建立海洋经济评估模型，为海洋经济发展提供服务。

9.1.3 软件系统建设原则

建设原则考虑辽宁省系统与国家系统的衔接性、前瞻性、可扩展性、安全性、可管理性等方面的内容，具体如下：

——统一规范。贯彻执行国家和省有关方针、政策、法令、法律及国家和省现行的工程设计规范和标准，公正、客观、科学地做出切合实际、安全适用、技术先进、符合投资要求的设计。

——平衡关系。辽宁省海洋经济运行监测与评估系统建设既要有利于提升辽宁省海洋经济信息化管理水平，又要充分发挥辽宁省海洋经济运行监测与评估系统对建设国家海洋经济运行监测与评估系统的提升作用。

具体建设原则如下：

1. 先进性与前瞻性原则

辽宁省海洋经济运行监测与评估系统建设采用先进、成熟的技术，充分利用已有资源，实现实时的数据采集、数据传输、数据存储、数据处理，实现数据共享。系统设计既能满足当前辽宁省海洋经济运行监测与评估业务数据的需要，又能兼顾辽宁省海洋经济运行监测与评估业务今后5年内的发展要求。

2. 实用性和扩展性原则

系统的性能指标能切实满足业务需求，操作简便、运行快捷，并尽可能地利用和保护了现有网络资源，在网络的运行、管理、应用、开发等方面建立了统一标准和规范，并且随着系统规模的扩大及功能的完善，在不影响网络用户正常使用的情况下，能对现有系统进行扩容。网络系统具备满足业务需求的可持续发展，工作量的可持续增加，机构规模的可持续扩充，以及业务流向的随时调整所需网络系统环境和技术条件。

3. 可靠性和稳定性原则

关键设备、电路均有冗余备份，并采用先进的容错技术和故障处理技术，保障数据传输的高可靠性，保证网络系统的可用性符合使用要求。

4. 统一性和标准化原则

为保证各项应用系统开发的兼容性和可扩充性，系统开发和设计遵循国家信息化建设标准，建立了统一的交换标准、统一的数据格式、统一的表格表单，贯彻统一的海洋经济运行监测与评估业务及技术标准规范。

5. 安全性与保密性原则

在辽宁省海洋经济运行监测与评估系统建设中，根据《中华人民共和国计算机信息系统安全保护条例》和《中华人民共和国保守国家秘密法》的有关要求，严格遵守系统安全设计与传输的相关规则，制定完善的信息安全保密制度和防范措施，确保数据在传输和处理过程中的安全保密性。

6. 可管理性原则

考虑到辽宁省海洋经济运行监测与评估系统用户技术力量普遍薄弱的现状，整个系统软件和硬件都要易于管理、易于维护、操作简单、易学宜用，便于进行系统配置，在设备、安全性、数据流量、性能方面要得到很好的监视和控制，并能进行远程管理和故障诊断。

9.2 软件系统构建

9.2.1 系统架构设计

为了充分考虑资源共享，减少重复开发，系统采用多层架构体系，基于中间件技术的分布式软件体系结构，既符合当今软件技术发展的潮流，又能很好地满足实际的业务需求，并具有很好的开放性、可扩展性和可维护性。在该软件构架下，系统功能模块主要以软件中间件的方式实现，可以分布在网络的任何结点上，为不同的业务应用提供相应的服务。系统所需的数据以分布方式存放在不同的数据库中，所有数据均通过数据访问中间件进行访问。

系统逻辑上由四个层次组成，分别是基础设施层、基础数据层、信息服务层和业务应用层，四个层次通过标准协议和接口形成有机的整体。海洋经济运行监测与评估系统架构如图 9－1 所示：

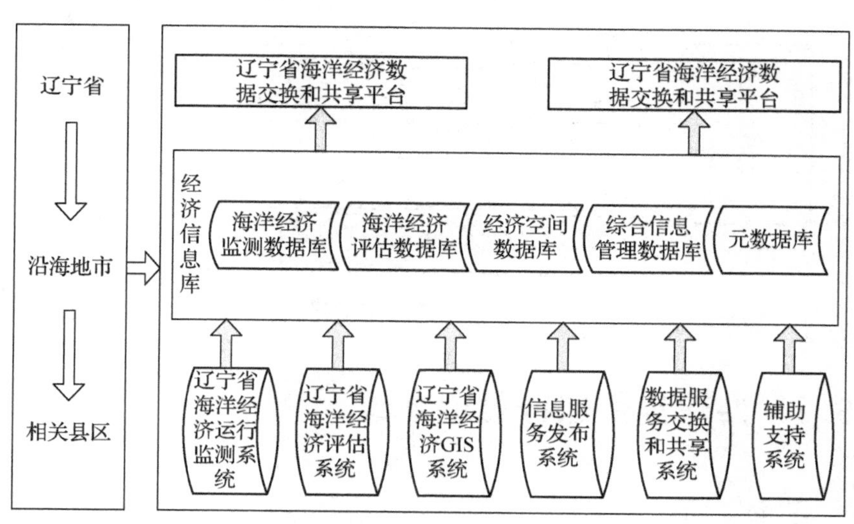

图 9－1　系统架构

基础设施层保证系统正常运行，提供安全的网络平台支撑，包括省中心网络、县市区网络和省中心与县市区之间的网络。基础数据层由系统所需的各类数据库组成基础数据，包括海洋经济运行监测与评估业务系统数据库及空间地理信息数据库。数据集成与数据服务完成基础数据的集成服务。数据交换完成海洋经济运行监测与评估数据服务的交换和共享。信息服务层是系统的核心，其服务设施建设同步于业务应用系统建设。在业务应用系统建立的同时，根据共享的需要，划分出今后提供共享服务的部件和业务应用专用部件，并以中间件的形式实现，放入信息服务层，通过信息服务层的管理机制向授权用户提供服务。随着业务应用的不断开发，信息服务层中的服务设施不断完善，逐渐呈现出基于分布式对象技术的系统构成形态。业务应用层是海洋经济运行监测与评估系统的功能表现，按业务逻辑主要包括海洋经济 GIS 系统、海洋经济运行监测系统、海洋经济评估系统等应用系统。

9.2.2　系统功能模块设计

辽宁省海洋经济运行监测与评估系统由海洋经济运行监测系统、海洋经济 GIS 系统、海洋经济评估系统等系统集合而成，通过构建的三级海洋经济监测网络与建成的海洋经济信息资源库，最终实现海洋经济数据共享和交换，实现海洋经济数据和信息的发布。其功能模块组成如图 9 - 2 所示：

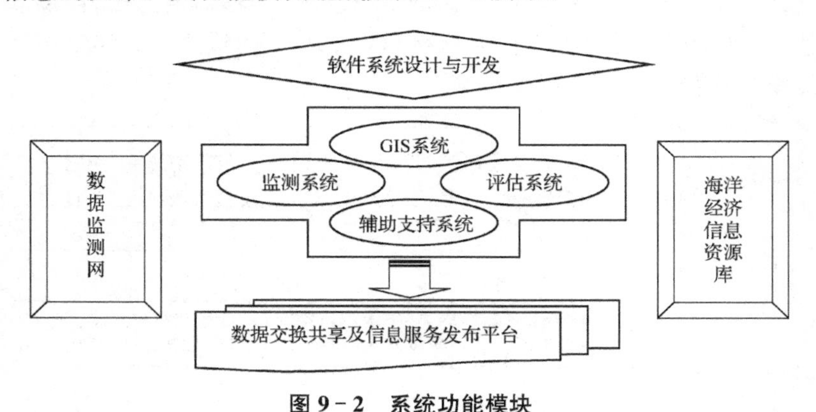

图 9 - 2　系统功能模块

9.3　海洋经济运行监测系统

9.3.1　功能定位

辽宁省海洋经济运行监测系统需要对涉海企业、涉海部门、用海企业和海洋行政主管部门等多个企业、部门的数据进行整合应用，涉及互联网、海洋专网（数字海洋或海域动态使用监测网）和电子政务内网三种网络。海洋经济运行监测系统部署在辽宁省海洋经济监测评估技术中心，动态监测各监测节点的海洋经济数据，数据来源主要有以下四种：(1) 涉海企业上报数据。涉海企业上报数据是指涉海企业报送的海洋经济数据。涉海企业报送数据有两种形式：一是涉海企业通过互联网自行报送数据，企业报送的数据通过海洋行政主管部门审核后加载到省数据中心；二是海洋行政主管部门通过调查表人工采集涉海企业海洋数据。(2) 用海企业上报数据。用海企业上报数据是指用海企业报送的海洋经济数据。用海企业报送数据有两种形式：一是用海企业通过互联网自行报送数据，企业报送的数据通过海洋行政主管部门审核后加载到省数据中心；二是海洋行政主管部门通过调查表人工采集用海企业海洋数据。(3) 海洋行政主管部门上报数据。海洋行政主管部门上报数据是指海洋行政主管部门通过海洋专网报送的海洋业务数据。报送数据通过各级海洋行政主管部门审核后加载到省数据中心。(4) 涉海部门交换数据。涉海部门交换数据是指海洋行政主管部门依赖电子政务内网，通过数据交换系统，从涉海部门获取与海洋经济相关数据，通过电子政务内网和海洋专网的互联，把数据加载到省数据中心。其业务流程图如图 9－3 所示：

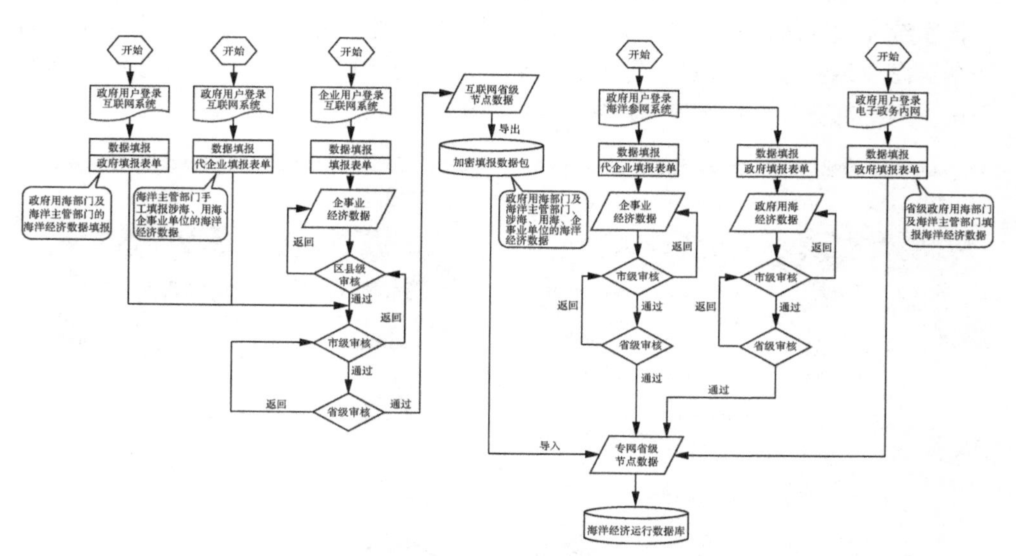

图 9－3　海洋经济运行监测系统业务流程图

9.3.2　建设内容

海洋经济运行监测系统主要对涉海企业、涉海部门、用海企业和海洋行政主管部门等多个企业、部门的海洋经济数据进行采集和整合利用。海洋经济运行监测系统主要由 5 大功能模块组成，如图 9－4 所示：

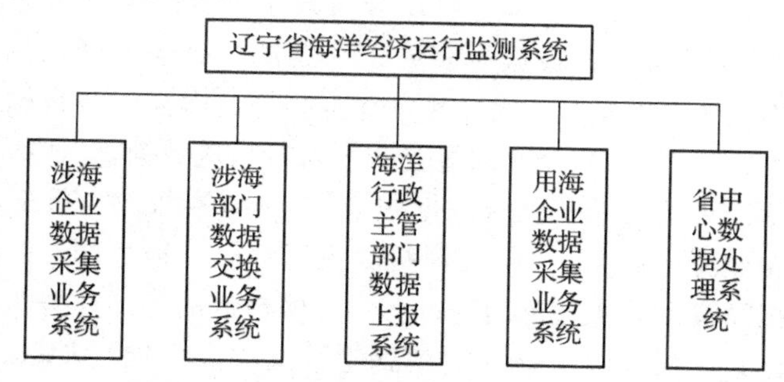

图 9－4　海洋经济运行监测系统功能模块

涉海企业数据采集业务系统完成涉海企业海洋经济数据的报送，涉海部门数据交换业务系统完成涉海部门海洋经济相关数据的获取，海洋行政主管部门数据上报系统完成各级海洋业务数据的汇总上报，用海企业数据采集业务系统完成用海企业海洋经济数据的报送，省中心数据处理系统完成数据的整合、汇总、查询及报送。系统部分界面如图 9－5、图 9－6、图 9－7、图 9－8 所示：

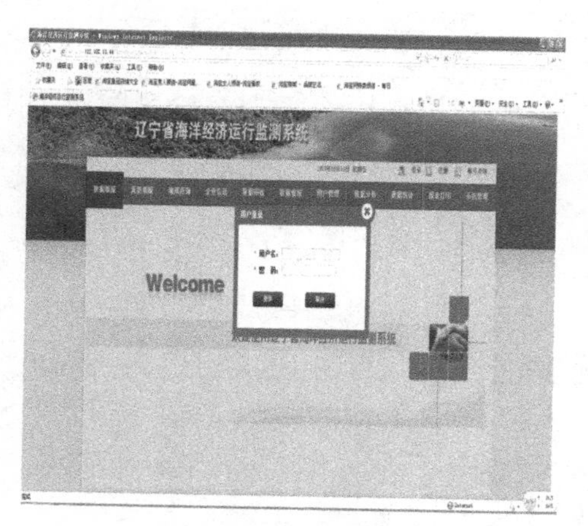

图 9－5　系统登录

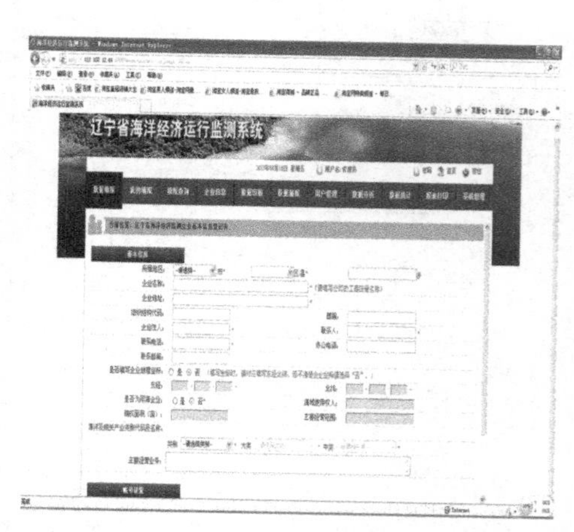

图 9－6　企业注册

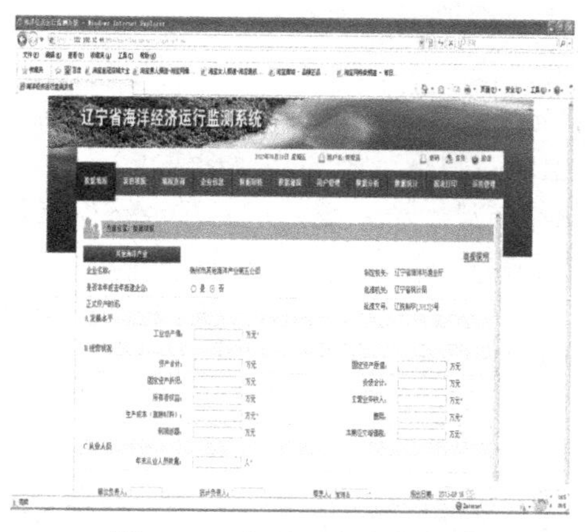

图 9-7 企业经济数据填报

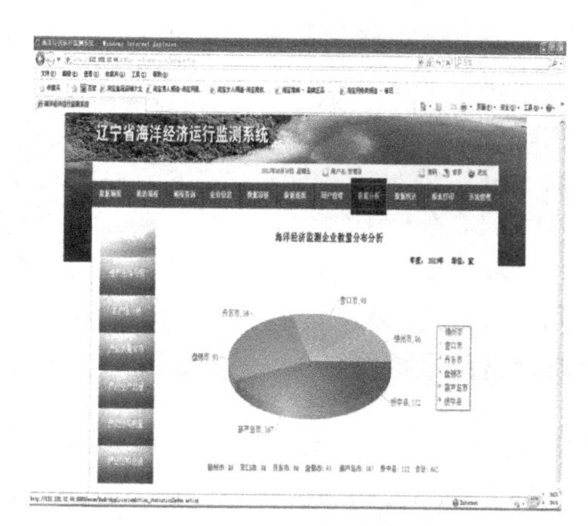

图 9-8 统计分析

9.4 海洋经济 GIS 系统

9.4.1 功能定位

海洋经济 GIS 系统基于 GIS 理论和方法，结合电子地图数据管理方法，初步实现海洋经济动态监管管理系统的建设，实现辽宁省海洋经济"一张图"，建设辽宁省海洋经济地理空间数据库。海洋经济 GIS 系统需要在海洋专网中部署，以实现海洋经济信息空间数据的存储、显示、编辑、处理、分析和输出等功能。GIS 支撑系统应与监测系统一体化无缝集成，采用关系数据库存贮和管理空间数据和监测系统采集的经济数据。系统应具备专业的辽宁省沿海城市和相关海岸线及岛屿的矢量地图及栅格地图数据，并支持基础地学分析功能。在符合 GIS 数据模型和理论的基础上，提供解决海洋经济相关各类资源的分布、分级、统计和专题地图制作功能，为区域规划、决策支持和管理提供支撑。

系统部署在辽宁省海洋经济监测评估技术中心。

海洋经济 GIS 系统包括电子地图操作子系统、数据查询与定位子系统、海洋经济数据展示子系统、专题图制作与显示子系统。

(1) 电子地图操作子系统：电子地图操作子系统要求实现基础的 GIS 地图操作功能，包括放大、缩小、漫游、鹰眼视图和快速定位等一系列功能。支持各种图层的选择、叠加、图幅索引等功能。

(2) 数据查询与定位子系统：数据查询与定位子系统要求实现海洋经济信息空间拓扑关系(涵盖关联关系和位置关系)查询、图斑定位查询及属性查询。支持查询结果快速地图定位，查询结果属性信息显示等功能。

(3) 海洋经济数据展示子系统：海洋经济数据展示子系统要求实现海洋经济不同领域的综合监测，分析海洋经济主体的分布特征及趋势等，将数据分析与GIS相结合，实现叠置分析、空间集合分析等空间分析功能。全面、易用、灵活的数据查询和分析展示等功能，满足当前市场环境下组织对数据处理的多样性需求。

(4) 专题图制作与显示子系统：专题图制作与显示子系统要求海洋经济信息与GIS相结合，通过简单拖拽制作专题图，实现与海洋经济图表的联动，提供地图编辑、属性查询、距离量算和面积量算等基本查询分析功能，即点击地图位置，显示具体海洋经济的数据信息；通过查询，可在GIS地图中图形化显示查询的地理位置。

9.4.2 系统实现

海洋经济GIS系统基于GIS理论和方法，运用二次开发技术并结合电子地图数据管理方法，初步实现海洋经济动态监管管理系统的建设。系统将Oracle作为后台数据库的可视化查询，建立起清晰、规范、易于用户操作的友好界面。海洋经济GIS系统主要包括遥感数据及GIS数据处理、海洋经济GIS共享发布、海洋经济GIS展示、海洋经济GIS维护等功能。海洋经济GIS系统重点实现基于WebGIS(互联网地理信息系统)技术的海洋经济运行信息查询，提供基本查询功能和专项查询功能。基本查询功能为用户对数据查阅、校核提供任意条件的查询服务，确保数据库中的任何表、任何列、任何行的数据都有被查询的机会，提供必要的单表查询和多表关联查询功能。专项查询是与海洋经济运行监测和评估业务相关的查询服务，其特点是根据海洋经济运行监测和评估业务主题，对海洋经济运行基础信息做相关的计算、分析、综合处理，其结果采用WebGIS技术同空间地理信息绑定，并以屏幕报表、趋势图形等形式输出。

海洋经济GIS系统功能模块如图9-9所示：

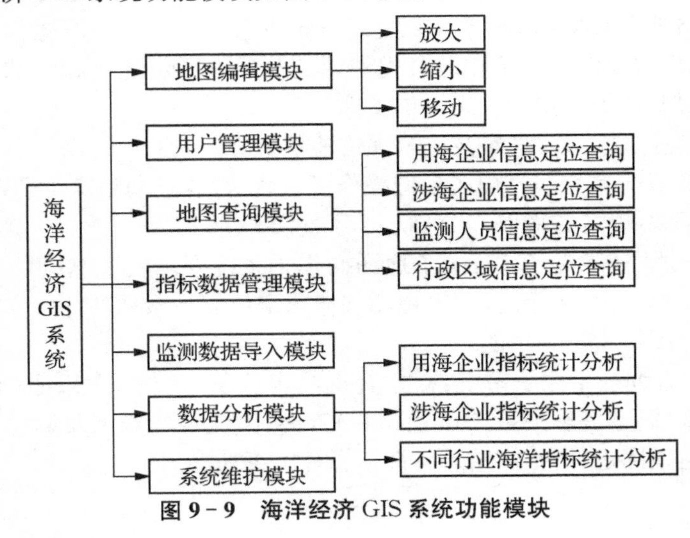

图9-9 海洋经济GIS系统功能模块

系统部分界面如图 9－10、图 9－11、图 9－12、图 9－13 所示：

图 9－10　系统登录

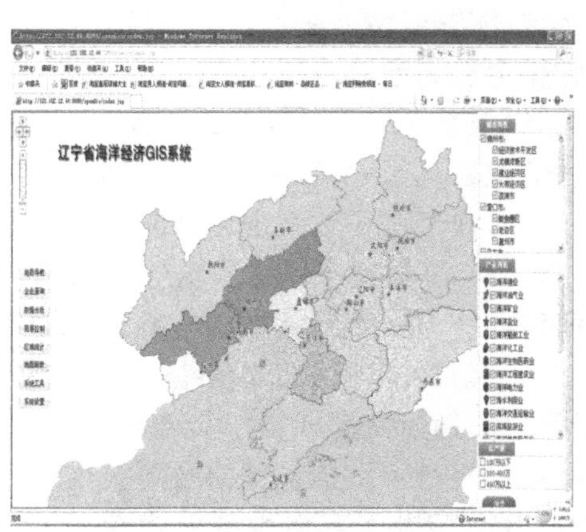

图 9－11　系统主界面

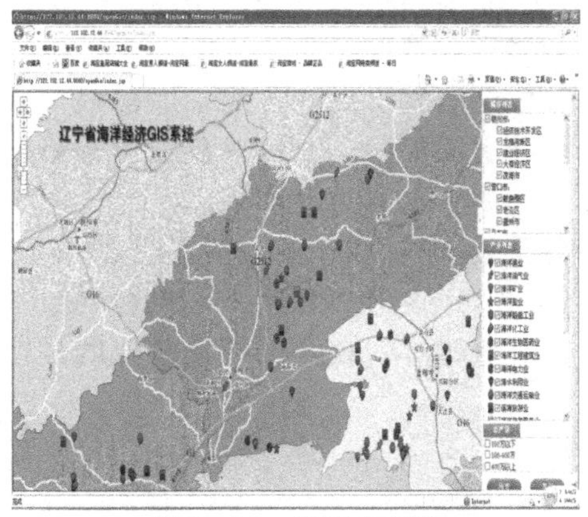

图 9－12　监测点定位

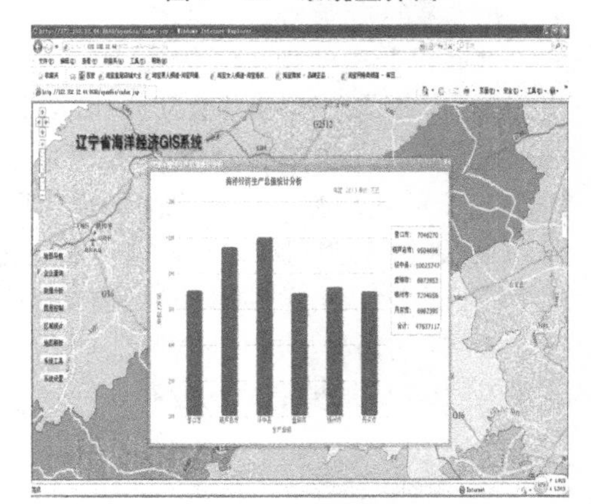

图 9－13　统计分析

9.5　海洋经济评估系统

9.5.1　系统建设目标及功能

海洋经济评估系统建设利用辽宁省海洋经济监测数据及其他相关数据，实现对区域海洋经济、新兴产业、主导海洋产业竞争力、海洋经济影响因素和重大事件的影响分析。在对数据进行分析的基础上，将数据融入研究成果，实现数据向决策知识的转化。海洋经济评估系统建设的重点是构建海洋经济运行评估数学模型，通过海洋经济评估能力建设，提高海洋经济评估产品深度。海洋经济评估系统主要分为海洋经济统计分析子系统、海洋经济发展预测子系统、海洋经济运行预警子系统、海洋经济专题评估子系统、海洋经济辅助决策子系统等。海洋经济评估系统数据主要为涉海企业数据、海洋行政主管部门的业务数据、各级涉海部门的交换数据,以及其他各种涉海数据。海洋经济评估系统建设根据辽宁自身的需求选择合适的主题进行建设,系统建设遵循相关的标准和规范。

海洋经济评估系统包括以下模块:

(1) 海洋经济评估信息生成功能:海洋经济评估信息生成子系统根据选定的海洋经济评估专题建立相应的评估数据仓库模型,对海洋经济信息进行评估。海洋经济信息的评估需要使用评估模型,系统应根据评估主题自动筛选模型进行分析计算,通过交互式操作实现海洋经济信息的评估,同时将评估信息入库存储,并将海洋经济评估信息反馈给下级海洋行政主管部门。

(2) 评估信息多维分析功能:评估信息展示子系统能够实现海洋经济评估多维分析结果的展示,能够通过简单拖拽操作从多维角度分析评估信息,并实现OLAP(联机分析处理)常用的钻取、切片、行列转换等操作。

(3) 评估信息模型展示设计功能:评估信息模型展示设计子系统能够设计模型展示页面,通过简单拖拽操作在页面上设计部署图形、报表等,展现模型分析结果信息;能够实现数据图表之间的点击联动,实现跨页数据联动功能。

(4) 评估管理功能:评估管理子系统能够实现对海洋经济信息评估专题、模型库、方法库和评估结果信息的管理和维护,同时能够实现海洋经济评估系统的审计功能。

(5) 评估信息导出功能:评估信息导出子系统能够实现评估结果信息的加密导出,用于评估结果信息的发布。

9.5.2 系统实现

评估系统的评估内容包括:海洋经济总量分析评估、运行特点评估、产业专题评估、区域综合竞争力评估、政策效益评估、海洋经济发展影响评估、发展趋势预测、经济安全评估及预警等辅助决策任务。

海洋经济评估系统功能模块如图 9-14 所示:

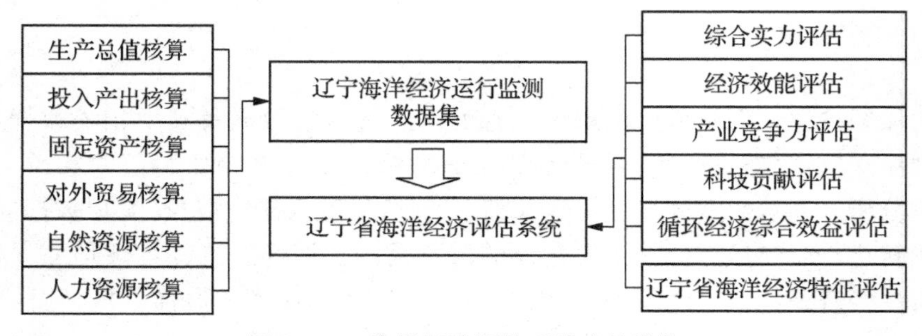

图 9-14 海洋经济评估系统功能模块

系统部分界面如图 9－15、图 9－16 所示：

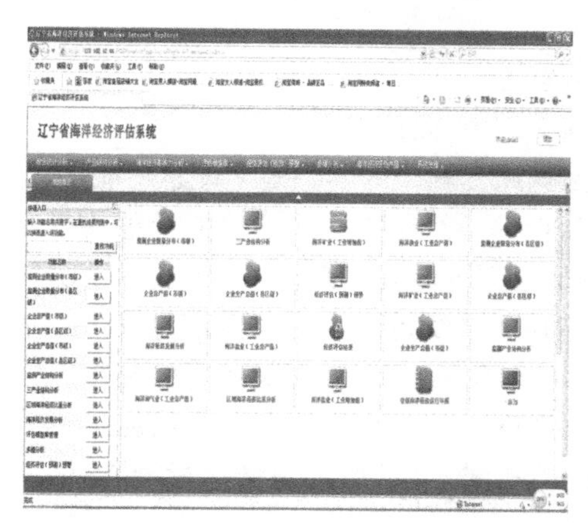

图 9－15　系统主界面

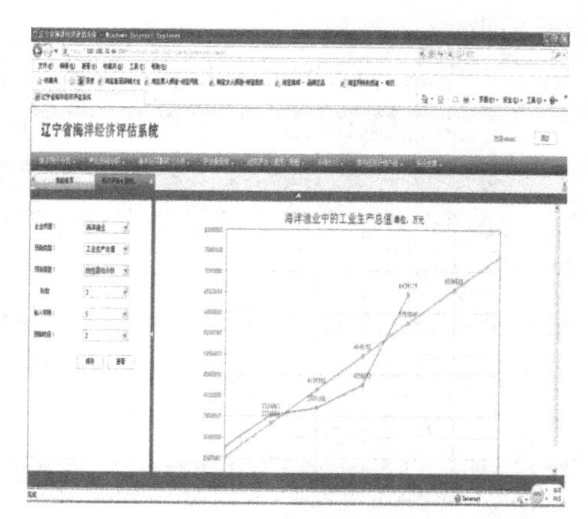

图 9－16　预测分析

9.6　海洋经济信息发布平台

海洋经济信息发布平台由海洋经济监测评估信息发布系统、海洋经济门户系统、海洋企业信息网系统集合而成。其中，海洋经济监测评估信息发布系统需要对海洋经济运行监测系统和海洋经济评估系统来自涉海企业、涉海部门、用海企业和海洋行政主管部门的多种海洋经济数据进行整合分类并发布到门户网站。海洋经济监测评估信息发布系统部署在辽宁省海洋经济监测评估技术中心，可实时发布海洋经济监测与评估数据，数据来源主要由以下两种：

（1）海洋经济运行监测系统的海洋经济相关数据。包括涉海企业数据、用海企业数据、海洋行政主管部门上报数据、涉海部门交换数据。这些经济数据通过海洋经济运行监测系统进行上报收集，由省级管理员统一进行数据导出，手工导入到海洋经济监测评估信息发布系统中。

（2）海洋经济评估系统的经济评估相关数据。由省级管理员统一进行数据导出，手工导入到海洋经济监测评估信息发布系统中。海洋经济监测评估信息发布系统支持如下系统功能：

① 信息导入功能，由省级主管人员选择不同的数据来源导入相关数据。导入操作简单，数据包应加密不可更改。

② 信息分类及处理功能，对导入的海洋经济监测数据及海洋经济评估数据进行数据整合分类，能够按照信息发布的用途及要求对信息进行处理，处理方式包括信息清洗、报告制作等。

③ 信息审核功能，对分类发布的信息设置审核机制，确保信息的发布流程安全合理。

④ 发布计划设置，支持自动发布及手工发布。

⑤ 信息输出功能，将发布的信息输出到文档中，以便保存。

⑥ 全文搜索引擎，实现系统内部发布信息的标题和内容关键字搜索功能。

海洋企业信息网系统是对海洋经济运行监测系统中进行经济数据上报的企业开放企业信息发布的信息平台系统。在海洋经济运行监测系统中，通过省级审核最终进入省级数据库的涉海及用海企业可使用此系统进行自主企业信息发布。系统支持信息审核设置，完成对企业发布信息的审核流程。企业发布的信息按不同的业务分类发布，分类信息由省级主管部门管理。系统对企业发布的信息进行分栏目显示，省级主管部门拥有信息管理的最高权限，可对任意信息进行删除，限用等操作。

海洋经济门户系统建设是指利用省海洋经济监测评估信息数据及其他相关数据，实现对区域海洋经济、新兴产业、主导海洋产业竞争力、海洋经济影响因素和重大事件的影响分析结果的发布展示。门户网站采用统一的身份验证机制和单点登录授权管理。支持网站信息的订阅功能，支持信息主动推送，以短信等方式提醒。

门户网站的显示信息内容包括海洋经济监测评估信息，省海洋经济监测与评估技术中心的新闻动向、中心公告、中心职能介绍、海洋法规介绍、发展规划内容等不同种类的信息，信息按照不同种类进行分栏显示，数据由省管理员统一管理。

系统部分界面如图9-17、图9-18所示：

图9-17 平台登录

图9-18 平台主界面

第10章 辽宁省海洋经济发展现状分析

近年来，辽宁省在高起点科学规划海洋经济发展战略，倾力打造海洋经济发展核心增长极，抢占海洋新技术发展制高点，重塑发展海洋经济新优势等方面取得的系列成果，特别是在建立健全海洋管理体制机制，大力推进海洋科技创新，加快海洋产业等方面实现了转型升级。辽宁省海洋经济创新发展与陆域经济改革和区域发展之间存在互联、互动、互振关系，在实现有深度的改革、有质量的速度、有福祉的发展中具有基础性地位和战略性意义。

蓝色经济是推动海洋及海岸带资源和生态系统可持续管理和保护的一条有效途径。21世纪以来，世界海洋经济发展正由导入期进入新的成长期，海洋经济建设发展态势集中呈现了如下特征：一是理念认识上，某种海洋资源价值与整体海洋价值并重；二是发展动向上，海岸带城市化与产业海洋化并举；三是规划管理上，陆地国土与海洋国土一体化并行；四是发展动力上，海洋经济总量增加与质量提高的双重压力并存。与此同时，海洋产业进入新的发展阶段。其特征表现在：一是为满足矿产资源需求大规模开发海洋石油、天然气和其他海底固体矿藏；二是为满足淡水需求开始大规模建海水淡化厂；三是技术创新和能源需求促使海洋大国掀起海洋可再生能源开发浪潮；四是海洋牧场技术发展促使人类从单纯的捕捞海洋生物向增养殖方向发展；五是20世纪末兴起的趋海发展模式使得海洋经济大国加强了利用海洋空间兴建海上机场、海底隧道、海上工厂、海底军事基地等项目开发；六是生物工程技术发展使海洋医药产业崛起；七是由于环境保护的需要、国际海洋权益维护的需要和军事角逐的需要，海洋监测技术及其产业化发展成为国际高技术领域竞争的焦点。

在党的十八大做出建设海洋强国战略部署的推进下，我国沿海各省区市乘势而上，齐力聚焦，奋发谋求创新突破。总体而言，我国海洋经济发展总量增加，发展速度提升，但海洋资源的巨大开发潜力和社会经济对海洋的期待仍有较大差距。我国海洋经济发展面临开发利用过度与开发利用不足严重失衡的压力，经济增长方式由粗放型向质量效益型转变和发展的压力。一是资源可持续利用方面，传统的行业用海和立体化空间用海的双重压力；二是海洋生态环境养护方面，临海工业和海洋工程的快速发展与海洋环境风险的双重压力；三是海洋自然灾害强度增加与影响和损失风险不断加大的双重压力；四是海洋技术装备方面，海洋深度和广度开发与技术装备落后和环境服务保障能力不足的双重压力。

10.1　辽宁省海洋经济发展的意义

10.1.1　发展海洋经济是顺应世界海洋产业发展时代潮流的必然选择

海洋产业作为经济系统中的基础单元，承载着人们开发利用海洋资源所从事的一系列经济活动，在很大程度上反映人们对海洋资源的认识程度和对海洋资源的开发利用能力。

一是产业结构高级化的需要。从全球海洋产业发展态势来看，美国、英国、加拿大、日本等海洋强国，已经从过去重视增加海洋产业产值迈向更加强调促进海洋产业结构快速升级、海陆产业互动、可持续开发利用海洋资源的新阶段。各国通过实施“科技兴海”战略加快调整海洋产业，加大海洋科研产业投入，积极发展以现代知识技术为基础的新兴海洋产业。世界海洋产业结构已经由海洋第一产业独大向“三、二、一”高级结构转型。主要特点是：以高技术支撑的近海油气开发、海洋工程装备制造、海洋生物工程、滨海旅游业及生产性海洋服务业发展迅猛；产业层次从劳动密集型向技术密集型升级；滨海旅游的兴起带动了海洋第一、第二与第三产业的融合发展；海域空间开发正从领海、毗邻区向专属经济区、公海逐步推进。

二是产业支撑科技化的需要。20 世纪 90 年代以来，世界各国特别是拥有较强经济技术基础的沿海工业化国家，都把发展海洋经济作为科技经济战略的重要组成部分。与传统海洋经济不同，现代海洋经济的一大特点，就是对高新技术的高度依赖。例如，海上油田开发从勘察、钻探、开采和油气集输到提炼的全过程，几乎都离不开高技术支持。美、日、英、法等国的海洋经济之所以发达，最重要的原因是这些国家的海洋科技一直保持领先优势，尤其是高新技术。可以说，正是世界海洋高新技术的迅速发展，才引发了海洋开发新的热潮，推动了海洋经济发展。同时，高科技的应用也使传统海洋产业得到不断改造和提升。如由于海洋生物、机电一体、新材料开发、环境工程、资源管理等技术在苗种培育、生产和管理中的广泛应用，传统的海洋渔业的生产方式发生了深刻变化，海洋牧场建设成为引领世界新技术革命、发展低碳经济的一个重要载体。而计算机技术在船舶设计和生产中的广泛应用，使现代船舶制造的自动化、现代化程度得到很大提高。

三是能源利用绿色化的需要。受燃料能源危机和环境变化压力驱动，“向海洋要能源”已经成为世界各国共识。海洋可再生能源主要有：潮汐能、波浪能、温差能，其次还有盐度差能、海流能、海洋风能、生物能和海洋地热能等。目前世界波浪能的研究与开发十分活跃，据不完全统计，有 28 个国家（地区）致力波浪能开发，建设大小波力电站(装置、机组或船体)上千座(台),总装机容量超过 80 万千瓦,其建站数和发电功率分别以每年 2.5%或 10%的速度上升。潮汐能的现代开发始于 20 世纪 50 年代,加拿大、法国、俄罗斯和中国都建有潮汐发电站,预计到 2030 年世界潮汐电站的年发电总量将达 600 亿千瓦·时。由于潮汐能不受洪水、枯水期等水文因素影响,因此随着潮汐能发电技术的成熟,潮汐电站的建设将出现新的发展势头。

四是布局模式集群化的需要。伴随着新技术的发展,商业模式也不断创新,海洋制造业和服务业呈现融合发展趋势。产业发展以多个学科领域的密集创新和突破为驱动,呈现群体涌现的局面。例如,美国的海洋生物技术企业主要集中于波士顿、旧金山等地区。再如,英国的剑桥地区形成了欧洲最成功的海洋高新技术产业集群,其中海洋生物、海洋信息等在世界上处于领先地位。集群内密集的知识与人员流动,活跃的创业与兼并收购,良好的产业生态,带来了产业竞争与合作方式的深刻变化,经济效益显著提高。

10.1.2 发展海洋经济是实现建设海洋强国战略的内在需要

一是国家海洋经济政策调整的需要。2003 年 5 月,国务院印发《全国海洋经济发展规划纲要》,这是新中国成立以来,第一个指导海洋经济发展的重要文件。该文件明确提出海洋经济在国民经济中的比重进一步提高,为形成特色海洋经济区域,应逐步建设海洋强国。《国民经济和社会发展第十一个五年规划纲要》对海洋工作做了专节部署,强调“强化海洋意识,维护海洋权益,保护海洋生态,开发海洋资源,实施海洋综合管理,促进海洋经济发展”。《国家海洋事业发展规划纲要》提出发展海洋事业要加强对海洋经济发展的调控、指导和服务,提高海洋经济增长质量,壮大海洋经济规模,优化海洋产业布局,加快海洋经济增长方式转变,发展海洋循环经济,提高海洋经济对国民经济的贡献率。2008 年 10 月,国家海洋局发布了《全国科技兴海规划纲要(2008—2015 年)》,这是我国新形势新阶段对科技兴海工作的全面规划,是首个以科技成果转化和产业化促进海洋经济又好又快发展的规划,是指导中国科技兴海工作的行动指南。《国民经济和社会发展第十二个五年规划纲要》(以下简称“十二五”规划)对海洋工作做了专章部署,提出坚持陆海统筹,制定和实施海洋发展战略,提高海洋开发、控制、综合管理能力。“十二五”规划一个根本性的变化,就是明确海洋经济的发展已经成为国家的重要战略决策,并将它提升到了前所未有的高度。2011 年 4 月,国家海洋局发布的《中国海洋发展报告(2011)》指出,“十二五” 期间,我国将初步形成海洋新兴产业体系,支撑引领海洋经济发展,战略性海洋新兴产业整体年均增速将不低于 20%,产业增加值将翻两番。2012年9月，国务院印发《全国海洋经济发展“十二五”规划》，确定了我国今后一段时期海洋经济发展的总体思路、发展目标和主要任务，是继2003年《全国海洋经济发展规划纲要》之后，再次推出的新一轮全国海洋经济综合性规划。2012年11月，中共十八大报告提出：“提高海洋资源开发能力，发展海洋经济，保护海洋生态环境，坚决维护国家海洋权益，建设海洋强国。”

二是沿海发展布局规划调整的需要。我国海洋经济经过30多年的发展，已经形成了三大海洋经济区，分别是环渤海海洋经济区、长三角海洋经济区和珠三角海洋经济区。自2008年开始，国家为进一步推动海洋经济发展，进行了新一轮的海洋经济区域布局调整，先后实施了多个国家战略性发展规划。黄渤海地区有“辽宁沿海经济带发展规划”“天津滨海新区发展规划”“河北沿海地区发展规划”“山东黄河三角洲高效生态经济区发展规划”和“山东半岛蓝色经济区发展规划”；东海地区有“江苏沿海经济带发展规划”“浙江省海洋经济示范区发展规划”“福建海西经济区发展规划”；南海地区有“广东省海洋经济综合试验区发展规划”“广西北部湾经济区发展规划”“海南国际旅游岛建设发展规划纲要”等。山东省、浙江省、广东省先后被确定为海洋经济试点省，全国基本形成了全面开发海洋资源、发展海洋经济的功能布局。新一轮海洋经济区域布局中，海洋经济成为各地规划的重点任务。

三是促进涉海省区市海洋产业优化升级的需要 。2012年6月，财政部、国家海洋局联合下发《关于推进海洋经济创新发展区域示范的通知》(财建函〔2012〕12号)(以下简称《通知》)，决定设立专项资金，重点支持山东、青岛、浙江、宁波、福建、厦门、广东、深圳8个省(市)发展海洋经济。《通知》中明确，国家设立战略性新兴产业发展专项资金，重点在4个方面对海洋经济创新发展示范区域予以支持：海洋生物等战略性新兴产业领域科技成果的转化、产业化和市场培育，以及海洋产业公共服务平台建设；海洋生物等战略性新兴产业的应用技术研发和应用示范；以高等学校为实施主体的面向海洋经济，尤其是海洋生物等战略性新兴产业核心共性问题以及区域发展的重大需求等开展的协同创新；海域海岸带整治修复。2014年4月，国家发展改革委、国家海洋局联合下发《关于在广州等8个城市开展国家海洋高技术产业基地试点的通知》，决定在广州、湛江、厦门、舟山、青岛、烟台、威海、天津8个城市开展国家海洋高技术产业基地试点工作。通过试点，推动海洋高技术产业高端发展、集聚发展，促进区域产业结构优化升级，加强高技术产业技术创新，壮大海洋高技术产业规模。结合区域产业优势和发展重点，试点城市提出了各自发展目标、空间布局、重点发展产业、保障措施等。天津市将重点发展海洋高端装备制造、海水利用、深海战略资源勘探开发和海洋高技术服务、海洋医药与生物制品等产业；青岛市将重点发展海水育种与健康养殖、海洋医药与生物制品、海洋高端装备制造、海洋可再生能源、深海战略资源勘探开发和海洋高技术服务业；威海市将重点发展海洋生物育种与健康养殖、海洋医药及生物制品两个产业；烟台市将重点发展海洋生物育种与健康养殖产业、海洋高端装备制造产业和海洋高技术服务业；舟山市将大力发展海洋高端装备制造、海洋生物育种与健康养殖等产业；厦门市将重点发展海洋医药与生物制品产业、海洋生物育种与健康养殖产业、海洋高端装备制造产业、海洋高技术服务产业；广州市将重点发展海洋高端装备制造、海洋医药和生物制品、海洋可再生能源等产业；湛江市将重点发展海洋生物育种和健康养殖等产业。

10.1.3 发展海洋经济是抢抓辽宁省战略新机遇的现实要求

一是辽宁省经济发展转型升级的需要。辽宁省海洋产业经过长期发展演进，形成了海洋渔业、船舶制造、港口航运、盐化工业等传统优势产业，为辽宁省经济快速增长提供了重要支撑。但是，随着新一轮科技革命的迅猛发展和全是经济格局的新变化，以及国内经济发展出现的新情况，辽宁省原有经济发展方式显现疲惫态势，产业结构面临调整压力。发展海洋经济，可以加快改善辽宁省海洋产业结构、能源结构，提升自主创新能力，提高经济增长质量，推动经济发展方式尽快走上创新驱动，内生增长的轨道，为建设产业结构优化的先导区和经济社会发展的先行区奠定现代产业发展基础。

二是东北老工业基地新一轮振兴的需要。2014 年 7 月，习总书记在中央办公厅赴辽宁回访调研组报告上对东北振兴做出重要批示："东北地区的振兴发展，事关我国区域发展总体战略的实现，事关我国工业化、信息化、城镇化、农业现代化的协调发展，事关我国周边和东北亚地区的安全稳定，意义重大，影响深远。2003 年，中央决定实施东北地区等老工业基地振兴战略以来，东北地区体制机制转型成效明显，经济社会发展活力增强，取得了阶段性成果，但振兴的目标尚未完全实现。辽宁当前遇到的困难和问题，东北地区其他省也存在。这些困难和问题归根结底仍然是体制机制问题，是产业结构、经济结构问题；解决这些困难和问题归根结底还要靠深化改革。"习总书记从全局和战略高度，深刻阐述了东北地区振兴发展的重大意义，科学分析了当前遇到的困难和问题的深层次原因，明确指出了推动东北老工业基地全面振兴的根本途径。2014 年 8 月，国务院印发《关于近期支持东北振兴若干重大政策举措的意见》(国发〔2014〕28 号)，以全面深化改革为引领，提出 11 个方面 35 条政策措施，要求抓紧实施一批重大政策举措，巩固扩大东北地区振兴发展成果、努力破解发展难题、依靠内生发展推动东北经济提质增效升级。辽宁省是国家重要工业基地，在实施东北老工业基地振兴战略和开发建设辽宁沿海经济带中发挥着引领和示范作用，发展海洋经济有利于辽宁省在东北新一轮振兴发展中成为先导先行的引领者。

三是金普国家级新区发展建设的需要。2014年6月，国务院批复同意设立大连金普新区，这是我国第10个国家级新区，也是东北地区唯一一个国家级新区。目前国内涉海省区市已建立的新区有上海浦东新区、天津滨海新区、浙江舟山群岛新区、广东南沙新区以及青岛西海岸新区等。这些新区在建设规划中都把海洋经济作为海洋产业结构调整的重点发展方向。金普新区有丰富的海洋资源、较好的海洋产业发展基础。依托辽宁省海洋资源优势、科研优势，在金普新区培育一批战略性、先导性的海洋新兴产业，建设一批科研基地，催生一大批科研人才和科技成果，这不仅可以实现国家赋予的建设金普新区的历史使命，而且将为辽宁省建设创新型城市和提升城市核心竞争力打下坚实基础。

10.2　辽宁省海洋经济发展国内竞争环境

10.2.1　辽宁海洋经济发展国内竞争环境分析

1. 海洋工程装备制造业

国内从事海洋工程装备产业的主要有中国船舶工业集团有限公司、中国船舶重工集团等，两大集团旗下的上海外高桥、青岛海西湾和大连重工等制造基地，承建了以10×10吨级FPSO(浮式生产储卸装置)和3 000米水深半潜式钻井平台等为代表的产品。深海矿产资源勘探开发产业也取得了较大的进步，正在为争取到2020年初步形成部分深海产业做各项技术经济准备。

2. 海洋化工业

随着国家《石化产业调整和振兴规划》的实施，沿海地区已纷纷启动海洋化工基地建设项目，海洋化工业持续向好发展，其中山东与天津为产量最高的两个省(市)。

3. 海洋生物医药业

伴随着蓝色经济热潮的兴起，我国海洋生物医药业蓬勃发展，山东、广东、江苏等沿海地区纷纷加大了对海洋生物医药产业的投入，将其作为蓝色经济增长点加速推动。当前，全国生产海洋药物的企业有20多家，已发现1 300多种活性化合物，380多种新化合物，研制了10多种新药，上百种保健品，其中包括一批新型抗艾滋病、抗肿瘤和抗动脉粥样硬化的海洋药物；另外，已知药用海洋生物约有1 000种。运用海洋高新技术从海藻、海绵、海鞘中可分离提取抗菌、抗肿瘤、抗癌物质，用于开发海洋药物和生物制剂；运用现代生物工程技术，培养具有特殊用途的超级工业细菌，可用来清除石油等各类污染物。

4. 海洋电力业

在国家和沿海各省区市鼓励开发清洁能源政策的推动下，海洋电力业作为新能源产业成长较快，具备良好的市场发展前景。2009年，国内首个经国家发展改革委核准的海上风电场——上海东海大桥10万千瓦海上风电场项目建成投产。目前，我国已经拥有沿海风力发电场18个，沿海风力发电全年实现增加值已达12亿元。在潮汐发电方面，我国潮汐能开发迄今已建成且正运行发电的潮汐电站有8座，年发电量超600亿千瓦·时，发电量仅次于法国、加拿大，居世界第三位。其中，江厦潮汐电站为国内最大潮汐电站，现总装机容量为3 000千瓦，为世界第三大潮汐电站。在潮流能发电方面，经过“八五”“九五”等科技攻关项目，2002年我国第一座潮流实验电站在浙江省舟山市建成，装机容量为70千瓦。在温差能发电方面，我国从20世纪80年代初开始研究，1986年和1989年分别完成开式温差能转换试验模拟装置的研制和雾滴提升循环试验研究，目前仍处于研究阶段。

5. 海水利用业

我国人均淡水占有量是世界人均占有量的1/4，多数沿海地区处于极度缺水状态。海水淡化和海水直接利用是解决这一问题有效的战略举措。近年来，我国的海水利用技术日趋成熟。在海水淡化技术方面，我国完全掌握了反渗透法、蒸馏法这两大主流海水淡化技术，设备造价比国外低了30％～50％，成本已接近国际先进水平，达到每吨5元。海水循环冷却技术形成了自主成套技术和产品，建成了具有全部自主知识产权的每小时2 500吨和28 000吨的海水循环冷却技术示范工程，现已进入10万吨级示范工程研究和设计阶段。在海水烟气脱硫方面，从1996年开始，我国在深圳、福建等地先后建成了多套海水脱硫装置。其中，深圳西部电厂4号机组是国内首套海水脱硫装置，是国家海水脱硫示范项目。目前，我国已成为世界上大型海水脱硫装置建设经验最丰富的国家。我国海水源热泵方面还刚刚起步，国内第一个海水源热泵项目在青岛发电厂建成使用，且“海水源热泵中央空调”系统应用在了2008年北京奥运会青岛国际帆船媒体中心，这是奥运会史上首次采用“海水空调”。

在海水化学资源利用方面，从海水中直接提取钾、溴、镁等技术取得可喜进展：在海水提溴方面，已建成百吨级示范工程，为启动千吨级示范工程奠定了坚实的技术基础；在海水提钾方面，国家万吨级海水提取硝酸钾示范工程已在天津建成；在海水提镁方面，完成百吨级中试，为万吨级浓海水制取膏状氢氧化镁示范工程研究奠定技术基础。在大生活用海水方面，基本掌握成套技术，包括海水冲厕系统的防腐和防生物附着技术、海水净化技术、大生活用海水的后处理技术等，并于 2009 年在青岛建成我国首个大生活用海水示范工程。

6. 海洋现代服务业

海洋现代服务业包括海洋娱乐服务业及海洋探测与信息服务业，其中娱乐服务产业除传统的滨海旅游外，还包括海岛观光、海上体育、邮轮与游艇、休闲渔业、海洋文化体验等高端娱乐文化产业。我国在该领域虽起步较晚，但已逐渐呈现出与创意、信息技术、旅游等紧密结合，规模不断扩大，业态不断创新的趋势。

据初步调查，我国有海滨旅游景点 1 500 多处，滨海沙滩 100 多处，其中最重要的有国务院公布的 16 个国家历史文化名城，25 处国家重点风景名胜区，130 处全国重点文物保护单位，以及 5 处国家海洋、海岸带自然保护区。按资源类型来分，共有 273 处主要景点，其中有 45 处海岸景点、15 处最主要的岛屿景点、8 处奇特景点、19 处比较重要的生态景点、5 处海底景点、62 处比较著名的山岳景点，以及 119 处比较有名的人文景点。

按自然资源部最新统计数据，目前我国滨海旅游业已经成为海洋经济发展的支柱产业，其增加值占主要海洋产业增加值的 47.8%，滨海旅游业 2018 年实现增加值 16 078 亿元，同比增长 8.3%。

7. 海洋油气业

2010 年，我国海洋石油产量为 4 709.98 万吨，天然气产量为 110.89 亿立方米，海洋油气业增加值从 2001 年的 176.8 亿元提高到 2010 年的 1 302.2 亿元。从 2006 年开始，海洋原油出口量下滑，占全国原油出口量比重也急剧下滑。2009 年出口量比 2008 年下滑 60%，2010 年再次降低约 45%。2010 年，海洋原油创汇额甚至低于 10 年前，仅为 37 530 万美元。尽管出口市场不稳定，产量却稳步上升，海洋原油产量占全国原油产量的比重由 2001 年的 13.07%提高到 2010 年的 23.20%。与此同时，天然气 2010 年的产量比 2009 年增长约 29%，为历年来增长最快。具体数据见表 10 - 1。

表 10 - 1　2001—2010 年海洋油气业情况

年份	产业增加值/亿元	海洋天然气产量/亿立方米	海洋原油产量/十万吨	海洋原油产量占全国原油产量的比重/%	原油出口量/万吨	海洋原油出口量占全国原油出口量的比重/%	海洋原油出口创汇额/万美元
2001	176.8	45.72	214.295	13.07	349.25	46.26	58 432
2002	181.8	46.47	240.555	14.40	420.92	54.95	75 454

续表 10-1

年份	产业增加值/亿元	海洋天然气产量/亿立方米	海洋原油产量/十万吨	海洋原油产量占全国原油产量的比重/%	原油出口量/万吨	海洋原油出口量占全国原油出口量的比重/%	海洋原油出口创汇额/万美元
2003	257.0	43.69	254.543	15.01	494.03	60.77	102 916
2004	345.1	61.34	284.221	16.16	457.68	83.37	116 174
2005	528.2	62.69	317.466	17.51	679.37	84.18	235 952
2006	668.9	74.86	323.991	17.54	567.62	89.53	234 689
2007	666.9	82.35	317.840	17.06	278.26	71.53	120 220
2008	1 020.5	85.78	342.113	17.96	318.09	76.46	209 533
2009	614.1	85.92	369.819	19.52	134.90	26.61	51 901
2010	1 302.2	110.89	470.998	23.20	73.86	24.38	37 530

数据来源：2002—2011 年《中国海洋经济统计公报》

10.2.2 辽宁海洋产业发展国内外经验借鉴

综观国内外海洋经济发展状况，辽宁可以得出如下启示：

1. 加强海洋政策与规划的制定

从世界范围来看，海洋经济发达国家海洋经济的发展优势很大程度上取决于其政策法规的建立健全。各国根据自身海洋经济特点，制定国家层面发展政策和规划来确定海洋经济的发展方向和运作模式，有效地规范和促进了本国海洋经济的发展。美国在海洋经济战略规划方面，绘制了未来十年海洋科学发展路线——海洋科学研究优先领域和实施战略、美国海洋大气局 2009—2014 战略计划，这两个战略规划最能反映美国海洋科技创新需求，反映了当前和今后一定时期美国海洋科技领域的政策目标和重点，对海洋经济的发展起到了与时俱进的指向作用。日本除了 20 世纪 90 年代制定了面向 21 世纪海洋开发推进计划及海洋科技发展计划外，内阁官房综合海洋政策本部在《海洋产业发展状况及海洋振兴相关情况调查报告 2010》中明确提出：计划 2018 年实现海底矿产、可燃冰等资源的商业化开发生产；计划到 2040 年整个日本用电量的 20%由海洋能源（海洋风力、波浪、潮流、海流、温度差）提供。在海洋经济具体领域的发展方面，英国的海洋能源行动计划以及日本的深海钻探计划，有效地引导和促进了英国海洋可再生能源业和日本深海产业的发展。

借鉴国外经验，辽宁省应制定培育和壮大海洋产业发展规划，包括海洋工程装备制造业、海洋药物和生物制品业、海洋可再生能源业、海水利用业等具体产业的专门发展规划，为实现规范、有序发展提供有力指导和政策保障。

2. 成立专门的管理和协调机构

美、英等海洋经济发达国家成立“海洋联盟”或“海洋科学技术协调委员会”等专门机构来管理和协调海洋经济的相关事宜。其主要职责包括：提高公众对海洋及沿海资源经济价值的认识，加强国内技术产品的开发，密切产业界、科研机构和大学的伙伴关系，组织有关海洋资源开发的重大经济项目和环境项目研究，协调产业发展过程中出现的矛盾和问题，等等。这些机构的成立对相关国家海洋经济的统筹协调发展起到了至关重要的作用。

而辽宁省由于受到海洋管理体制的束缚，缺乏管理与协调海洋经济发展的专门机构，海洋经济发展缺乏整体规划，产业发展过程中出现的诸多矛盾和问题不能得到及时的协调和解决，难以实现各种资源的有效利用和合理配置。因此，在辽宁省成立此类专门的管理和协调机构对海洋经济的发展更具重大意义，该机构不仅可以负责制定海洋经济的发展规划，协调相关部门的各项工作，还可以促进海洋科技资源的整合，加速海洋高新技术的产业化进程，从而促进辽宁省海洋经济的健康持续发展。

3. 着力推进海洋科技研发和成果转化

海洋经济发达国家依靠雄厚的科研实力和先进的技术装备，在海洋经济的许多核心技术上能够进行自主研发，在很大程度上实现了关键技术的自给。此外，依托产学研的一体化机制和科技成果产业化服务平台将技术研发与应用推广紧密衔接，使海洋科技成果的转化速度和转化率都达到了较高水平。技术的自主研发与成果的快速转化为海洋经济的可持续发展奠定了坚实的基础。

而辽宁省受科技发展水平的制约，海洋自主研发能力较弱，关键技术自给率低。突出表现在辽宁省装备技术与制造基础薄弱，关键元器件与材料国产化率低，在设计、配套等核心技术上几乎是空白。另外，辽宁省产学研的脱节和海洋科技服务平台的欠缺，使得海洋科技成果转化率很低，极大地延缓了海洋高新技术的产业化进程。因此，要重点鼓励和支持海洋技术创新和自主知识产权产品开发，围绕战略性新兴产业的竞争能力和发展潜力，优先推动海洋关键技术成果的深度开发、集成创新和转化应用，鼓励发展海洋装备技术、海洋生物技术、海水利用技术、海洋可再生能源发电技术等，促进海洋经济从资源依赖型向技术带动型转变，通过兴建海洋科技园等产业化服务平台实现海洋科技成果的快速转化，为海洋经济的创新发展提供强有力的技术支撑和应用平台。

4. 建立有效的投融资机制

海洋经济具有高投资性、高风险性，以及较长的周期性等特征，雄厚的财力支撑是实现其可持续发展的必要保证。海洋经济发达国家强化科技管理，政府不断增加海洋新兴产业的科研投入，极大地推动了科技研发的进度和关键技术的突破。通过采取利用社会风险投资，吸引企业投入、信贷资本和民间资本等多元化的融资方式来筹集资金，有效地拓宽了资金的来源渠道，为海洋新兴产业的可持续发展提供了保障。

而辽宁省的风险投资在20世纪80年代才刚刚起步，运作过程存在许多薄弱环节，加之对民间资本和金融市场工具未充分利用，使得辽宁省海洋新兴产业的投融资渠道单一，难以满足其长期大量资金注入的需要。因此，迫切需要通过加大政府投入、建立多层次的资本市场体系、完善银行间接融资体系、吸引外资参与等方式，建立海洋新兴产业多元化融资渠道。可将海洋新兴产业相关企业高端的产业技术进行转让，吸收资金；加强企业和专业化实验室的联系，缩短海洋新产品的商品化过程，及时快捷地回笼资金；充分吸收民间资本，发挥民间资本的集聚效应筹集资金，逐步形成政府投入、银行支持、企业自筹和利用外资等的多元化融资渠道，为海洋新兴产业的发展提供融资保障。

5. 注重培养海洋科技人才

海洋人力资源是最重要的资源，是海洋产业发展的动力之源。海洋经济随着海洋科技的发展而发展，需要大量高科技人才作为坚强的发展后盾。各海洋经济强国一方面高度重视管理人才和专业技术人才的培养，给那些勇于创新创业的高科技人才创造良好的环境；另一方面注重对海洋高科技人才的激励，创造吸引科技人才的企业氛围、提供有利于实现自身价值的研发环境，以及实施适当的薪酬奖励等措施来激发高科技人才的积极性和创造性，为海洋经济的发展储备了大量的高科技后备人才。

由于辽宁省当前海洋经济人才储备不足、高层次人才匮乏，因此要把海洋科技人才队伍建设作为一项战略任务来抓。通过完善海洋教育结构，全面提高人才素质，分层次制定人才培养方案，注重复合型人才的培养和高层次人才的选拔，有针对性地开展系统的人才培训，加强培训力度等措施建构人才培养体系、做好人才储备；通过加大人才引进力度，促进人才的国际合作与交流；通过建立人才激励机制，引导和促进人才的创新；通过优化人才结构，建立合理的用人机制，全方位实施海洋经济人才战略，为海洋经济可持续发展奠定坚实基础。

6. 加强国际海洋合作

海洋经济发达国家本着互利共赢的原则，通过实施重大综合性海洋科学研究计划，建造一些高水平的设施和实验设备供各国科研人员共同使用，向发展中国家提供资金和技术援助等积极举措，在技术研发、设备使用、人才交流等方面建立了国际双边和多边合作机制，实现了在海洋生物医药、海水淡化与综合利用、海洋可再生能源等海洋新兴产业各个领域的国际合作，取得了多位一体的综合效益。

辽宁省海洋经济国际合作尚处于起步阶段，虽然积累了一些国际合作的事项和经验，但总体来说海洋经济的国际化程度还是比较低，还没有形成大规模、全方位的国际合作趋势。为顺应国际海洋经济发展的国际化趋势，应切实加强国际交流与合作，提高对外开放与合作水平。凭借自身海洋经济发展优势，实现在海洋生物医药、海水淡化与综合利用、海洋可再生能源等海洋新兴产业各个领域的国际合作，以科技水平的全面提升引领海洋经济的发展潮流。

10.3 辽宁省海洋经济发展原则及目标

10.3.1 指导思想

以邓小平理论、“三个代表”重要思想和科学发展观为指导，全面贯彻落实习近平总书记重要讲话精神，抢抓新一轮东北老工业基地振兴的战略机遇，深化体制机制改革，加快经济发展方式转变，构建辽宁省现代海洋产业体系，发挥区位、资源、产业等组合优势，提升产业层级，拉长产业链条，加大科研投入，提升自主创新能力，促进科技成果转化，加大领军科研机构、龙头企业培育和国内外招商选资力度，努力打造海洋新兴产业的比较优势和核心竞争力，使之成为辽宁省海洋经济发展的主要推动力和全市经济转型升级的重要生力军。

10.3.2 发展原则

借鉴国内外建设发展经验，海洋新兴产业相对于传统海洋产业的主要特征为：一是没有可参照的一套成型产业体系；二是没有一套相对完整的政策体系。发展海洋新兴产业主要应靠激发市场活力，创新体制机制，促进产业转型升级，增强内生动力，推动产业提质增效升级。

1. 坚持市场主导与政策扶持相结合

由于海洋资源与环境的不确定性，海洋产业有别于陆地产业的突出特点是高风险性。因此，在推进海洋技术创新和产业化过程中，按照市场机制与政府行为引导相协调的机理，充分发挥市场在资源配置中的决定性作用的同时，政府政策扶持不可或缺。例如，市场可以在建立多元化投融资领域发挥杠杆作用，政府可以在健

全基本公共服务支撑体系展现保障功能。

2. 坚持重点突出与分类指导相结合

海洋新兴产业是一个按照时间、技术和规模标准划分的产业群，各个产业演进都带有各自的个性化特点。按照创建动态比较优势的思路，针对相关产业的成长阶段，采取宜进则进、宜强则强、宜大则大、宜精则精的指导方针。例如，海洋工程装备制造业的主攻方向是集中力量攻克关键技术，培育自主知识产权；海洋医药和生物制品业等幼稚产业主要是支持具有领先优势的技术和产品加快产业化进程，促进产业集聚；海洋牧场建设的关键是实现关联产业交叉融合，打造新型业态。

3. 坚持资源导向与绿色发展相结合

由于海洋环境外部性对诸如现代海水养殖业、现代海洋休闲业等产业的发展具有负面影响，因此这些产业既要坚持资源导向，打好自然资源禀赋这张牌，又要借鉴国内海洋新区开发规划先进经验，坚持生态优先原则，树立绿色发展、融合发展理念，促进资源优化配置。例如，一方面强化旅游岸线与原始生态景观的保护控制，海岛开发利用的规范管理等；另一方面做好海洋牧场与旅游、海水养殖与海洋牧场、海水养殖与滨海旅游等协同兼容的顶层设计，实现资源与环境、生态与产业、产业与产业相得益彰，共存共荣。

4. 坚持技术引领与机制创新相结合

高技术融入是新兴产业的根本性特征，因此，现代海洋科技成果被迅速转化应用是产业崛起的原动力。而高技术商品化、产业化、社会化不是单一政策措施所能破解的，需要多项配套手段方法综合运用。例如，发展海洋工程装备制造、海洋医药和生物制品的核心是自主创新能力提升，而辽宁省不乏相关领域的智力资源，关键在于资源整合的管理体制机制创新。

5. 坚持融合发展与集约发展相结合

由于海洋产业是集多行业、多学科于一体的综合产业，工程装备与海洋牧场、海洋牧场与海水养殖、海水养殖与海洋药物、海洋药物与生物制品产业之间存在很强的上下游产业关联效应，因此必须优化海域空间资源与产业经济资源配置，实现海洋空间资源与产业经济资源的协同开发，提高两种资源的利用效率。例如，辽宁省大部分养殖活动在负 20 米等深线以内的浅海滩涂进行，如果推进到负 30～50 米海域，不仅挖掘了养殖水域空间潜力，化解了多元用海矛盾，而且为生物制品和海洋药物原料供应提供保证。但这需要深远海养殖的新材料、新设施、新装备支持，需要把海水养殖现代工程与海洋工程装备制造以及关联产业放在更高更大的平台上统筹规划。

10.3.3 发展目标

经过“十三五”的努力，基本形成综合竞争力较强、规模总量居全国前列、拥有一批海洋科技和产业战略制高点的海洋新兴产业体系。

综合实力明显增强。在重点领域培育一批技术创新能力强、产业规模大、市场占有率高、影响带动作用明显的骨干龙头企业。

产业布局明显优化。建成一批在全国乃至国际有较强竞争力的海洋工程装备和高端船舶制造基地、海水淡化技术装备和综合利用基地、海洋生物原料基地、现代海水健康养殖示范基地、海洋特色文化旅游基地，建立较完善的产业服务支撑体系，海洋新兴产业集聚效应基本形成。

科研水平明显提升。自主创新能力显著提升，涉海专利授权数居全国前列。涉海院所（校）和重点学科、重点实验室、重点企业技术中心、孵化器与中试基地等建设加快推进，海洋科技创新体系基本建成。用于研发的资金投入占海洋生产总值 3%以上，做强一批国家级海洋科研、海洋教育基地，研发体系形成产业化、国际化的新格局。

10.4 辽宁省海洋经济发展重点

10.4.1 海洋工程装备制造业

充分利用基础雄厚优势，巩固产业竞争地位，强化企业自主创新和关键领域科技攻关力度，进一步加大核心技术和关键配套产品的国产化、高端化、规模化，全面提升产业整体水平和综合素质，打造高端海洋工程装备产业集群。

一是激发重点企业市场活力，提高总装产品生产能力，做大生产规模。面向国内外海洋资源开发的重大需求，以提升主流海洋油气开发装备、海洋工程船舶的研发制造能级和市场竞争能力为核心，培育专业设计能力，启动一批主流海洋工程装备和关键配套设备的核心技术研发和产业化项目，掌握总体设计技术和建造技术。在工程设计、模块制造、配套设备工艺、技术咨询等领域培育具备较强市场竞争力的专业化分包商，通过典型的工程总承包项目实现从分包到总包的能力突破，培育形成较完整的海洋工程装备产业链。逐步完善技术创新体系，提高工程管理水平，快速扩大市场份额，壮大产业规模。

重点产品导向主要包括以下内容：

(1) 自升式海洋平台、半潜式海洋平台、钻井船、浮式生产储卸装置(FPSO)等主流海洋工程装备；

（2）液化天然气浮式生产储卸装置（LNG－FPSO）、浮式钻井生产储卸装置（FDPSO）、立柱式平台（SPAR）、张力腿平台（TLP）等新型海洋工程装备；

（3）物探船、工程勘察船、起重铺管船、半潜运输船、大型海上浮吊、风电设备安装船、多用途工作船、平台供应船等海洋工程船舶；

（4）钻井系统、油气生产系统、海洋平台电站、海洋平台集成控制系统、自升式平台升降系统、深海锚泊系统、动力定位系统、FPSO单点系泊系统、铺管/铺缆设备、测井/录井/固井系统、水下采油系统、防喷器等海洋工程关键系统和专用设备。

二是做大做强配套产业。着力改变船舶总装和配套产业发展的不平衡状态，大幅提高船舶配套能力和水平。加快自主品牌船用柴油机研发和产业化，推动船用动力系统、电站系统、舱室设备等优势配套产品进入高端产品市场，扩大市场占有率。建设船用柴油机二轮配套产业基地，完善本土化二轮配套体系。在船舶自动化控制和系统集成等方面取得重要突破。加大配套产业招商引资和合资合作力度，拓展核心系统和配套产品系列，推进陆用配套设备向海洋工程装备配套领域的发展。

重点产品导向主要包括以下内容：

（1）自主品牌中速柴油机、智能型柴油机、LNG（液化天然气）船用双燃料发动机；

（2）大功率船用曲轴、高压共轨燃油喷射系统、智能化电控系统、高效增压器等柴油机关键部件和系统；

（3）大型推进装置、高端船用发电机、船舶电站、电力推进装置等电力系统和动力传动装置；

（4）液货舱装卸集成装置、遥控阀门、污水处理装置、海水淡化装置、船用锅炉等舱室设备；

（5）新一代综合船桥系统、符合IMO（国际海洋组织）规范的船用导航雷达系统、新型船用陀螺罗经等通信导航和自动化系统；

（6）大型船用铸锻件。

三是深化基础共性技术研究。推进研发平台建设，主要依托辽宁省骨干科研机构，完善海洋工程装备的科研试验设施，在装备总体、功能模块、核心设备等领域，打造若干产品研发和技术创新平台。深化结构设计、流体力学、安全评估、风险控制等基础共性理论研究，加强船舶、海洋工程装备、核心系统和配套设备等领域的共性技术研究，开发共性设计软件，开展海洋工程装备建造标准体系研究，掌握高端船舶开发关键技术，突破关键系统的总体设计和集成技术，提升综合集成能力，缩小与世界先进水平的差距。支持骨干企业（集团）设立海洋工程装备研发平台，建设深海公共测试场，鼓励高校、科研院所、中小型企业联合设立共性技术研发平台，逐步完善以企业为主体、产学研用相结合的技术创新体系。

重点研究导向主要包括以下内容：

(1) 船型设计理论和方法研究，船体结构安全检测及结构优化研究；

(2) 船舶水动力性能预报优化技术，与船型优化相关联的流体力学预报技术研发，CFD(计算流体动力学)技术在船舶流体力学研究中的应用；

(3) 深海设施运动性能及载荷分析预报技术研究，深海设施动力响应及强度分析技术研究；

(4) 浮式结构物恶劣海况下安全评估技术研究，海洋工程装备风险控制技术研究等。

10.4.2　海洋医药和生物制品业

抢抓海洋医药研发突飞猛进，但产业尚处于孕育时期，海洋生物制品成为开发热点，产业正朝阳兴起这两大战略机遇，抓住海洋生物资源与科技资源两大资源优势，推进陆地高新技术向海洋资源开发转移，构建以企业为主导的研发体系，打造国家级海洋新生物产业集聚区。

一是构建海洋生物原料产业体系。生物原料是新海洋生物产业的基础，原料产业的结构、品种的多少，直接影响深度加工业水平的高低与竞争力的强弱。利用辽宁省海洋生物资源禀赋优势，推进群体资源利用(捕捞业)、遗传资源利用(增养殖业)、产物资源利用(新生物产业)转型升级，融合现代海水健康增养殖技术，提高海洋药物和生物制品海洋生物原料培植能力，构建面向国内外市场的新型海洋生物原料产业基地。

二是创建海洋新兴生物产业示范区。积极推进辽宁(大连)现代海洋生物产业示范基地建设，依托大连双 D 港生物医药产业基地建设基础，强力促进规划中的“大连海洋生物医药产业园”建设，创建国家级现代海洋生物产业示范区，吸纳面向国际的高端企业和高端中试产品，形成具有自主知识产权、国际竞争主动权的海洋医药产业化技术创新体系及配套技术体系。建立海洋药源生物种质资源库、海洋生物天然产物化合物库和海洋天然产物的新药创制平台，作为我国北部海洋经济圈中的示范典型。

三是建设海洋功能保健食品市场体系。以扩大市场占有率和提升市场竞争力为导向，进一步扩大生产能力和生产规模，进一步强化生产和供应链的安全性与系统性。建立以企业为主体的自主创新体系，支持龙头企业及科研院所开展产学研合作，促进科技成果转换。进一步做大现有 11 个海洋保健功能食品国家驰名商标，鼓励扶持企业创建更多有大连特色的产品进入国家品牌行列，形成大连海洋功能保健食品产业整体核心竞争力，实现产业标准化、品牌化、规模化的现代发展。

四是明确产品研发重要方向。具体如下：

（1）海洋药物。重点研发海洋生物毒素和海洋微生物高特异活性物质等海洋生物药源的海洋新药，推进海洋藻类活性物质、海洋药物“河豚毒素”项目建设，支持海洋寡糖、生物毒素、小分子药物、海洋中药等海洋新药开发，积极开发以高纯度海洋胶原蛋白、海藻多糖、贝壳糖、荧光蛋白等为原材料的新型医用生物材料和新型疾病诊断试剂。通过药源生物种质发掘、种质创制、规模化制种和培育，开展海洋药源、药食同源生物的规模化生产。

（2）海洋生物制品。重点围绕海洋功能材料、海洋微生物制剂、海洋渔用疫苗等，以海洋生物多糖及蛋白质资源为对象，利用现代生物工程、酶工程、生物化工及发酵工程等生物技术，通过海洋生物制品产业化关键技术的集成，实现海洋功能材料、海洋微生物制剂、海洋渔用疫苗、新型海洋生物源化妆品的产业化。

（3）海洋功能食品。优先发展优势资源、天然资源及药食同源的保健食品，加快发展功能饮品、膳食补充剂，重点开发海洋胶原多糖、多肽蛋白质、海洋生物源降压肽、海洋生物源抗氧化肽、特殊氨基酸、海洋脂类及其衍生物、壳聚糖及海洋生物糖类衍生物等为主要成分的海洋健康食品和功能食品。重点选取一批有效成分含量高、易获取和人工繁育的海洋生物，进行生物活性物质的筛选和提取分离，制成海洋功能食品。

（4）海洋生物酶制剂。利用现代酶制剂技术，强化源头创新，解决海洋生物酶制剂产业关键技术，提高海洋生物酶制剂产品的质量和水平，形成一批具有知识产权的现代海洋生物酶制剂产品。

10.4.3 海洋可再生能源及海水综合利用业

提高海水利用技术水平，降低生产成本，提升市场供给能力，拉长电、热、水、盐一体化海水综合利用产业链条，逐步形成技术研发、装备制造、原材料生产和盐化工产业集聚发展的产业格局，打造中国海水淡化技术研发和生产高地。

一是优化产业布局，建设一批重点项目。

（1）重点电力、石化企业的海水淡化项目布局。到 2020 年，新建、扩建、完善华能电厂、华能二热、庄河电厂、红沿河核电站、普兰店热电厂、大化大孤山热电厂、大化松木岛热电厂等热电、电厂的海水淡化项目；实施西中岛石化产业园区公用工程能源中心的海水淡化项目，为西中岛中石油大型炼油项目及其他石化企业提供配套服务；实施长兴岛西部石化区为恒力石化（PTA）等项目配套的海水淡化项目。

(2) 重点海水淡化区域布局。根据产业规划、海水淡化条件，确定海水淡化重点园区为：瓦房店红沿河循环经济区、长兴岛临港工业园区、松木岛化工产业园区、大孤山石化产业园区、花园口新材料产业基地、庄河循环经济区、瓦房店太平湾化工园区。这些重点园区新增工业用水主要采用海水淡化水，新增电力、石化项目全部采用海水淡化水。

(3) 重点海水综合利用项目布局。大化集团是国内重要的盐化工企业，海水淡化排放的浓盐水可为大连盐化集团生产溴素产品、提高盐产量，以及生产氯化镁、氯化钾、氯化钙等系列化工产品。倡导西中岛石化产业园区发展绿色循环经济，综合利用海水淡化排放的浓盐水作为生产烧碱、氯气、溴素及氢溴酸的主要原材料。

(4) 重点海上风电项目布局。建设庄河和花园口区海上风电场工程，发展海上风电输电创新技术，建设海上风电场配套电力输出工程。优化能源结构、拉动关联产业，以海上风电资源开发带动风电装备生产、专用船舶制造、技术研发、航运等产业发展。

(5) 重点设备研发制造布局。大连船舶重工、大连重工·起重集团、中国一重集团均具备大型海水淡化装置的研发和设备制造能力，将作为辽宁省大型海水淡化装置的研发和设备制造基地。

(6) 重点技术咨询服务布局。中国科学院大连化学物理研究所、大连理工大学在蒸馏法海水淡化系统研发方面已具备相当基础，在此基础上再联合电力、石化等设计咨询单位，形成辽宁省海水淡化研发、设计、咨询服务产业。

二是明确发展方向，推进重点工作进程。

(1) 着手组织实施辽宁省海水淡化发展规划。城市新增用水，原则上应优先使用海水淡化水。积极发展海水淡化产业，创建国家级海水淡化示范城市。

(2) 支持大化集团结合松木岛化工产业园区、大孤山石化产业园区海水淡化项目，建成以海水淡化为重要水源的海水淡化示范工业园区，园区中电厂、石化项目的工业用水全部采用海水淡化水，并将其中日产水万吨以上的项目申请列入国家级海水淡化示范工程；在松木岛化工产业园区开展浓盐水综合利用，争取将该项目列为国家浓盐水综合利用示范项目。

(3) 将瓦房店红沿河循环经济区建成海水淡化和温海水综合利用示范区。

(4) 鼓励支持长兴岛临港工业区发展为海水淡化综合利用产业示范区。将海水淡化水作为长兴岛工业用水主要水源，建设国家级海水淡化示范海岛，并争取将该海水淡化项目列入国家海水淡化重大示范工程；在西中岛石化产业园区建设海水淡化项目，开展浓盐水综合利用，实现海水淡化浓盐水、海水综合利用与海水淡化设备研发和制造一体化的绿色循环经济产业示范区发展目标，争取将该项目列为国家浓盐水综合利用示范项目。

(5) 继续鼓励支持长海县选择在远离陆地、居民较多、淡水匮乏的海岛采用多种方式发展海水淡化,将海水淡化水作为新增供水的第一水源,建设国家级的海水淡化示范海岛。

(6) 选择一个合适的区域,采用辽宁省自主研发、设计、制造的设备,筹划建设一个日产能 5 万吨及以上的海水淡化项目,在提供工业用水的基础上,试点与市政供水管网并网,作为城市供水的应急储备水源,争取将该项目列入国家海水淡化重大示范工程。

(7) 鼓励和支持大连船舶重工、大连重工・起重集团、中国一重集团,以企业为主体,以技术装备为核心,依托示范项目,联合研究机构、院校、工程设计咨询单位在辽宁省建立海水淡化产业基地。

(8) 鼓励和支持沿海电厂、热电厂实施海水淡化。对已经建成的项目要考核淡化水生产量及质量,对未按规划要求建设的项目要补充建设规模,鼓励有条件的发电企业实现水电联产扩大海水淡化规模。

(9) 鼓励和支持沿海石化企业实施海水淡化。中石油大连石化公司在保持既有日产能 5 500 吨的海水淡化项目基础上,研究扩大海水淡化规模,实现企业工业用水全部采用海水淡化水和中水回用的目标。恒力石化应充分利用自身优越条件,建设大型海水淡化项目,用海水淡化水代替自用工业脱盐水。

10.4.4 现代海洋牧场产业

推进人工鱼礁投放向现代海洋牧场建设迈进,依照产业经济机理,建设发展资源养护型产业,创建国家级海洋牧场先导示范区。

一是构建现代海洋牧场新兴产业。海洋牧场是集牧业、农业、渔业于一体的新型业态。积极引导以人工鱼礁促使良性生物键形成的同时,推进渔场造成及改良、渔业资源培养与补充、渔场环境保护与修复、渔业资源管理与服务等独立产业链的构建,形成现代海洋牧场产业。现代海洋牧场作为系统工程建设其内容主要包括 8 个方面:生境修复与优化,健康苗种的生产培育,生物资源增殖放流,鱼类行为驯化与控制,环境监测与预警,渔具渔法的改良与限制,生物资源监测与评估,牧场看护、管理及法律法规。具体如下:

(1) 生境修复与优化。通过投放人工鱼礁、建设海藻场(包括海草场)、滩涂改造等,修复和优化鱼贝类等水生动物的生境,为其营造舒适、安全的生息场,使永驻鱼贝类和一些需在牧场海域滞留的洄游鱼类等能够正常索饵、避害、成长、成熟、繁育及扩大种群。生息场是指鱼贝类等水生动物生活栖息的场所,包括产卵场、索饵

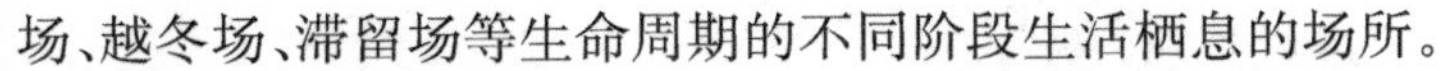

场、越冬场、滞留场等生命周期的不同阶段生活栖息的场所。

(2) 健康苗种的生产培育。通过先进的遗传学等现代生物技术，借助苗种选育技术，遴选优质种鱼、种贝；通过多倍体、杂交等多种现代生物技术，筛选优良性状，生产具备多种优良遗传性状的抗病、抗逆健康苗种，培育具备丰富遗传多样性的幼体，确保种质资源的健康。

(3) 生物资源增殖放流。针对一些重要经济鱼贝类资源量减少的情况，通过繁育健康种苗进行增殖放流，以补充幼仔鱼贝类的野生资源量，达到快速恢复资源量、增加渔业产量的目的。

(4) 鱼类行为驯化与控制。对海洋牧场内的鱼类进行适度人工驯化与控制，使其能够滞留于海洋牧场的一定范围内，以利于索饵、成长、繁育和采捕。对于鱼类的行为驯化和控制可采用音响刺激方法进行训练；对于滩涂贝类幼体的移动控制，可采用改变流向流态的方法进行适度控制，使其驻留在一定的海域生长、成熟。

(5) 环境监测与预警。采用海洋牧场环境因子实时监测系统，对海洋环境因子如水温、盐度、pH、溶解氧、浊度、叶绿素等进行动态监测，实时掌握海洋牧场中的环境变化，并结合天气预报等对灾害性海况做出预警，通过预警平台建设辅助海洋牧场的日常管理。

(6) 渔具渔法的改良与限制。海洋牧场限制使用生态破坏性渔具渔法，通过渔具渔法的改良，捕大放小，并开发针对特定生物的捕捞网具，同时通过海中设置障碍物阻止破坏性渔具作业，保护资源和生态环境免受破坏。

(7) 生物资源监测与评估。利用声呐、摄像、标识等方法监测生物资源的变化，掌握海洋牧场生物的数量变动，为评估海洋牧场建设效果，确定增殖放流的种类、数量以及采捕量提供科学依据。

(8) 牧场看护、管理及法律法规。看护主要指看护好牧场生物，不得非法违规采捕；管理是指管理牧场设施，如人工鱼礁、牧场标识设施等不得受到破坏和损坏等。海洋牧场的规划、建设、管理需要依据法律法规实施，要根据国家相关的法规制定海洋牧场建设与管理的法律法规，为海洋牧场发展提供法律保障。

二是按照《大连现代海洋牧场建设总体规划(2016—2025)》提出的"四区、两中心、一体系"的空间布局结构全面推进海洋牧场建设。"四区"即东部海域(以长海县特别是獐子岛为代表)建设底播贝类、刺参、鲍鱼等海珍品及深水鱼类资源养护型的综合性海洋牧场；南部海域建设集生态修复、休闲观光、垂钓、休闲潜水、现代滨海旅游、酒店服务于一体的休闲型海洋牧场；渤海海域(旅顺口区、金普新区、瓦房店沿海等)建设以底播滩涂贝类、刺参(包括底播、圈养)等为主的海珍品增殖型海洋牧场；黄海北部海域(普兰店、庄河沿海)建设以贝类养殖为主的滩涂型贝类海洋牧场。"两中心"即建设以多倍体等现代生物技术为支撑的生物苗种繁育中心，繁育苗种种类包括经济鱼类，虾蟹类，刺参、鲍鱼等海珍品、高值贝类等；以真空冻干技术、无菌包装技术等为主的现代化精深加工中心。“一体系”即建设集现代物流、渔港、营销等于一体的现代服务体系及以音响驯化、环境监测等高新技术为支撑的科技服务体系，即现代海洋牧场生物产业科技服务体系。

三是建立融合多种关联产业的产业集群。融合都市型休闲渔业、滨海体验式旅游业、资源养护产业等新型业态。增强海洋牧场建设的技术内涵和文化内涵，建立集生产、生态、生活于一体的新的知识型生产系统，推进低端单一的资源利用方式向高值型复合型产业集群模式转化。

四是建设海洋牧场先导示范区。示范区建设以沿岸空间为中心实行陆海统筹管理，进行区域综合开发，统驭海域生态环境、技术管理、经济发展和社会建设，形成牧场后方腹地、港区团地、水中团地有机联结的新型海洋生态经济复合团地，实现生态、经济、社会综合效益的稳步提升，实现渔业、渔村、渔民的协调发展。

10.4.5 海洋文化旅游业

推进产业发展模式多样化，实现海滨观光旅游向海洋休憩旅游发展。推进产业文化软实力建设，实现由资源设施导向向资源设施与文化品质并重导向转变。推进旅游空间资源的概念性整合，实现“全市域大旅游”产业集群发展。

一是按照《大连市旅游沿海经济圈产业发展规划(2011—2020)》提出的“一环一岛、四片十区”的空间布局结构全面推进滨海旅游业发展。“一环”即由沿黄、渤海的国家海岸和北部温泉走廊共同组成的环大连全域的旅游度假环。“一岛”包括大连市黄、渤海海域范围内的所有自然岛屿和规划填海岛屿。“四片”即南部都市旅游片区、西部渤海旅游片区、东部黄海旅游片区、北部生态旅游片区。“十区”包括庄河—花园口旅游经济区、金石滩旅游度假区、钻石湾商务旅游区、旅顺口历史文化旅游区、金渤海岸旅游度假区、普湾商务旅游区和长兴岛旅游经济区等。

二是推进产业转型升级。根据不同的地域风格、不同的消费层次、不同的体验种类，建立多样化发展模式。促进旅游业由粗放型、数量型、速度型向集约型、质量型、效益型转变。在旅游运行方式上，由团体化服务体系向散客化服务体系转变；在旅游产品开发上，由观光主导型产品向休憩体验型产品转变；在旅游产业功能上，由经济产业功能向社会产业功能转变；在行业管理模式上，由部门管理向行业管理转变。

三是优化产业空间关联。促进区域资源优化配置，形成产业发展合力，推进旅游资源空间的概念性连接，实现“线”旅游，开发周边海岛旅游连接线路，形成海岛数日游。挖潜300公里尚未旅游开发的岸线资源，促进空间开发的整体平衡，加大滨海和北部生态旅游开发。促进区域文化融合，在区域旅游产业空间关联中融合海洋渔业文化、历史文化、民俗文化资源等，彰显区域文化特色。

四是提升产业发展品质。提升旅游要素品质，在吃、住、行、游、购、娱等多环节上提升层次，推进规范化、情感化、专业化服务。提升文化品质，由环境导向向文化导向转变，在活动项目设计、场馆场地打造、产业空间拓展、特色节事创新、特色品牌塑造等多个项目中嵌入文化内涵。打造特色旅游精品，发展海滨高尔夫旅游、海岛生态休闲旅游、海洋高科技产业旅游等，彰显大连的海洋特色。

10.5　辽宁省海洋产业发展措施建议

10.5.1　深化体制改革，增强内生动力

1. 积极培育市场主体

一是壮大龙头企业及行业协会。扩大企业规模，发挥龙头企业引领带动作用，在技术创新、人才引进、建设研发和产业化基地建设等方面制定有针对性的支持政策。建设行业协会，增强协会力量，引导行业发展方向，推动共用性资源的合力开发。二是发展壮大产业园区及基地。借鉴国内外海洋经济园区建设经验，做好长远规划，研究不同发展阶段下的建设模式和特点，加快园区体制机制创新，增强园区发展动力。三是对特殊行业实施特殊政策。海洋医药和生物制品关系到民众生命健康，研发周期长，投入高、风险大，因此需要特殊的政策，建议在财政扶持、金融支持、土地利用、税收等方面对企业提供特殊政策。

2. 以市场为导向优化资源配置

一是挖掘优势资源潜力。利用辽宁省海洋生物资源优势，建立面向国际的海洋医药和生物制品原料供应基地；利用辽宁省岸线资源优势，拓展旅游产品开发，形成各具特色的旅游产业带；利用辽宁省高校及科研院所优势，提高海洋资源综合研发能力，推动科技成果转化。二是促进产业融合发展。利用海洋工程装备制造业的技术和设备提高海水淡化装置的生产和研发能力；利用海洋牧场现代休闲渔业发展模式提升海洋文化旅游品质；利用海水养殖新技术、新产品拓展海洋医药及生物制品研发空间。三是优化海域资源配置，节约集约利用海域资源。建立海域开发利用的主导功能区、兼容使用区及功能拓展区，在不对海域基本功能造成不可逆转改变的前提下，实施立体开发、兼容使用的开发模式。

3. 设立专门的海洋经济管理和协调机构

成立“海洋科学技术协调委员会”等专门机构来管理和协调海洋经济的相关事

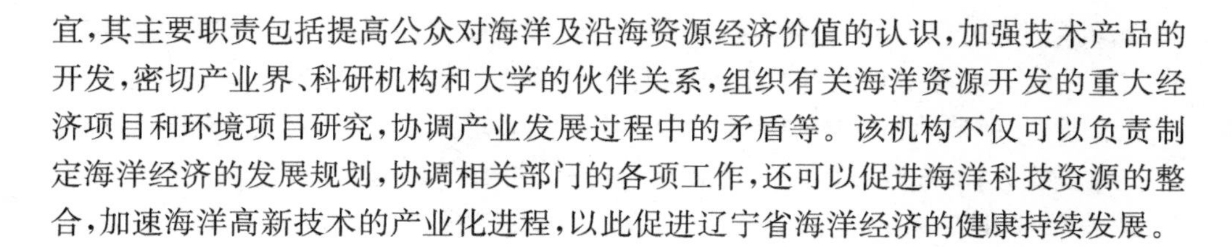

宜,其主要职责包括提高公众对海洋及沿海资源经济价值的认识,加强技术产品的开发,密切产业界、科研机构和大学的伙伴关系,组织有关海洋资源开发的重大经济项目和环境项目研究,协调产业发展过程中的矛盾等。该机构不仅可以负责制定海洋经济的发展规划,协调相关部门的各项工作,还可以促进海洋科技资源的整合,加速海洋高新技术的产业化进程,以此促进辽宁省海洋经济的健康持续发展。

10.5.2 坚持创新发展,推动转型升级

1. 加强体制创新

吸收多学科专家建立海洋经济发展咨询委员会,研究辽宁省海洋经济发展过程中面临的重大问题,制定海洋经济规划实施方案,细化分解主要任务,落实责任单位。支持行业协会建设公共服务平台,参与海洋经济发展的政策研究、法规制定、规划编制、咨询评价、标准制定、技术攻关和产品推广等工作。创新管理方式,研究将中关村国家自主创新示范区开展的境外并购外汇管理试点政策拓展至辽宁省重点海洋工程装备制造企业。规范各级涉海管理部门的职责划分,进一步完善项目用海预审制度和审核工作,完善项目专家评审制度,加强对海域使用论证的管理。

2. 强化技术创新

鼓励科研院所、企业积极开展科技研发,加大研发投入,提升自主创新能力。整合资本、技术、人才等要素,集中精力攻克海洋工程装备制造业核心技术,巩固提升海水淡化及综合利用技术,突破创新海洋医药及生物制品研发生产技术。加强高校、科研院所与企业的联系,提高高校教师、科研人员对行业的认识程度。加大人才引进与培养力度,面向国际引进行业发展高端人才,在辽宁省相关高校及职业技术学校实施“五大产业”定向人才培养,满足产业发展不同层次的人才需求。

3. 推进科技成果转化

优先推动海洋关键技术成果的转化应用,鼓励发展海洋工程装备技术、海洋生物医药技术、海水利用技术等,促进海洋经济从资源依赖型向技术带动型转变以及通过海洋经济园区等产业化服务平台实现海洋科技成果快速转化,为海洋经济的发展提供强有力的技术支撑和应用平台。

4. 促进结构优化升级

一是改造提升海洋传统产业。引导企业转型升级,鼓励通过高新技术的渗透和扩散来改造、提升传统产业,提高传统产品的功能和质量,通过工艺升级、产品升级、功能升级等多种形式,推动产业向高端化发展。二是积极培育海洋经济。在培

育海洋经济的过程中，要充分考虑辽宁省的资源禀赋，按照分类指导的原则确定重点攻关方向。海洋工程装备制造业应提高市场集中度，着重发展高端钻井平台及配套设备，化解造船行业的产能过剩；海洋可再生能源业应着力健全产业链，提高综合开发能力；海洋牧场应转变传统生产方式，提高科技含量，改善修复海域生态环境；海洋文化旅游业应提升产业文化品质，培育高端旅游产品。

10.5.3　优化发展环境，激发产业活力

1. 加大财政扶持力度

一是积极争取国家和省级海洋经济专项资金支持，设立海洋经济发展政府基金，主要用于产业发展经费补助、公共平台建设等，着力支持重大关键技术研发、重大创新成果产业化等。二是建立稳定的财政投入增长机制，加强金融资本与财政资金的结合，科学制定海洋经济财政激励政策的具体实施方案，采取贷款贴息、无偿补助、股权投资、债权投资等多种扶持方式，对技术研发、产业化、产业集群等环节进行多方面支持。三是落实国家战略性新兴产业相关财税政策，通过股权投资、奖励、补助、贴息、资本金注入、财政返还、税收减免等多种方式加大扶持力度。

2. 建立金融服务支持体系

一是建立海洋科技金融体系。开展科技成果、知识产权抵押贷款等新融资服务方式，建立海洋科技创新研发风险投资机制，开发针对海洋科技创新风险的保险产品。用国家政策性资金、地方财政资金、银行资金及社会资金共同组建设立海洋经济技术成果转化风险投资基金。探索建立海外融资平台，服务企业开发国际市场。二是创新开发海洋金融产品。大力发展金融租赁业务，重点支持大型设备投资及技术研发，支持符合条件的金融机构设立金融租赁公司从事租赁融资业务。推动完善适合海洋高新技术服务外包业态的多种信用层级形式，加大对海洋服务外包产业配套服务的信贷支持。

3. 完善投融资机制

一是完善银行贷款担保机制。针对海洋经济技术含量高、研发周期长的特点，引导各级银行等金融机构加大对海洋经济投融资担保力度，在涉海企业中开展专利权、股权、商标权等新型权属质押贷款业务，引导银行对创新发展区域的重点示范工程和项目加大信贷支持力度。积极扶持区域内的风险投资机构，吸引外来风险投资基金拓展业务。二是拓宽投融资渠道。建立以政府投资为引导，社会资本广泛参与的多元化投资机制。鼓励外商投资海洋经济，提高外资利用质量；鼓励企业或个人等各类民间资本参与组建风险投资机构，完善风险投资退出机制；鼓励和

支持有条件的企业上市融资；鼓励有条件的企业根据国家战略和自身发展需要在境外通过发行股票和债券等方式进行融资；引导各金融机构建立针对海洋经济的信贷体系和保险担保联动机制，促进知识产权质押贷款等金融创新。三是优化投资软环境。在政务、政策、法规、市场、服务等方面改善和提升投资软环境，提高政府服务水平。四是设立风险投资基金。用国家政策性资金、地方财政资金、银行资金及社会资金共同组建海洋经济技术成果转化风险投资基金，针对海洋经济投资风险高的特点，通过风险投资鼓励和促进技术成果转化。

4. 培养海洋科技人才

海洋经济随着海洋科技的发展而发展，需要大量科技人才作为坚强的发展后盾。要把海洋科技人才的培养、引进、激励与合理使用作为一项战略任务来抓。完善海洋教育结构，建构科学合理的人才培养体系，分层次制定人才培养方案，有针对性地开展系统的人才培训，加强培训力度；加大人才引进力度，促进人才的国际合作与交流；建立合理的用人机制和激励机制，鼓励和促进人才的创新活动；做好各类人才储备，优化人才结构，尤其要注重复合型人才的培养和高层次人才的培养、选拔、引进，以全方位海洋人才战略的实施，为辽宁省海洋经济发展奠定坚实基础。

10.5.4 加强国际合作，提高开放水平

1. 构筑国际交流与合作平台

打造面向东北亚的“北方海上丝绸之路”，发挥与俄罗斯、日本、韩国等周边国家区域经贸合作的优势，在海洋经济市场拓展、投资贸易便利化、跨国交通物流、电子口岸互联互通等方面先行先试，把大连建设成为北方国际经济合作试验区。推进海洋经济国际化创新基地建设，培育若干具备行业领军优势的基地，促进国内外行业领军企业在基地内集聚发展。加快国际孵化器、成果转化基地建设，依托产业创新基地，结合产业特点，分行业领域深化国际合作，全面提升辽宁省海洋经济发展水平。

2. 建立技术合作创新联盟

支持科研院所、企业等与国际知名院校、机构、企业、专家等开展海洋经济技术交流与合作，组建一批以企业为主体，产学研用紧密结合的国际合作联盟，建立突破性技术创新激励机制，促进关键核心技术的重大提升与突破。支持科研单位到国外设立技术监测站及研究开发分部，积极参加国际海洋联合项目，跟踪、了解先进海洋科技和产业的发展趋势，努力解决好海洋经济发展过程中的关键问题。

3. 鼓励企业实施“走出去”发展战略

鼓励和支持有条件的企业以独资或合资方式在省外、境外建立原料基地、生产基地、营销中心和经贸合作区，开展境外海洋资源合作开发、国际劳务合作、国际工程承包等。加大对企业境外投资的外汇支持力度，简化境外投资审批程序，扩大企业境外投资自主权。支持符合条件的企业通过并购、合资、合作、参股等方式在海外设立研发中心，或与海外研发机构建立战略合作关系。鼓励有条件的企业在海外投资建厂，探索在海外建设科技型产业园区。

第11章 辽宁省海洋经济高质量发展评价体系

党的十八大做出的“建设海洋强国”和党的十九大做出的“坚持陆海统筹，加快建设海洋强国”的战略决策，给因海而兴的辽宁带来重大历史契机，唯有抓住机遇才能把握未来。按照主动适应经济发展新常态，奋力推动辽宁新一轮振兴发展的总要求，聚焦海洋经济转型升级新突破，聚力海洋经济创新驱动新引擎，以落实省委省政府“转身向海发展海洋经济”的工作要求，以建设海洋强省为总目标，坚持生态优先、陆海统筹、区域联动、协调发展的方针，以海洋生态环境保护、资源集约利用和调结构转方式为主线，以改革创新、科技创新为动力，强化提质增效，强化海洋综合管理，推动海洋环境质量逐步改善、海洋资源高效利用，推动形成产业结构合理、经营机制完善、支撑保障有力的现代海洋产业发展新格局，推进全省海洋经济高质量发展，为辽宁省新一轮海洋经济振兴发展出谋划策，为开创辽宁省“蓝色经济”新局面贡献智慧和力量。

11.1 海洋经济高质量发展的内涵

11.1.1 海洋经济高质量发展的实践背景

高质量发展海洋经济、加快建设海洋强国，符合我国经济社会发展规律和世界发展潮流，关系到现代化建设和中华民族伟大复兴的历史进程。

2012 年 11 月 8 日，胡锦涛在党的十八大报告中明确提出要提高海洋资源开发能力，大力发展海洋经济，加大海洋生态保护力度，坚决维护国家海洋权益，建设海洋强国，将海洋在党和国家工作大局中的地位提升到前所未有的高度。

以习近平同志为核心的党中央高度重视海洋工作。2013 年 7 月 30 日，十八届中央政治局就建设海洋强国进行第八次集体学习。

习近平强调，要提高海洋资源开发能力，着力推动海洋经济向质量效益型转变。发达的海洋经济是建设海洋强国的重要支撑。要提高海洋开发能力，扩大海洋开发领域，让海洋经济成为新的增长点。要加强海洋产业规划和指导，优化海洋产业结构，提高海洋经济增长质量，培育壮大海洋战略性新兴产业，提高海洋产业对经济增长的贡献率，努力使海洋产业成为国民经济的支柱产业。

习近平指出，要保护海洋生态环境，着力推动海洋开发方式向循环利用型转变。要下决心采取措施，全力遏制海洋生态环境不断恶化的趋势，让我国海洋生态环境有一个明显改观，让人民群众吃上绿色、安全、放心的海产品，享受到碧海蓝天、洁净沙滩。要把海洋生态文明建设纳入海洋开发总布局之中，坚持开发和保护并重、污染防治和生态修复并举，科学合理开发利用海洋资源，维护海洋自然再生产能力。要从源头上有效控制陆源污染物入海排放，加快建立海洋生态补偿和生态损害赔偿制度，开展海洋修复工程，推进海洋自然保护区建设。

习近平强调，要发展海洋科学技术，着力推动海洋科技向创新引领型转变。建设海洋强国必须大力发展海洋高新技术。要依靠科技进步和创新，努力突破制约海洋经济发展和海洋生态保护的科技瓶颈。要搞好海洋科技创新总体规划，坚持有所为有所不为，重点在深水、绿色、安全的海洋高技术领域取得突破。尤其要推进海洋经济转型过程中急需的核心技术和关键共性技术的研究开发。

习近平指出，要维护国家海洋权益，着力推动海洋维权向统筹兼顾型转变。我们爱好和平，坚持走和平发展道路，但决不能放弃正当权益，更不能牺牲国家核心利益。要统筹维稳和维权两个大局，坚持维护国家主权、安全、发展利益相统一，维护海洋权益和提升综合国力相匹配。要坚持用和平方式、谈判方式解决争端，努力维护和平稳定。要做好应对各种复杂局面的准备，提高海洋维权能力，坚决维护我国海洋权益。

2015 年 10 月，党的十八届五中全会通过了《中共中央关于制定国民经济和社会发展第十三个五年规划的建议》，提出“拓展蓝色经济空间。坚持海陆统筹，壮大海洋经济”。

在党的十九大报告中，更是明确要求“坚持陆海统筹，加快建设海洋强国”，为建设海洋强国再一次吹响了号角。

2018 年全国两会期间，习近平在参加山东团审议时指出，海洋是高质量发展的战略要地。要加快建设世界一流的海洋港口、完善的现代海洋产业体系、绿色可持续的海洋生态环境，为海洋强国建设做出贡献。

综上所述，海洋经济高质量发展的提出，完全找准了我国海洋经济未来发展的定位和方向。

11.1.2　海洋经济高质量发展的内涵和外延的政策解读

1. *内涵解析*

我国海洋经济正处于从粗放型经济增长模式向集约型经济增长模式转变的关键时期，推动海洋经济高质量发展理所当然地成为海洋经济工作的重中之重。自然资源部海洋战略规划与经济司沈君从海洋经济总体实力、海洋经济布局、海洋经济结构、海洋科技创新与应用、海洋经济对外开放这五个方面总结了我国海洋经济发展总体情况，并进一步提炼出推动我国海洋经济高质量发展需要注意的两个关键问题：一是处理好新兴产业与传统产业、开发利用与生态保护以及“走出去”与“引进来”这三组关系；二是注重引导预期与参与决策。天津市渤海海洋监测监视管理中心部长张文亮认为以新发展理念推动海洋经济高质量发展，其中最重要的是“创新”发展理念，最核心的是“协调”发展理念，最关键的是“绿色”发展理念，最突出的是“开放”发展理念，最根本的是“共享”发展理念。

2. 绿色发展理念

绿色发展是新发展理念的重要内容，不仅清晰描绘了人与自然和谐共生、经济与生态协调共赢的生态底色，而且指明了“绿色”发展与“高质量”发展共生共存的关系。海洋是高质量发展的战略要地，坚持生态优先、绿色发展的理念对建设现代化经济体系和海洋强国具有重要意义。

(1) 海洋经济高质量发展的“绿色”举措。

随着海洋生态环境问题日益突出，绿色海洋经济发展理念已经成为海洋经济高质量发展的重要指导思想。如何实现由“蓝色经济”向“绿色经济”平稳过渡，重要的是充分注重发展质量。

打破行政分界，把“生态＋”的绿色潜能作为陆海联动发展的动力，以共建共治共享来推进海洋经济高质量发展。一是加强生态保护区的衔接、生态经济的合作、实践经验的共享，共同探索海洋生态优先和绿色发展新路径。二是加强区域政策统筹，发挥区域联动机制的协同效应。改变“画地为牢”式的管理体制，实现区域内产业政策、环保政策、节能减排政策有效衔接，完善跨界污染防治的协调和处理机制，全面提升海陆两大生态系统的可持续发展能力。三是构筑生态富民的生态大走廊，发挥凝心聚力的联动效应。探索海洋生态治理保护的大众参与机制，形成与绿色发展区域协作相适应的利益导向，通过完善横向生态保护补偿机制，共享海洋经济高质量发展成果。

(2) 培育绿色产业，把“调结构转方式”作为提质增效的重要举措，以现代海洋产业体系来引领海洋经济高质量发展。

一是拓宽海洋绿色养殖空间，发展现代绿色海洋渔业。加大海洋渔业资源养护力度，发挥海洋牧场示范区的综合效益和示范带动作用。二是遵循绿色发展路径，实施新兴产业培育计划。加快培育海洋生物医药、海洋高端装备、海水综合利用、海洋新能源等新兴产业，推动海洋产业结构向中高端攀升，构建绿色海域经济链，打造沿海绿色产业经济带。三是以低碳化为引领，构建“立体海洋”绿色发展新模式。通过构筑规模化、标准化的生态型和集约型海洋循环经济示范企业和产业园区,集聚发展海洋战略性新兴产业,实现海洋经济向质量效益型转变。四是发展现代海洋服务业,推进航运服务功能集聚区建设。完善金融服务、科技研发、行业中介等海洋公共服务平台建设,整合海洋信息技术和资源,加快现代海洋服务业向集团化、网络化、品牌化发展。

(3) 实施科技兴海战略,把“人才链+产业链+创新创业链”作为集聚创新资源的战略基点,以海洋科技创新体系来支撑海洋经济高质量发展。

一是以新技术挖掘海洋资源禀赋,塑造绿色发展新动能。通过新动能突起和传统动能转型“双引擎”,打造海洋产业技术创新联合体、海洋产业“双创”示范基地、海洋研发创新服务平台,实现海洋科技管理向创新服务转变。二是以企业为主体、市场为导向,建立海洋产业技术创新战略联盟。进一步优化海洋科技力量布局和科技资源配置,加快海洋科技创新体系和示范应用体系建设,增强科技创新与支撑能力,提高海洋科技成果转化率。三是发挥科技平台要素聚集优势,构建“蓝色智库”。建立鼓励人力资源与智力成果交流、合作的机制,解决海洋科技成果转化中有效供需不足和风险承担等难题,构筑海洋高端人才集聚高地。

(4) 强化绿色刚性约束,把“海洋绿色GDP”作为地方政府实绩考核的重点,以海洋管理体制创新来保障海洋经济高质量发展。

一是用“度”对海洋生态环境的保护实施管控。在重要海洋生态功能区、生态敏感区和生态脆弱区建立海洋生态红线制度,划定生态红线,严格实施重点管控和分类管控。二是用“网”对海洋生态环境的保护实施监控。以物联网技术整合现有在线监测和遥感监测系统,构建“岸-海-岛”“天空-海面-海底”“点-线-面-层”立体化、全方位、实时监测系统,实现海洋治理体系和治理能力双提升。三是用“效”对海洋生态环境的保护实施考核。以海洋经济创新管理为新旧动能转换提供强力支撑,改革现行的政绩考核制度,探索建立与实施绿色海洋经济统计制度,逐步完善绿色海洋经济核算体系,将绿色海洋经济作为地方政府考核指标。

3. 相关政策解读

2018年8月,自然资源部、中国工商银行联合印发的《关于促进海洋经济高质量发展的实施意见》(自然资发〔2018〕63号)(以下简称《实施意见》)提出,中国工商银行将力争在未来5年为海洋经济发展提供1 000亿元融资额度,并推出一揽子多元化涉海金融服务产品,服务一批重点涉海企业,支持一批重大涉海项目建设,促进海洋经济由高速度增长向高质量发展转变。

《实施意见》明确将重点支持传统海洋产业改造升级、海洋新兴产业壮大、海洋服务业提升、重大涉海基础设施建设、海洋经济绿色发展等重点领域发展,并加强对北部海洋经济圈、东部海洋经济圈、南部海洋经济圈、“一带一路”海上合作的金融支持。

《实施意见》要求，要创新发展海洋经济金融服务方式，探索符合海洋经济特点的金融服务模式和产品，构建海洋经济抵质押融资产品体系，形成海洋经济供应链金融服务模式，完善涉海项目融资服务方式，探索海洋经济投贷联动业务模式，探索建立海洋经济信贷风险补偿和担保机制，试点共建海洋经济特色金融机构，加强涉海投融资项目的组织与实施，构建顺畅的政银合作机制。

《实施意见》明确，重点支持大型涉海企业与“一带一路”海上合作相关国家开展区域海洋环境保护合作、海洋资源开发利用合作、海岛联动发展合作、国际产能合作，共建海洋产业园区和经贸合作区，支持蓝色经济合作示范项目。共建国际和区域性航运中心、海底光缆项目。在海洋调查等领域共建海外技术示范和推广基地、海洋信息化网络、海洋大数据和云平台技术研发。

近年来，我国海洋经济建设掀起了新一轮发展热潮。沿海各地和各相关部门纷纷出台各类规划、举措，加大投资和建设力度，促进海洋经济高质量发展。

一些地方积极推进沿海港口群、城市群建设，打造区域性航运中心，对接内陆港口或城市，加强海铁联运、江海联运。沿海城市之间进一步实现资源共享和优势互补。

同时，涉海产业新旧动能转换也在提速。新型渔业、高端海工装备、海洋生物医药等海洋新兴产业，层级不断提高，规模不断扩大。

还有一些地方出台了有针对性的条例或规划，把海洋经济高质量发展成效纳入了各级政府和相关部门的考核体系。

这些政策举措对促进海洋经济高质量发展具有积极的推动作用，必将为中国海洋经济未来的发展奠定更加坚实的基础。

11.1.3 沿海省推动海洋经济高质量发展的举措

1. 山东省

时任山东省委常委、常务副省长李群指出，开展海洋发展战略规划，是贯彻落实党的十九大精神，加快推进海洋强省建设的重大决策部署。要增强海洋意识，充分认识发展海洋经济、建设海洋强省的重大意义。要抓紧启动山东省海洋发展战略规划领导小组办公室各项工作，组织开展专题调研，制定战略规划和实施意见，谋划推出一批重大项目和服务平台，努力推动海洋经济向高质量发展。要加强组织领导，加强督导落实，不断提升山东在海洋强国战略格局中的地位，加快推进海洋强省建设。

李群指出，要进一步开阔视野看海洋，真正把海洋作为高质量发展的战略要地。必须从单向以陆看海、以陆定海的传统观念中解放出来，更多面向海洋、倚重海洋，科学开发海洋、利用海洋，走依海富民、以海强省、陆海统筹的宽阔大道。要通过海洋强省建设，把海洋资源优势转化为经济优势、高质量发展优势、可持续发展优势，彻底改变“万里海洋千年睡”的状况。要加快突破急需的核心技术和关键共性技术，推动海洋科技由跟跑向并跑领跑跨越、由技术支撑型向创新引领型转变。要充分发挥和利用好海洋科技、人才等优势，推动海洋经济实现从量到质的跃升。

李群强调，要聚焦聚力落实重要任务，加快推动海洋经济高质量发展。加快建设世界一流的海洋港口，加快构建完善的现代海洋产业体系，加快建设绿色可持续的海洋生态环境。要激发海洋强省建设动力活力，坚决改变重陆地轻海洋、重近海轻远海、重浅海轻深海、内陆不靠海不吃海等陈旧观念，牢固树立海陆一体的全新海洋观；要精准聚焦破解海洋管理多头分散低效、海洋开发与保护不协调、要素配置不合理、海洋领域投融资体制制约等难题，加快推动重点改革突破；要畅通蓝色经济大通道，推出引资引智大举措，打造开放合作大平台，实施国际产能大合作，加快提高海洋开放层次和水平；要提高标准，全力抢占海洋科技创新制高点，推动海洋科技成果转移转化，打造海洋科技人才集群，加快推进海洋领域科技创新；要统筹协同，深化军民融合协同创新，努力形成全要素、多领域、高效益的军民融合发展新格局。

2. 广东省

广东省聚焦海洋经济发展、海洋生态文明建设、实施渔区振兴战略三大重点，打造沿海经济带，促进海洋经济高质量发展。

为打造现代海洋产业体系，广东省目前已形成了海工装备、海洋生物、海上风电、天然气水合物、海洋公共服务业等五大海洋产业发展的基本思路。

在海工装备方面，广东省积极创建国家级智能海洋工程制造业创新中心。初步估算，广东全省“十三五”期间海洋工程装备制造业重点领域建设所需总投资约800亿元，经过5～10年的发展，海工装备制造业将每年为广东省GDP创造约1 000亿元的增加值。

在海洋生物方面，广东省科研团队攻克了砗磲人工繁育和苗种(幼贝)生产技术、绿海龟全人工繁殖技术，建成了“海洋生物天然产物化合物库”。

在海上风电方面，按照规划，到2020年底前，广东省将开工建设海上风电装机容量1 200万千瓦以上，其中建成投产200万千瓦以上。到2030年底前，将建成投产装机容量约3 000万千瓦，拉动投资上万亿元。

天然气水合物是未来全球能源发展的战略制高点。广东省提出，到2023年推进天然气水合物生产性试采，到2030年实现产业化发展，初步实现年生产能力约10亿立方米，带动钻采、生产、储运、支持服务等相关产业产值超千亿。

海洋公共服务业是广东建设海洋经济强省的重要基础内容，已有一大批在海洋勘测、海洋大数据等方面有建树的龙头企业。

（1）建设海岸带综合示范区

2017年，广东省人民政府和国家海洋局联合印发了全国第一个省级海岸带综合保护与利用总体规划——《广东省海岸带综合保护与利用总体规划》。广东省将推动在省内建设至少1个海岸带综合示范区，加快推进深圳、湛江国家级海洋经济创新发展示范市建设。

（2）建设6个标准管理示范渔港

广东省海洋生产总值从2012年的1.05万亿元增长到2017年的1.78万亿元，年均增长11%，连续23年居全国首位，占全国海洋生产总值的五分之一，占全省生产总值的五分之一。

目前，全省水产品出口占大农业出口的三分之一，每年提供鲜活水产品超过800万吨。全省122家省级渔业龙头企业，163个涉渔产业获得省级以上名牌产品称号。

3. 江苏省

江苏坚持陆海统筹、江海联动，推进港产城一体化发展，在形成海洋重大先进生产力布局上实现新突破，努力打造全国海洋先进制造业基地。大力提升海洋工程装备总装集成能力，积极打造海洋药物和生物制品的完整产业链条，加快发展海洋可再生能源利用业，积极提升海水淡化成套装备产业化水平，尽快构建创新引领、富有竞争力的现代海洋产业体系。

加快提高海洋科技创新水平。科技创新是实施海洋强国战略的第一动力，强化海洋科技支撑引领作用，深入实施科技兴海战略，加快构建以企业为主体、市场为导向、产学研相结合的海洋科技创新体系。瞄准海洋科技前沿领域，构建产学研协同创新体系和海洋科技成果转化体系，培育涉海创新型企业集群，建设一批高水平海洋重点技术创新平台，打造一批海洋科技创新策源地和科技成果转化基地，打造一批海洋技术转移中心和科技成果转化示范基地，努力建设全国海洋科技创新及产业化高地。

聚焦海洋强省建设目标，集聚资源要素推动现代海洋经济发展。强化财税政策支持，优化财政资金引导机制，健全投融资机制，创新金融产品和服务，运用市场化、企业化运作方式，加大海洋产业发展支持力度。重点实施一批引领功能强、推动作用大的涉海项目，对重大项目库内的涉海项目，优先支持申报国家专项资金，优先安排省级资金补助，优先纳入省重点建设项目或参照省重点项目管理。创新招商模式，坚持引资与引智、引技相结合，大力引进高层次人才、核心技术和先进管理经验。大力发展涉海金融、现代航运服务、涉海法律、海洋文化、海事仲裁等附加值较高的海洋服务业，培育壮大海洋旅游新业态，提升海洋服务业比重。

加大对海洋经济发展的统筹协调力度。加大组织领导力度，强化对规划编制、政策制定、重大项目实施等的指导协调。把加快海洋经济发展，作为实施"1＋3"功能布局、"中国制造2025"江苏行动、构建现代经济体系等战略的重要内容，统筹谋划、协调推进。完善相关规划，促进海洋经济发展规划、海洋主体功能区规划与土地利用总体规划、城乡规划有机衔接，实现在总体要求上指向一致、空间配置上相互协调、时序安排上科学有序。

构建现代海洋产业体系，打造全国现代海洋产业新高地。江苏聚力发展海洋战略性新兴产业，重点发展海洋工程装备制造业，着力发展海洋可再生能源业，鼓励发展海洋药物和生物制品业，积极发展海水淡化与综合利用业；提升发展海洋现代服务业，大力发展海洋交通运输业，优先发展滨海旅游业，引导发展涉海金融服务业；转型发展海洋传统产业，重点推进海洋渔业转型升级，整合提升海洋船舶工业，适度发展滩涂农林业；优化发展临海重化工业，以连云港徐圩石化产业基地等为主要承载地，推动苏南及沿江地区绿色先进的重化工项目向沿海地区转移升级。在此基础上，大力推动海洋新兴产业壮大与传统产业提升互动并进，服务业与制造业协同发展，加快海洋制造业高端化、服务业优质化和海洋渔业现代化，构建创新引领、富有竞争力的现代海洋产业体系，努力打造全国现代海洋产业新高地。

江苏大力发展海洋高等教育和职业教育，提升海洋基础学科教研能力和水平，加强海洋专业技术人才培养；支持省内相关高等院校调整优化学科专业布局，加强涉海专业学科建设，探索打造高水平江苏海洋大学；支持在苏科研机构加强海洋相关学科建设，利用海洋科技自主创新平台与高等学校联合培养高端海洋科技人才；加大海洋高端人才引进力度，重点引进海洋渔业、海工高端装备、海水淡化与综合利用、海洋药物和生物制品等领域的核心技术团队和高端人才，打造全国海洋高端人才聚集高地；持续向沿海地区派遣科技镇长团和科技副总(企业创新岗)，扩大科技镇长团在沿海地区的覆盖面，提高沿海地区科技副总(企业创新岗)特聘专家入选比例。在此基础上，加快推动海洋科技人才向沿海地区集聚，构筑全国海洋科技人才新高地。

江苏深化陆海统筹，促进江海联动，着力提升以沿海地带为纵轴、沿长江两岸为横轴的"L"形海洋经济带发展能级，优化海洋产业空间，推进港产城一体化发展，引导全省海洋经济转型升级和集聚发展；实施沿海发展战略，发挥海洋资源和产业基础优势，加强深远海资源开发利用，发展海洋新兴产业，推进港产城联动发展，提升沿海海洋产业核心带；实施跨江融合发展，推动传统优势产业转型升级，集聚海洋创新要素，推进海洋科技创新基地建设，壮大沿江海洋产业支撑带；推动海洋产业向内地延伸，加强涉海产能合作，扩大海洋运输腹地范围和海洋经济发展空间，拓展海洋经济发展腹地。在强化"L"型海洋经济带和海洋产业"核心带—支撑带—腹地"集聚式发展模式的基础上，积极参与国际和区域涉海领域合作，深度融入全球海洋产业链、价值链、创新链、物流链，更好利用两个市场、两种资源，在全面扩大开放中拓展海洋经济发展新空间。

4. 福建省

福建省提出推进海洋经济高质量发展的七大重点任务：

（1）优化海洋开发布局，加快构建现代海洋经济体系。着力推进湾区经济发展，着力壮大临海工业，着力建设"海上粮仓"，着力培育海洋新兴产业，着力拓展两大协同发展区现代海洋经济合作。

（2）提升海洋基础设施，加快打造核心港区。以岸线集约利用为导向优化港区布局，以通道为抓手完善港口集疏运体系，以防潮防台风为重点健全海洋防灾减灾设施。

（3）建设海上丝绸之路核心区，加快海洋开放合作步伐。深化海上丝绸之路合作平台建设，深入实施海上互联互通，深层推进海洋经济合作，深度拓展闽台海洋合作。

（4）着力建设美丽海岛，加快培育现代海洋服务业。打造各具特色的美丽海岛，打造国际滨海旅游目的地，打造航运物流服务集聚区，打造海洋服务新产业新业态。

（5）加强智慧海洋建设，加快构筑海洋科技创新基地。开拓"智慧海洋"天地，构筑海洋科技创新高地，推动海洋科技成果落地，构建海洋科技人才洼地。

（6）突出海洋生态保护，加快推动海洋可持续发展。强化海洋主体功能管控，强化海陆污染同防同治，强化海洋生态屏障建设。

（7）注重体制机制创新，加快提升海洋综合管理能力。创新海洋资源配置管理机制，创新海洋综合执法机制，创新海洋安全应急处置机制，创新海洋军民融合发展机制。

11.1.4 海洋经济高质量发展的内涵阐释

1. 经济增长质量

在宏观经济学中，经济增长是一个极为重要的概念，旨在增加更多的物质财富，借以增强综合国力，壮大经济实力，提高人们的生活水平。

一般来说，经济增长是指一个国家或地区在一定时期内，由于生产要素（资本和劳动）投入增加、技术进步、经济组织制度改进等原因所引起的社会财富产出规模总量不断增加的过程（樊森[①]）。也就是说，经济增长并非一蹴而就，而是一个长期的发展变化过程，能充分反映出经济社会活动的变化方向和程度。从供求角度来看，经济增长就是一个为了满足一定增量需求而利用资源创造供给的过程。严格意义上来说，经济增长不仅包括以GDP为主要衡量指标的经济总量的扩张，还包括以技术创新带动的产业结构优化升级为主要衡量标准的经济质量的提升，即经济增长应包括经济增长数量和经济增长质量两方面的内容。

所谓经济增长"数量"的内涵，是指一个国家或地区在一定时期内所实现的国民生产总值或人均生产总值量的大小、特征及实现量的规模与扩张的决定因素；而经济增长"质量"的内涵则无疑更加丰富。

一些研究者从狭义上对经济增长质量进行了定义，比如将其定义为经济增长的效率（卡马耶夫[②]；王积业[③]；刘亚建[④]；康梅[⑤]）；另有学者将经济增长质量定义为经济增长所带来的经济效益和社会效益（杜家远等[⑥]）。从狭义上来看，经济增长质量的核心内容是产出与投入的比例，即经济增长效果或经济增长效率。对于一个经济体来说，一定时期内在给定投入约束下产出越多，则表明经济增长的效率越高，质量越好。

经济增长质量还可以从广义的维度来理解，而内涵较之狭义维度来说则更加丰富。维诺德·托马斯[⑦]将经济增长质量理解为发展速度的补充，同时其也是构成经济增长进程的关键性内容，比如机会的分配、环境的可持续性、全球性风险的管理以及治理结构，并从福利、教育机会、自然环境、资本市场抵御全球金融风险的能力以及腐败质量等角度对各个国家和地区的经济增长质量进行了比较。

2. 经济高质量发展的内涵

十九大报告指出，高质量发展是生产要素投入少、资源配置效率高、资源环境成本低、经济社会效益好的发展。实现经济高质量发展必须坚持质量第一、效益优

---

① 樊森. 中国经济增长方式实证研究[M]. 西安：陕西科学技术出版社，2011.

② 卡马耶夫. 经济增长的速度和质量[M]. 陈华山，左东官，何剑，等译. 武汉：湖北人民出版社，1983.

③ 王积业. 关于提高经济增长质量的宏观思考[J]. 宏观经济研究，2000(01)：11-17.

④ 刘亚建. 我国经济增长效率分析[J]. 思想战线，2002(04)：30-33.

⑤ 康梅. 投资增长模式下经济增长因素分解与经济增长质量[J]. 数量经济技术经济研究，2006(02)：153-160.

⑥ 杜家远，刘先凡. 浅析经济增长的质量[J]. 中南财经大学学报，1991(04)：51-52.

⑦ 维诺德·托马斯. 增长的质量[M].《增长的质量》翻译组，译. 北京：中国财政经济出版社，2001.

先，实现质量、效率、动力三大变革，不断提高全要素生产率，着力加快建设实体经济、科技创新、现代金融、人力资源协同发展的产业体系，着力构建市场机制有效、微观主体有活力、宏观调控有度的经济体制，不断增强我国经济创新力和竞争力。

高质量发展是经济发展的有效性、充分性、协调性、创新型、分享性和稳定性的综合，是不断提高全要素生产率，实现经济内生性、生态性和可持续性的有机发展，是以改革开放精神为支撑，以“创新＋绿色”为经济增长新动力的发展，是经济发展质量的高级状态，是中国经济发展的升级版（任保平①；周振华②）。与高速度增长的含义不同，高质量发展意味着经济发展不再简单追求量的扩张，而是量质齐升，以质取胜，反映的是经济增长的优劣程度，是量与质相协调的演进发展（赵华林③；任保平④；任保平、李禹墨⑤）。因此，高质量发展阶段既是数量扩张的过程，又是提高质量的过程，是数量扩张和质量提高的统一。

3. 海洋经济高质量发展的影响因素

海洋经济高质量发展需要高新技术做引领。由于经济活动空间、生产对象的特殊要求，海洋产业发展高度依赖技术创新。近年来，世界海洋大国都高度重视海洋科技的发展，海洋科技在大洋勘探、海洋矿产资源开发利用、海洋生物利用等领域的重要作用无可替代。英国 2010 年 4 月成立国家海洋中心，其核心工作就是为整个英国海洋界的科研需求提供支撑，同时其还是英国最重要的海洋科学数据中心。美国 2007 年发布《美国海洋科学未来 10 年之路》，2015 年又发布了《海洋变化：2015—2025 海洋科学 10 年计划》，及时根据形势变化提出海洋科技的发展重点。我国在海洋强国战略提出后，沿海各省经略海洋、占领海洋产业高地的意识迅速增强，海洋科研机构、海洋类高校数量增长迅速。

海洋经济的高质量发展需要将高质量产业集群作为支撑。产业集群是一个区域经济发展水平的重要标志，也是提升区域经济竞争力的重要力量。当前，海洋经济高质量发展，产业集群也进入多维度、深层次、高水平发展阶段。2017 年，深圳推动设立 500 亿元规模的海洋产业发展基金，重点打造海洋高端智能装备和前海海洋现代服务业两大千亿级产业集群，推动海洋产业进一步向国际化、高端化、智能化方向发展。江苏省提出加强启东海工船舶工业园、东台海洋工程特种装备产

---

① 任保平. 新时代中国经济高质量发展的判断标准、决定因素与实现途径[J]. 中国邮政，2018(10)：8－11.

② 周振华. 经济高质量发展的新型结构[J]. 上海经济研究，2018(9)：31－34.

③ 赵华林. 高质量发展的关键：创新驱动、绿色发展和民生福祉[J]. 中国环境管理，2018，10(4)：5－9.

④ 任保平. 经济增长质量的内涵、特征及其度量[J]. 黑龙江社会科学，2012(3)：50－53.

⑤ 任保平，李禹墨. 经济高质量发展中生产力质量的决定因素及其提高路径[J]. 经济纵横，2018(7)：27－34.

业园等集群载体建设，提高龙头企业的总装集成能力，带动和引导一批中小型企业走专业化、特色化发展道路。

海洋经济高质量发展需要以绿色发展理念为统领。与陆域产业相比，海洋产业起步晚，对海洋环境的影响还未有充分估计。近几年，国际上绿色经济研究机构与人员已经开始关注海洋领域的产业行为对生态环境的影响了，2012年，联合国环境规划署、开发计划署等机构联合发布了《蓝色世界里的绿色经济》报告。报告通过大量的产业活动实例分析，揭示了海洋产业发展面临着严峻的资源环境形势。在我国，海洋经济发展初期的粗放型开发方式造成的岸线资源过度开发、近岸渔业资源趋于枯竭、近海污染日益严重等问题已经引起政府和公众的关注。自党的十八大以来，绿色发展理念深入人心，粗放型海洋经济增长方式和发展模式已不可持续。

11.1.5 海洋经济高质量发展的内涵界定和内在要求

1. 内涵界定

综上所述，采用如下海洋经济高质量发展定义，即以绿色发展理念为统领，区域内海洋经济总体实力强劲，产业布局和产业经济结构合理，具有高质量产业集群，海洋科技创新与应用能力强，海洋经济对外开放程度高的一种新的海洋经济形态。海洋经济高质量发展要实现区域内海洋经济的创新发展、协调发展、绿色发展、开放发展和共享发展。

2. 内在要求

海洋产业是海洋经济高质量发展的根本载体。推动海洋产业的转型升级，探索海洋高新技术产业发展路径，是实施海洋经济高质量发展的内在要求。中国海洋大学经济学院副教授纪玉俊的研究表明，一方面在经济收益与政治晋升激励下，地方政府之间的竞争博弈使得地区之间海洋产业集聚难以实现合理分工，影响海洋经济高质量发展；另一方面尽管在中央政府和地方政府的博弈中可以通过加强宏观调控实现海洋产业集聚度最优，但仍需要满足诸多苛刻条件。宁波大学东海研究院副院长胡求光介绍了当前我国海洋经济领域所呈现出的“新业态、新模式、新产品”特征，并着重分析了“互联网＋海洋信息服务业”的现状，认为当前“互联网＋海洋信息服务业”存在“信息孤岛”、缺乏全局战略性顶层设计、信息获取能力不足等问题。青岛科技大学经济与管理学院教授雷仲敏对“向海经济”与现有涉海经济概念进行了辨析，从空间关系上对不同涉海经济形态进行了界定。

11.2 海洋经济高质量发展指标体系框架

海洋经济高质量发展指标体系框架如表 11 - 1 所示：

表 11 - 1　海洋经济高质量发展指标体系

维度	监测指标	特征
经济总量	海洋经济生产总值	海洋经济总体实力强劲(共享发展)
	环比增长速度	
	占区域生产总值的比重	
	涉海就业人数	
	同比增长速度	
	占区域就业总人数的比重	
产业分布	涉海企业数量	陆海协同发展、产业布局合理、产业经济结构合理、具有高质量产业集群(协调发展)
	海洋第一产业占总产值的比重	
	海洋第二产业占总产值的比重	
	海洋第三产业占总产值的比重	
	人均海洋生产总值	
	陆海经济关联度	
科技创新	涉海院校数量	海洋科技创新与应用能力强(创新发展)
	研究与试验发展(R&D)机构数量	
	重点实验室数量	
	研究与试验发展(R&D)课题数量	
	发表科技论文数量	
	专利授权数量	
	形成国家或行业标准数量	
	海洋科研经费投入额	

续表 11 - 1

维度	监测指标	特征
绿色发展	海水养殖面积	海洋资源消费程度低（绿色发展）
	造船完工量	
	接待人次数	
	码头长度	
	近岸海域受污染的面积	海洋环境污染程度低（绿色发展）
	赤潮发生的次数	
	赤潮发生的累计面积	
	海洋生态修复投入	（绿色发展）
	海洋生态红线区面积占其管辖海域面积的比重	
	能源利用率	
对外开放	海关出口总额	（开放发展）
	年利用外资总额	
	港口货物吞吐量	

11.3　沿海各省区市海洋经济高质量发展评价

依据海洋经济高质量发展指标体系，采用鲁亚运等发表在 2019 年 12 期《企业经济》杂志上的《我国海洋经济高质量发展评价指标体系构建及应用研究——基于五大发展理念的视角》一文中的信息熵确权的方法测算出 2016 年我国沿海各省区市海洋经济高质量发展综合水平，如表 11 - 2 所示：

表 11 - 2　2016 年我国沿海各省区市海洋经济高质量发展测算结果排名

	高质量发展排名	共享发展排名	协调发展排名	创新发展排名	绿色发展排名	开放发展排名
天津	4	2	9	2	3	8
河北	10	10	4	7	11	9
辽宁	7	6	10	3	9	6
上海	1	1	6	1	2	3
江苏	3	8	3	5	6	2

续表 11－2

	高质量发展排名	共享发展排名	协调发展排名	创新发展排名	绿色发展排名	开放发展排名
浙江	6	3	1	8	7	4
福建	9	4	2	9	5	7
山东	5	7	5	6	8	5
广东	2	5	11	4	4	1
广西	11	11	7	10	10	10
海南	8	9	8	11	1	11

从表 11－2 中可以看出，处于东海区的上海、江苏、浙江 3 省市海洋经济高质量发展水平较高。从具体的省区市来看，上海、广东、江苏海洋经济高质量发展水平位居全国前三；广西、河北、福建、海南高质量发展水平较低，广西海洋经济高质量发展排名最低。

共享发展方面，上海的共享发展排名最高，属于第一梯队；天津、浙江、福建、广东、辽宁等地区共享发展指数相差不大，属于第二梯队；广西、河北的共享发展指数较低，属于第四梯队；其他省份属于第三梯队。沿海各省区市共享指数差别较大，说明我国沿海各省区市之间的海洋经济惠民程度差异较为明显。具体来看，上海的人均收入水平较高，海洋公共服务保障能力较强，服务水平高，提供的涉海就业机会多；而广西、海南海洋教育水平、公共服务水平相对较低。

协调发展方面，辽宁排名第 10。从大的区域角度来看，东海区的上海、江苏、浙江、福建四省市海洋经济协调发展指数位居全国前列，明显高于北海区的天津、河北、辽宁、山东和南海区的广东、广西、海南等地区的水平。从省级角度来看，协调发展指数最高的是浙江，最低的是广东，结合具体的指标来看，主要原因是广东所辖各地市海洋经济发展水平差异较大且海陆关联程度不高。

创新发展方面，上海、天津、辽宁、广东创新水平位居前四，这些地方汇集了一大批海洋科技创新企业，同时拥有不少涉海高校、科研院所及创新平台，海洋科研成果显著，科技水平高，劳动力、资本等资源利用效率高；海南、广西、福建创新发展水平较低，尤其是广西和海南，创新发展指数尤其低，不仅没有海洋专业性院校，而且海洋科研机构与科研人员、海洋高科技企业较少。相关数据显示，2016 年海南海洋科研机构仅有 3 个，科技活动人员仅有 290 人，科研经费收入仅为 15 908 万元；而广西科研机构仅有 8 个，科技活动人员仅有 436 人，科研经费收入仅为

14 220 万元，创新支持力度和能力水平均严重不足。

绿色发展方面，省际绿色发展指数存在较大差异，海南绿色发展指数位居全国首位，遥遥领先于其他地区，说明海南海洋经济的发展对环境的破坏较少，这主要有两方面的原因：一是海南省的海洋产业结构以第三产业中的滨海旅游业发展为主；二是海南海洋经济水平较为落后，开发水平较低，污染相对较多的第二产业在海南省的发展相对较少。河北绿色发展指数最低，从各绿色发展指标来看，河北的单位海洋生产总值废气排放量、单位海洋生产总值固体废弃物排放量等逆向指标值最大，说明海洋开发活动的资源环境代价较大，石化、钢铁等高能耗、高污染的项目建设较多，部分海域污染较重。

开放发展方面，广东开放程度位居全国首位，充分体现了广东作为改革开放前沿阵地的属性，这是因为广东不仅地理位置优越，紧邻香港、澳门，而且政策优势明显，1980 年设立了深圳、珠海经济特区，1981 年设立了汕头经济特区，具有广州南沙、深圳前海、珠海横琴三大自贸区。上海与江苏开放指数较为接近，说明开放发展具有较强的地域关联性。广西、海南的开放水平较低，发展空间较大。

11.4 辽宁省海洋经济高质量发展的对策建议

11.4.1 辽宁省海洋经济发展总体分析

1. 辽宁海洋经济发展的优势

2017 年，辽宁省海洋生产总值达 3 900 亿元，同比增长 6.5%，与位列全国前三位的粤、鲁、浙相比依然有较大差距。从海岸线长度和管辖海域面积来看，辽宁海岸线总长为 2 960 公里，管辖海域面积约 15 万平方公里，与山东(岸线总长约 3 345 公里，辖属海域面积约 15.95 万平方公里)、浙江(岸线总长约 6 696 公里，辖属海域面积约 26 万平方公里)、广东(岸线总长约 4 114 千米，辖属海域面积约 41.9 万平方公里)相比，辽宁的海域空间资源总量处于相对劣势。尽管如此，辽宁海域开发利用有自己的特色比较优势，具有创新突破的发展空间。

(1) 辽宁海洋地缘区位独特，是国家海洋强国战略的枢纽区域

辽宁北黄海是国家海洋“北出战略”的枢纽性区域，是我国海洋强国实施“北出战略”的起点与俄罗斯“东出战略”中点，国际海洋战略地位十分明显。按照国家海洋经济空间布局，辽宁属于北部海洋经济圈(辽东半岛、渤海湾和山东半岛)，辽东半岛沿岸及海域属于渤海和北黄海，地缘优势特征明显。其中，黄海北部是我国目前最具发展潜力的海域之一，是国家构建东北地区对外开放重要平台、亚欧大陆桥

重要门户、东北亚经济圈的重要腹地，是实施“北出战略”的要冲。

(2) 辽宁海域地理格局独特，是我国北方特有的海洋生物资源区

辽宁黄渤海域是享誉全国乃至世界的“渔业摇篮”。辽宁管辖海域位于北纬38°～43°之间，地理分布格局独特，海洋生物资源禀赋得天独厚。本区域富含刺参、鲍鱼、扇贝，以及虾蟹、海胆、鱼类、海带、裙带菜等海珍品和海产品，无论是资源丰度还是产品品质都享誉中外，海域资源开发与海洋产业表现出独有的特性，是发展现代海水养殖和现代海洋牧场建设最适宜的区域。

(3) 辽宁海岛自然环境独特，是全国重要的生态文明建设和生活宜居区

辽宁长山列岛是全国最具开发潜力的群岛生态生产生活区。辽宁是我国纬度最高，水温和气温最低的海域，地域特色鲜明。以长山列岛为代表，建设全国沿海生态廊道，加强自然保护区和海岸带保护，维护典型生态系统多样性的生态文明建设，打造东北亚港口、船舶、航运原发性海洋产业区，滨海旅游休闲产业特色区和海岸带生活宜居生态城市区。

(4) 辽宁产业传统优势独特，是新兴海洋产业新兴业态的潜力区和成长区

辽宁海洋产业是引领传统老工业转型升级的创新先导区。辽宁老工业基地具有向海洋化转型升级的条件，同时辽宁海洋产业门类齐全，基础雄厚，重点产业在保持全国竞争力的优势方面依然明显，是形成海洋新兴产业和新型业态的潜力区和成长区。

2. 辽宁海洋经济高质量发展的困境

(1) 资源禀赋比较优势趋于弱化

从海洋资源禀赋来看，辽宁的优势是十分明显的。但是，在以市场为导向的发展阶段，单纯依赖靠海吃海的传统资源优势在发生转变。

(2) 海洋资源深度开发有待提高

粗放增长方式尚未根本转变，传统海洋产业需进一步改造提升，海洋新兴产业发展相对不足，资源与生态环境约束加剧。辽宁海洋区域经济发展不平衡、不协调和不可持续问题依然突出，海岸带产业布局有待优化。

辽宁且有极其丰富的可作为医药原料的海洋生物资源，但至目前，辽宁海洋药物生产水平仍处于起步阶段，保健功能产品占水产品加工总量的比例还不到5%。辽宁海岸线利用不足，特别是尚有一半以上适合旅游的岸线没有得到开发。辽宁海水养殖业地理条件得天独厚，但与国内外先进海水养殖生产方式相比，辽宁海水养殖基础设施与管理还较为陈旧滞后。

(3) 产业创新能力有待提升

辽宁海洋产业基础雄厚，但产业发展创新能力不强。海洋工程装备制造业核

心技术欠缺，产业市场集中度不高，整体配套能力薄弱，绝大部分利润被境外配套供应商挤占。海水利用业发展较快，但产业联动创新效应不强，全产业链条还没有形成。辽宁高校、科研院所多，海洋综合研发能力强，但海洋科技优势还没有最大限度地释放，成果转化与市场需求吻合度不高。

（4）管控整合力度不够、服务能力不足

辽宁海洋调控监管服务多以行业管理、部门管理为核心，存在管理上的重叠、冲突和空白，技术和产品开发容易出现无规划、无方向、无重点等短板或缺项问题。海洋科技总体实力较强，但力量分散、资源分散、经费分散，部门和地区之间的资源共享性差，影响了优势资源合理配置和利用。高层次人才储备不足，研发投入不足，产业集聚性不强，吸纳就业能力相对较低。

11.4.2　辽宁省海洋经济高质量发展的对策建议

从目前国家级的粤、浙、鲁海洋经济试验区发展策略来看，广东基于东南亚重要门户和靠近我国南海这一深海海洋经济典型代表的地理位置，在加强与泛珠三角、东盟“10＋1”以及港澳台经济联系合作的同时，还与福建、广西、海南等省区合作，构筑了粤闽台、粤港澳、粤桂琼三大经济圈，为其提供了重要资源基础和发展空间；浙江、山东的优势在于有一大批国内一流的科研、教学机构，全国海洋科技人才的50%以上在山东，科技进步对该省海洋经济发展的贡献率在60%以上，是全国平均水平的2倍。

辽宁要高质量发展海洋经济，既要考虑地理区位因素，还要考虑海洋经济贡献因素。

（1）建立面向东北亚的“北方海上丝绸之路”，将其纳入国家海洋开发战略总体规划，促进与俄罗斯、日本、韩国等周边国家的区域经贸合作。

一是推动建设辽宁—俄罗斯远东、辽宁—日本、辽宁—韩国主体V字形的海上通道，接连烟大海底隧道与山东贯通，形成东连（日本、韩国）、北拓（俄罗斯远东）、南接（山东）、西进（河北）的蛛网状线路。二是将“北方海上丝绸之路”建设纳入国家海洋开发战略总体规划，积极争取国家政策支持。三是依托“北方海上丝绸之路”在海洋产业市场拓展、投资贸易便利化、跨国交通物流、电子口岸互联互通等方面加强东北亚国际合作。

（2）建立面向国际的海洋医药和生物制品原料供应基地，海洋新兴产业创新发展示范基地，改造提升传统产业，延长产业链条，促进产业融合发展。

一是利用辽宁省海洋生物资源优势，依托本溪及大连双D港生物医药产业基地建立面向国际的海洋医药和生物制品原料供应基地，海洋医药和生物制品生产基地，打造“中国药都”；二是打造中国北方海水综合利用基地，在海水淡化、盐化工业、海水利用设备制造领域突破发展；三是突破核心技术瓶颈，促进海洋工程装备制造业健康发展，发挥市场机制作用，化解造船产能过剩问题。

（3）建立海洋产权交易中心，盘活海洋资源资产，拓展海岸带开发利用空间，促进海陆联动发展。

一是建立北方海洋产权交易中心，通过招拍挂等方式促进海域使用权流转；二是建立海域主导功能区、兼容利用区、功能拓展区的区划布局模式，实现海域资源立体开发、兼容使用；三是加强向海一侧海岸带开发，将其延伸至50米等深线，提高深海开发能力，促进海陆经济联动发展。

（4）建立产学研合作战略创新联盟，发挥辽宁海洋科教资源优势，推动重大技术突破。

一是提高科技创新能力，建立突破性技术创新激励机制，促进核心技术重大提升与突破；二是建立国家海洋生物工程研究中心、国家海洋医药开发重点实验室、科技园和孵化器；三是积极培养海洋科技人才，制定专门的海洋人才引进政策和培养机制，为辽宁海洋经济发展提供智力支撑。

（5）建立中国第一个海洋开发银行，完善金融服务支持体系，加大财政、税收扶持力度。

一是建立海洋开发银行，鼓励银行金融机构积极创新信贷政策，将在中关村国家自主创新示范区开展的境外并购外汇管理试点政策拓展至省重点海工装备制造企业；二是加大财政扶持力度，设立海洋产业发展政府基金，着力支持重大关键技术研发、重大创新成果产业化等，可借鉴上海市做法，在临港海洋高新基地设立海洋高新技术产业化风险投资基金；三是给予各种税收优惠政策，借鉴浙江省为发展海洋经济推出的10条纳税服务举措和19条税收优惠政策，促进辽宁海洋经济发展税收政策改革。

（6）建立国家海洋牧场示范引领基地，改善修复海洋生态环境，统筹海洋资源开发与生态环境保护。

一是借鉴国内外海洋牧场建设经验，打造长海县海洋牧场建设示范基地；二是以海洋牧场建设为载体，改善修复海洋生态环境，打造海洋生态文明先行示范区；三是严格围填海项目审批，对重大海洋工程项目建立生态评估机制。

附录 1　辽宁省海洋经济运行情况统计报表

附录 1－1　海洋渔业统计表

<table>
<tr><td colspan="4">表名:海洋渔业统计</td><td colspan="2">表　　号:J1 表</td></tr>
<tr><td colspan="4"></td><td colspan="2">制定机关:辽宁省海洋与渔业厅</td></tr>
<tr><td colspan="4"></td><td colspan="2">批准机关:辽宁省统计局</td></tr>
<tr><td colspan="4">企业名称:</td><td colspan="2">批准文号:辽统制字〔2012〕5 号</td></tr>
<tr><td colspan="3">组织机构代码□□□□□□□□□-□</td><td colspan="2">20　　年</td><td>有效期至:2013 年 12 月</td></tr>
<tr><td colspan="6">是否本年或去年新建企业:代码□,如填“1”,请填写正式投产时间□□□□年□□月</td></tr>
<tr><td colspan="6">监测指标</td></tr>
<tr><td colspan="2">指标名称</td><td>代码</td><td>计量单位</td><td colspan="2">指标值</td></tr>
<tr><td colspan="2">甲</td><td>乙</td><td>丙</td><td colspan="2"></td></tr>
<tr><td colspan="2">A. 发展水平</td><td></td><td></td><td colspan="2"></td></tr>
<tr><td rowspan="4">工业总产值</td><td>总产值</td><td>A01</td><td>万元</td><td colspan="2"></td></tr>
<tr><td>海洋水产品总产值</td><td>A02</td><td>万元</td><td colspan="2"></td></tr>
<tr><td>海洋渔业服务业总产值</td><td>A03</td><td>万元</td><td colspan="2"></td></tr>
<tr><td>海洋水产品加工总产值</td><td>A04</td><td>万元</td><td colspan="2"></td></tr>
<tr><td colspan="2">B. 经营状况</td><td></td><td></td><td colspan="2"></td></tr>
<tr><td colspan="2">资产合计</td><td>B01</td><td>万元</td><td colspan="2"></td></tr>
<tr><td colspan="2">固定资产原值</td><td>B02</td><td>万元</td><td colspan="2"></td></tr>
<tr><td colspan="2">固定资产折旧</td><td>B03</td><td>万元</td><td colspan="2"></td></tr>
<tr><td colspan="2">负债合计</td><td>B04</td><td>万元</td><td colspan="2"></td></tr>
<tr><td colspan="2">所有者权益</td><td>B05</td><td>万元</td><td colspan="2"></td></tr>
<tr><td colspan="2">主营业务收入</td><td>B06</td><td>万元</td><td colspan="2"></td></tr>
<tr><td colspan="2">生产成本(直接材料)</td><td>B07</td><td>万元</td><td colspan="2"></td></tr>
<tr><td colspan="2">费用</td><td>B08</td><td>万元</td><td colspan="2"></td></tr>
<tr><td colspan="2">利润总额</td><td>B09</td><td>万元</td><td colspan="2"></td></tr>
<tr><td colspan="2">本期应交增值税</td><td>B10</td><td>万元</td><td colspan="2"></td></tr>
<tr><td colspan="2">C. 生产活动</td><td></td><td></td><td colspan="2"></td></tr>
<tr><td rowspan="5">海水养殖产量</td><td>鱼类</td><td>C01</td><td>万吨</td><td colspan="2"></td></tr>
<tr><td>甲壳类</td><td>C02</td><td>万吨</td><td colspan="2"></td></tr>
<tr><td>贝类</td><td>C03</td><td>万吨</td><td colspan="2"></td></tr>
<tr><td>藻类</td><td>C04</td><td>万吨</td><td colspan="2"></td></tr>
<tr><td>其他类</td><td>C05</td><td>万吨</td><td colspan="2"></td></tr>
</table>

续表附录 1 - 1

监测指标				
指标名称		代码	计量单位	指标值
甲		乙	丙	
海洋捕捞产量	鱼类	C06	万吨	
	甲壳类	C07	万吨	
	贝类	C08	万吨	
	藻类	C09	万吨	
	头足类	C10	万吨	
	其他类	C11	万吨	
远洋捕捞产量		C12	万吨	
深水养殖量		C13	万吨	
水产品加工产量		C14	万吨	
D. 生产要素				
海水养殖面积	鱼类	D01	公顷	
	甲壳类	D02	公顷	
	贝类	D03	公顷	
	藻类	D04	公顷	
	其他类	D05	公顷	
海洋机动渔船数量		D06	艘	
海洋机动渔船总吨		D07	吨位	
海洋机动渔船总功率		D08	千瓦	
海洋生产机动渔船数量	捕捞渔船	D09	艘	
	44.1 千瓦以上渔船	D10	艘	
海洋生产机动渔船总吨	捕捞渔船	D11	吨位	
	44.1 千瓦以上渔船	D12	吨位	
海洋生产机动渔船总功率	捕捞渔船	D13	千瓦	
	44.1 千瓦以上渔船	D14	千瓦	
海洋远洋机动渔船数量		D15	艘	
海洋远洋机动渔船总功率		D16	千瓦	
E. 从业人员				
年末从业人员数量		E01	人	
单位负责人： 统计负责人： 填表人： 报出日期：20 年 月 日				

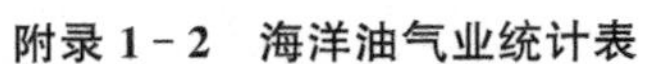

附录 1－2　海洋油气业统计表

表名:海洋油气业统计表			表　　号:J2 表
			制定机关:辽宁省海洋与渔业厅
			批准机关:辽宁省统计局
企业名称:			批准文号:辽统制字〔2012〕5 号
组织机构代码□□□□□□□□-□	20　　年		有效期至:2013 年 12 月
是否本年或去年新建企业:代码□,如填“1”,请填写正式投产时间□□□□年□□月			
监测指标			
指标名称	代码	计量单位	指标值
甲	乙	丙	
A. 发展水平			
工业总产值	A01	万元	
B. 经营状况			
资产合计	B01	万元	
固定资产原值	B02	万元	
固定资产折旧	B03	万元	
负债合计	B04	万元	
所有者权益	B05	万元	
主营业务收入	B06	万元	
生产成本(直接材料)	B07	万元	
费用	B08	万元	
利润总额	B09	万元	
本期应交增值税	B10	万元	
C. 生产活动			
海洋原油产量	C01	万吨	
海洋天然气产量	C02	万立方米	
二维地震测线长度　自营	C03	公里	
二维地震测线长度　合作	C04	公里	
三维地震测线长度　自营	C05	平方公里	
三维地震测线长度　合作	C06	平方公里	

续表附录 1－2

监测指标				
指标名称		代码	计量单位	指标值
甲		乙	丙	
预探井数量	自营	C07	口	
	合作	C08	口	
评价井数量	自营	C09	口	
	合作	C10	口	
D. 生产要素				
海洋油田采油井数量		D01	口	
海洋油田采气井数量		D02	口	
海洋油田注水井数量		D03	口	
海洋油田其他井数量		D04	口	
海洋油气钻井船数量		D05	艘	
海洋油气物探船数量		D06	艘	
海洋油气其他探船数量		D07	艘	
E. 从业人员				
年末从业人员数量		E01	人	
单位负责人： 统计负责人： 填表人： 报出日期：20 年 月 日				

附录 1－3 海洋矿业统计表

表名：海洋矿业统计表		表 号：J3 表
		制定机关：辽宁省海洋与渔业厅
		批准机关：辽宁省统计局
企业名称：		批准文号：辽统制字〔2012〕5 号
组织机构代码 □□□□□□□□-□	20 年	有效期至：2013 年 12 月
是否本年或去年新建企业：代码□，如填“1”，请填写正式投产时间□□□□年□□月		

监测指标			
指标名称	代码	计量单位	指标值
甲	乙	丙	
A. 发展水平			

续表附录 1－3

监测指标			
指标名称	代码	计量单位	指标值
甲	乙	丙	
工业总产值	A01	万元	
B. 经营状况			
资产合计	B01	万元	
固定资产原值	B02	万元	
固定资产折旧	B03	万元	
负债合计	B04	万元	
所有者权益	B05	万元	
主营业务收入	B06	万元	
生产成本(直接材料)	B07	万元	
费用	B08	万元	
利润总额	B09	万元	
本期应交增值税	B10	万元	
C. 生产活动			
金属砂矿产量	C01	万吨	
海滨土砂石产量	C02	万吨	
海底煤矿开采量	C03	万吨	
D. 从业人员			
年末从业人员数量	D01	人	
单位负责人：　　统计负责人：　　填表人：　　报出日期：20　　年　　月　　日			

附录 1－4　海洋盐业统计表

表名：海洋盐业统计表		表　　号：J4 表
		制定机关：辽宁省海洋与渔业厅
		批准机关：辽宁省统计局
企业名称：		批准文号：辽统制字〔2012〕5 号
组织机构代码□□□□□□□□□-□	20　　年	有效期至：2013 年 12 月
是否本年或去年新建企业：代码□，如填“1”，请填写正式投产时间□□□□年□□月		

续表附录 1－4

监测指标				
指标名称		代码	计量单位	指标值
甲		乙	丙	
A. 发展水平				
工业总产值		A01	万元	
B. 经营状况				
资产合计		B01	万元	
固定资产原值		B02	万元	
固定资产折旧		B03	万元	
负债合计		B04	万元	
所有者权益		B05	万元	
主营业务收入		B06	万元	
生产成本(直接材料)		B07	万元	
费用		B08	万元	
利润总额		B09	万元	
本期应交增值税		B10	万元	
C. 生产活动				
盐产量情况	海盐	C01	万吨	
	盐加工	C02	万吨	
D. 生产要素				
盐田总面积		D01	公顷	
盐田生产面积		D02	公顷	
年末海盐生产能力		D03	万吨	
E. 从业人员				
年末从业人员数量		E01	人	
单位负责人： 统计负责人： 填表人： 报出日期：20 年 月 日				

附录 1－5　海洋船舶工业统计表

<table>
<tr><td colspan="3">表名:海洋船舶工业统计表</td><td colspan="2">表　　号:J5 表</td></tr>
<tr><td colspan="3"></td><td colspan="2">制定机关:辽宁省海洋与渔业厅</td></tr>
<tr><td colspan="3"></td><td colspan="2">批准机关:辽宁省统计局</td></tr>
<tr><td colspan="3">企业名称:</td><td colspan="2">批准文号:辽统制字〔2012〕5 号</td></tr>
<tr><td colspan="2">组织机构代码□□□□□□□□□-□</td><td colspan="2">20　　年</td><td>有效期至:2013 年 12 月</td></tr>
<tr><td colspan="5">是否本年或去年新建企业:代码□,如填“1”,请填写正式投产时间□□□□年□□月</td></tr>
<tr><td colspan="5">监测指标</td></tr>
<tr><td colspan="2">指标名称</td><td>代码</td><td>计量单位</td><td>指标值</td></tr>
<tr><td colspan="2">甲</td><td>乙</td><td>丙</td><td></td></tr>
<tr><td colspan="2">A. 发展水平</td><td></td><td></td><td></td></tr>
<tr><td colspan="2">工业总产值</td><td>A01</td><td>万元</td><td></td></tr>
<tr><td colspan="2">B. 经营状况</td><td></td><td></td><td></td></tr>
<tr><td colspan="2">资产合计</td><td>B01</td><td>万元</td><td></td></tr>
<tr><td colspan="2">固定资产原值</td><td>B02</td><td>万元</td><td></td></tr>
<tr><td colspan="2">固定资产折旧</td><td>B03</td><td>万元</td><td></td></tr>
<tr><td colspan="2">负债合计</td><td>B04</td><td>万元</td><td></td></tr>
<tr><td colspan="2">所有者权益</td><td>B05</td><td>万元</td><td></td></tr>
<tr><td rowspan="3">主营业务收入</td><td>造船</td><td>B06</td><td>万元</td><td></td></tr>
<tr><td>修船</td><td>B07</td><td>万元</td><td></td></tr>
<tr><td>船舶配套</td><td>B08</td><td>万元</td><td></td></tr>
<tr><td colspan="2">生产成本(直接材料)</td><td>B09</td><td>万元</td><td></td></tr>
<tr><td colspan="2">费用</td><td>B10</td><td>万元</td><td></td></tr>
<tr><td colspan="2">利润总额</td><td>B11</td><td>万元</td><td></td></tr>
<tr><td colspan="2">本期应交增值税</td><td>B12</td><td>万元</td><td></td></tr>
<tr><td colspan="2">C. 生产活动</td><td></td><td></td><td></td></tr>
<tr><td rowspan="4">海洋造船完工量</td><td>总量</td><td>C01</td><td>艘</td><td></td></tr>
<tr><td>30 万吨及以上船舶</td><td>C02</td><td>艘</td><td></td></tr>
<tr><td>造船完工</td><td>C03</td><td>综合吨</td><td></td></tr>
<tr><td>造船完工</td><td>C04</td><td>总吨</td><td></td></tr>
</table>

续表附录 1－5

监测指标				
指标名称		代码	计量单位	指标值
甲		乙	丙	
海洋修船完工量	总量	C05	艘	
新承接订单		C06	综合吨	
手持订单		C07	综合吨	
D. 从业人员				
年末从业人员数量		D01	人	
单位负责人：	统计负责人：	填表人：	报出日期：20　年　月　日	

附录 1－6　海洋工程装备制造业统计表

表名：海洋工程装备制造业统计表		表　　号：J6 表
		制定机关：辽宁省海洋与渔业厅
		批准机关：辽宁省统计局
企业名称：		批准文号：辽统制字〔2012〕5 号
组织机构代码 □□□□□□□□-□	20 年	有效期至：2013 年 12 月
是否本年或去年新建企业：代码□，如填“1”，请填写正式投产时间□□□□年□□月		

监测指标			
指标名称	代码	计量单位	指标值
甲	乙	丙	
A. 发展水平			
工业总产值	A01	万元	
B. 经营状况			
资产合计	B01	万元	
固定资产原值	B02	万元	
固定资产折旧	B03	万元	
负债合计	B04	万元	
所有者权益	B05	万元	
主营业务收入	B06	万元	
生产成本（直接材料）	B07	万元	
费用	B08	万元	

续表附录 1－6

监测指标			
指标名称	代码	计量单位	指标值
甲	乙	丙	
利润总额	B09	万元	
本期应缴增值税	B10	万元	
C. 生产活动			
海洋工程装备完工量	C01	载重吨	
海洋工程装备新承接订单量	C02	载重吨	
海洋工程装备手持订单量	C03	载重吨	
D. 生产情况			

产品类别	产品名称	计量单位	数量	产品销售收入/万元
勘探与开发装备				
生产与加工装备				
存储与运输装备				
海上作业与辅助服务装备				
特种海洋资源开发装备				
大型海上浮式结构物				
水下系统和作业装备				
关键系统与设备				
E. 从业人员				
年末从业人员数量	E01	人		
单位负责人：	统计负责人：	填表人：	报出日期：20　年　月　日	

附录 1－7　海洋化工业统计表

表名：海洋化工业统计表		表　　号：J7 表
		制定机关：辽宁省海洋与渔业厅
		批准机关：辽宁省统计局
企业名称：		批准文号：辽统制字〔2012〕5 号
组织机构代码□□□□□□□□-□	20　　年	有效期至：2013 年 12 月
是否本年或去年新建企业：代码□，如填“1”，请填写正式投产时间□□□□年□□月		

续表附录 1－7

监测指标			
指标名称	代码	计量单位	指标值
甲	乙	丙	
A. 发展水平			
工业总产值	A01	万元	
B. 经营状况			
资产合计	B01	万元	
固定资产原值	B02	万元	
固定资产折旧	B03	万元	
负债合计	B04	万元	
所有者权益	B05	万元	
主营业务收入	B06	万元	
生产成本(直接材料)	B07	万元	
费用	B08	万元	
利润总额	B09	万元	
本期应交增值税	B10	万元	
C. 生产活动			
海盐化工产品产量	C01	万吨	
海藻化工产品产量	C02	万吨	
海洋石油化工产品产量	C03	万吨	

D. 化工企业生产情况			
产品名称	原材料类型	产品产量/吨	产品总产值/千元
D01	D02	D03	D04
E. 从业人员			
年末从业人员数量	E01	人	

单位负责人：　　统计负责人：　　填表人：　　报出日期：20　　年　　月　　日

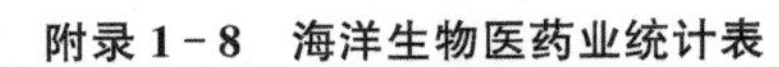

附录1－8　海洋生物医药业统计表

表名:海洋生物医药业统计表		表　　号:J8表	
		制定机关:辽宁省海洋与渔业厅	
		批准机关:辽宁省统计局	
企业名称:		批准文号:辽统制字〔2012〕5号	
组织机构代码□□□□□□□□-□	20　　年	有效期至:2013年12月	
是否本年或去年新建企业:代码□,如填"1",请填写正式投产时间□□□□年□□月			
监测指标			
指标名称	代码	计量单位	指标值
甲	乙	丙	
A. 发展水平			
工业总产值	A01	万元	
B. 经营状况			
资产合计	B01	万元	
固定资产原值	B02	万元	
固定资产折旧	B03	万元	
负债合计	B04	万元	
所有者权益	B05	万元	
主营业务收入	B06	万元	
生产成本(直接材料)	B07	万元	
费用	B08	万元	
利润总额	B09	万元	
本期应交增值税	B10	万元	
C. 生产活动			
海洋生物医药产品总产量	C01	万吨	
D. 企业生产情况			
产品名称	计量单位	产品产量	产品总产值/千元
D01	D02	D03	D04
E. 从业人员			
年末从业人员数量	E01	人	
单位负责人:　　统计负责人:　　填表人:　　报出日期:20　　年　　月　　日			

附录 1－9 海洋工程建筑业统计表

表名:海洋工程建筑业统计表			表　　号:J9 表
			制定机关:辽宁省海洋与渔业厅
			批准机关:辽宁省统计局
企业名称:			批准文号:辽统制字〔2012〕5 号
组织机构代码□□□□□□□□□-□	20	年	有效期至:2013 年 12 月
是否本年或去年新建企业:代码□,如填“1”,请填写正式投产时间□□□□年□□月			

监测指标			
指标名称	代码	计量单位	指标值
甲	乙	丙	
A. 发展水平			
工业总产值	A01	万元	
B. 经营状况			
资产合计	B01	万元	
固定资产原值	B02	万元	
固定资产折旧	B03	万元	
负债合计	B04	万元	
所有者权益	B05	万元	
主营业务收入	B06	万元	
生产成本(直接材料)	B07	万元	
费用	B08	万元	
利润总额	B09	万元	
本期应交增值税	B10	万元	
C. 生产活动			
海洋工程建筑项目数量	C01	个	
海洋工程建筑项目计划总投资	C02	万元	
海洋工程建筑项目累计完成投资	C03	万元	

D. 海洋工程建筑项目情况

项目名称	建设地址	建设性质	计划总投资/千元	累计完成投资/千元	竣工产值/千元	本年完成固定资产投资/千元	本年资金来源合计/千元
D01	D02	D03	D04	D05	D06	D07	D08

E. 从业人员			
年末从业人员数量	E01	人	

单位负责人:　　统计负责人:　　填表人:　　报出日期:20　　年　　月　　日

附录 1－10　海洋电力业统计表

<table>
<tr><td colspan="3">表名:海洋电力业统计表</td><td colspan="2">表　　号:J10 表</td></tr>
<tr><td colspan="3"></td><td colspan="2">制定机关:辽宁省海洋与渔业厅</td></tr>
<tr><td colspan="3"></td><td colspan="2">批准机关:辽宁省统计局</td></tr>
<tr><td colspan="3">企业名称:</td><td colspan="2">批准文号:辽统制字〔2012〕5 号</td></tr>
<tr><td colspan="2">组织机构代码□□□□□□□□□-□</td><td colspan="2">20　　年</td><td>有效期至:2013 年 12 月</td></tr>
<tr><td colspan="5">是否本年或去年新建企业:代码□,如填“1”,请填写正式投产时间□□□□年□□月</td></tr>
<tr><td colspan="5">监测指标</td></tr>
<tr><td>指标名称</td><td>代码</td><td colspan="2">计量单位</td><td>指标值</td></tr>
<tr><td>甲</td><td>乙</td><td colspan="2">丙</td><td></td></tr>
<tr><td>A. 发展水平</td><td></td><td colspan="2"></td><td></td></tr>
<tr><td>工业总产值</td><td>A01</td><td colspan="2">万元</td><td></td></tr>
<tr><td>B. 经营状况</td><td></td><td colspan="2"></td><td></td></tr>
<tr><td>资产合计</td><td>B01</td><td colspan="2">万元</td><td></td></tr>
<tr><td>固定资产原值</td><td>B02</td><td colspan="2">万元</td><td></td></tr>
<tr><td>固定资产折旧</td><td>B03</td><td colspan="2">万元</td><td></td></tr>
<tr><td>负债合计</td><td>B04</td><td colspan="2">万元</td><td></td></tr>
<tr><td>所有者权益</td><td>B05</td><td colspan="2">万元</td><td></td></tr>
<tr><td>主营业务收入</td><td>B06</td><td colspan="2">万元</td><td></td></tr>
<tr><td>生产成本(直接材料)</td><td>B07</td><td colspan="2">万元</td><td></td></tr>
<tr><td>费用</td><td>B08</td><td colspan="2">万元</td><td></td></tr>
<tr><td>利润总额</td><td>B09</td><td colspan="2">万元</td><td></td></tr>
<tr><td>本期应交增值税</td><td>B10</td><td colspan="2">万元</td><td></td></tr>
<tr><td>C. 生产活动</td><td></td><td colspan="2"></td><td></td></tr>
<tr><td>潮汐电站发电量</td><td>C01</td><td colspan="2">万千瓦・时</td><td></td></tr>
<tr><td>海洋风能电站发电量</td><td>C02</td><td colspan="2">万千瓦・时</td><td></td></tr>
<tr><td>潮汐电站平均利用小时</td><td>C03</td><td colspan="2">小时</td><td></td></tr>
<tr><td>海洋风能电站平均利用小时</td><td>C04</td><td colspan="2">小时</td><td></td></tr>
<tr><td>潮汐电站现有装机容量</td><td>C05</td><td colspan="2">万千瓦</td><td></td></tr>
<tr><td>海洋风能电站现有装机容量</td><td>C06</td><td colspan="2">万千瓦</td><td></td></tr>
</table>

续表附录 1－10

监测指标			
指标名称	代码	计量单位	指标值
甲	乙	丙	
D. 生产要素及生产情况			

发电类型	现有装机容量	年发电量/万千瓦·时	发电总产值/千元
D01	D02	D03	D04

E. 从业人员			
年末从业人员数量	E01	人	
单位负责人：　　统计负责人：　　填表人：　　报出日期：20　年　月　日			

附录 1－11　海水利用情况统计表

表名：海水利用情况统计表		表　　号：J11 表
		制定机关：辽宁省海洋与渔业厅
		批准机关：辽宁省统计局
企业名称：		批准文号：辽统制字〔2012〕5 号
组织机构代码□□□□□□□□□-□	20　　年	有效期至：2013 年 12 月
是否本年或去年新建企业：代码□，如填“1”，请填写正式投产时间□□□□年□□月		

监测指标			
指标名称	代码	计量单位	指标值
甲	乙	丙	
A. 发展水平			
工业总产值	A01	万元	
B. 经营状况			
资产合计	B01	万元	
固定资产原值	B02	万元	
固定资产折旧	B03	万元	
负债合计	B04	万元	

续表附录1-11

监测指标				
指标名称		代码	计量单位	指标值
甲		乙	丙	
所有者权益		B05	万元	
主营业务收入		B06	万元	
生产成本(直接材料)		B07	万元	
费用		B08	万元	
利润总额		B09	万元	
本期应交增值税		B10	万元	
C. 生产活动				
海水直接利用	年海水直接利用量	C01	万吨	
	年海水直流冷却量	C02	万吨	
	年海水循环冷却量	C03	万吨	
	城市生活用水量	C04	万吨	
	海水灌溉量	C05	万吨	
	其他	C06	万吨	
海水淡化	年产淡水量	C07	万吨	
	海水淡化能力	C08	万吨/日	
	产值	C09	万元	

D. 海水利用项目情况

项目名称	项目类别	项目属性	建设时间	完成时间	总投资/万元	设计年海水直接利用量/万吨	设计淡水日产量/万吨
D01	D02	D03	D04	D05	D06	D07	D08

E. 从业人员

年末从业人员数量	E01	人	

单位负责人：　　统计负责人：　　填表人：　　报出日期:20　　年　　月　　日

附录 1－12　海洋交通运输业统计表

<table>
<tr><td colspan="4">表名:海洋交通运输业统计表</td><td colspan="2">表　　号:J12 表</td></tr>
<tr><td colspan="4"></td><td colspan="2">制定机关:辽宁省海洋与渔业厅</td></tr>
<tr><td colspan="4"></td><td colspan="2">批准机关:辽宁省统计局</td></tr>
<tr><td colspan="4">企业名称:</td><td colspan="2">批准文号:辽统制字〔2012〕5 号</td></tr>
<tr><td colspan="3">组织机构代码□□□□□□□□□-□</td><td colspan="2">20　　年</td><td>有效期至:2013 年 12 月</td></tr>
<tr><td colspan="6">是否本年或去年新建企业:代码□,如填“1”,请填写正式投产时间□□□□年□□月</td></tr>
<tr><td colspan="6">监测指标</td></tr>
<tr><td colspan="2">指标名称</td><td>代码</td><td colspan="2">计量单位</td><td>指标值</td></tr>
<tr><td colspan="2">甲</td><td>乙</td><td colspan="2">丙</td><td></td></tr>
<tr><td colspan="2">A. 发展水平</td><td></td><td colspan="2"></td><td></td></tr>
<tr><td colspan="2">企业营运收入(工业总产值)</td><td>A01</td><td colspan="2">万元</td><td></td></tr>
<tr><td colspan="2">B. 经营状况</td><td></td><td colspan="2"></td><td></td></tr>
<tr><td colspan="2">资产合计</td><td>B01</td><td colspan="2">万元</td><td></td></tr>
<tr><td colspan="2">固定资产原值</td><td>B02</td><td colspan="2">万元</td><td></td></tr>
<tr><td colspan="2">固定资产折旧</td><td>B03</td><td colspan="2">万元</td><td></td></tr>
<tr><td colspan="2">负债合计</td><td>B04</td><td colspan="2">万元</td><td></td></tr>
<tr><td colspan="2">所有者权益</td><td>B05</td><td colspan="2">万元</td><td></td></tr>
<tr><td colspan="2">主营业务收入</td><td>B06</td><td colspan="2">万元</td><td></td></tr>
<tr><td colspan="2">生产成本(直接材料)</td><td>B07</td><td colspan="2">万元</td><td></td></tr>
<tr><td colspan="2">费用</td><td>B08</td><td colspan="2">万元</td><td></td></tr>
<tr><td colspan="2">利润总额</td><td>B09</td><td colspan="2">万元</td><td></td></tr>
<tr><td colspan="2">本期应交增值税</td><td>B10</td><td colspan="2">万元</td><td></td></tr>
<tr><td colspan="2">C. 生产活动</td><td></td><td colspan="2"></td><td></td></tr>
<tr><td rowspan="2">沿海港口货物吞吐量</td><td>总量</td><td>C01</td><td colspan="2">万吨</td><td></td></tr>
<tr><td>外贸</td><td>C02</td><td colspan="2">万吨</td><td></td></tr>
<tr><td rowspan="2">沿海港口国际标准集装箱吞吐量</td><td>箱数</td><td>C03</td><td colspan="2">万 TEU(传输扩展单元)</td><td></td></tr>
<tr><td>重量</td><td>C04</td><td colspan="2">万吨</td><td></td></tr>
<tr><td rowspan="2">沿海港口国际标准集装箱运量</td><td>箱数</td><td>C05</td><td colspan="2">万 TEU</td><td></td></tr>
<tr><td>重量</td><td>C06</td><td colspan="2">万吨</td><td></td></tr>
</table>

续表附录 1 - 12

监测指标				
指标名称		代码	计量单位	指标值
甲		乙	丙	
沿海港口 旅客吞吐量	总量	C07	万人次	
	离港	C08	万人次	
沿海港口 客运量	总量	C09	万人	
	远洋	C10	万人	
沿海港口 客运周转量	总量	C11	亿人公里	
	远洋	C12	亿人公里	
沿海港口货运量	总量	C13	万吨	
	远洋	C14	万吨	
沿海港口 货运周转量	总量	C15	亿吨公里	
	远洋	C16	亿吨公里	
D. 生产要素				
沿海港口铁路专用线总延长		D01	米	
沿海港口生产用库场总面积		D02	平方米	
沿海港口生产用库场容量		D03	吨	
沿海港口港务船舶数量		D04	艘	
海洋运输船舶总吨数	沿海	D05	吨位	
	远洋	D06	吨位	
海洋运输船舶艘数	沿海	D07	艘	
	远洋	D08	艘	
海洋运输船舶净载重吨	沿海	D09	吨	
	远洋	D10	吨	
海洋运输船舶载客量	沿海	D11	客位	
	远洋	D12	客位	
海洋运输船舶总功率	沿海	D13	千瓦	
	远洋	D14	千瓦	
海洋运输船舶标准箱位	沿海	D15	TEU	
	远洋	D16	TEU	
E. 从业人员				
年末从业人员数量	E01	人		
单位负责人： 统计负责人： 填表人： 报出日期：20 年 月 日				

附录 1－13　滨海旅游业统计表

表名:滨海旅游业统计表			表　号:J13 表
			制定机关:辽宁省海洋与渔业厅
			批准机关:辽宁省统计局
填报单位:			批准文号:辽统制字〔2012〕5 号
组织机构代码□□□□□□□□-□	20　年		有效期至:2013 年 12 月
监测指标			
指标名称	代码	计量单位	指标值
甲	乙	丙	
A. 发展水平			
旅游总收入	A01	万元	
B. 生产活动			
接待人数 合计	B01	人次	
接待人数 入境旅客	B02	人次	
接待人数 外国人	B03	人次	
接待人数 香港同胞	B04	人次	
接待人数 澳门同胞	B05	人次	
接待人数 台湾同胞	B06	人次	
接待人数 内地旅客	B07	人次	
接待人天数 合计	B08	人天	
接待人天数 入境旅客	B09	人天	
接待人天数 外国人	B10	人天	
接待人天数 香港同胞	B11	人天	
接待人天数 澳门同胞	B12	人天	
接待人天数 台湾同胞	B13	人天	
接待人天数 内地旅客	B14	人天	
C. 生产要素			
星级饭店 饭店数	C01	家	
星级饭店 客房数	C02	间	
星级饭店 床位数	C03	个	
星级饭店 客房出租率	C04	%	
旅行社数量	C05	家	
单位负责人:　　统计负责人:　　填表人:　　报出日期:20　　年　　月　　日			

附录 2　辽宁省沿海行政区域分类与代码表

沿海地区	地区代码	沿海城市	地区代码	沿海地带	地区代码	沿海乡(镇)街道	地区代码
辽宁	210000	大连	210200	中山区	210202	葵英街道	210202010000
辽宁	210000	大连	210200	中山区	210202	桃源街道	210202011000
辽宁	210000	大连	210200	中山区	210202	老虎滩街道	210202012000
辽宁	210000	大连	210200	中山区	210202	海军广场街道	210202014000
辽宁	210000	大连	210200	中山区	210202	人民路街道	210202016000
辽宁	210000	大连	210200	中山区	210202	青泥洼桥街道	210202017000
辽宁	210000	大连	210200	西岗区	210203	香炉礁街道	210203001000
辽宁	210000	大连	210200	西岗区	210203	日新街道	210203004000
辽宁	210000	大连	210200	西岗区	210203	北京街道	210203005000
辽宁	210000	大连	210200	西岗区	210203	八一路街道	210203010000
辽宁	210000	大连	210200	西岗区	210203	白云街道	210203013000
辽宁	210000	大连	210200	西岗区	210203	站北街道	210203015000
辽宁	210000	大连	210200	沙河口区	210204	中山公园街道	210204002000
辽宁	210000	大连	210200	沙河口区	210204	白山路街道	210204004000
辽宁	210000	大连	210200	沙河口区	210204	春柳街道	210204006000
辽宁	210000	大连	210200	沙河口区	210204	黑石礁街道	210204010000
辽宁	210000	大连	210200	沙河口区	210204	星海湾街道	210204017000
辽宁	210000	大连	210200	甘井子区	210211	周水子街道	210211001000
辽宁	210000	大连	210200	甘井子区	210211	甘井子街道	210211004000
辽宁	210000	大连	210200	甘井子区	210211	南关岭街道	210211006000
辽宁	210000	大连	210200	甘井子区	210211	辛寨子街道	210211014000
辽宁	210000	大连	210200	甘井子区	210211	大连湾街道	210211017000
辽宁	210000	大连	210200	甘井子区	210211	椒金山街道	210211018000
辽宁	210000	大连	210200	甘井子区	210211	泉水街道	210211019000
辽宁	210000	大连	210200	甘井子区	210211	营城子街道	210211021000
辽宁	210000	大连	210200	甘井子区	210211	革镇堡街道	210211022000

续表附录 2

沿海地区	地区代码	沿海城市	地区代码	沿海地带	地区代码	沿海乡(镇)街道	地区代码
辽宁	210000	大连	210200	甘井子区	210211	凌水街道	210211023000
辽宁	210000	大连	210200	旅顺口区	210212	得胜街道	210212003000
辽宁	210000	大连	210200	旅顺口区	210212	水师营街道	210212005000
辽宁	210000	大连	210200	旅顺口区	210212	铁山街道	210212006000
辽宁	210000	大连	210200	旅顺口区	210212	双岛湾街道	210212007000
辽宁	210000	大连	210200	旅顺口区	210212	长城街道	210212009000
辽宁	210000	大连	210200	旅顺口区	210212	北海街道	210212011000
辽宁	210000	大连	210200	旅顺口区	210212	江西街道	210212013000
辽宁	210000	大连	210200	旅顺口区	210212	龙王塘街道	210212014000
辽宁	210000	大连	210200	金州区	210213	友谊街道	210213002000
辽宁	210000	大连	210200	金州区	210213	登沙河街道	210213014000
辽宁	210000	大连	210200	金州区	210213	杏树街道	210213015000
辽宁	210000	大连	210200	金州区	210213	大魏家街道	210213017000
辽宁	210000	大连	210200	金州区	210213	七顶山街道	210213019000
辽宁	210000	大连	210200	金州区	210213	马桥子街道	210213020000
辽宁	210000	大连	210200	金州区	210213	海青岛街道	210213021000
辽宁	210000	大连	210200	金州区	210213	大孤山街道	210213022000
辽宁	210000	大连	210200	金州区	210213	湾里街道	210213023000
辽宁	210000	大连	210200	金州区	210213	董家沟街道	210213024000
辽宁	210000	大连	210200	金州区	210213	金石滩街道	210213025000
辽宁	210000	大连	210200	金州区	210213	大窑湾街道	210213026000
辽宁	210000	大连	210200	金州区	210213	得胜街道	210213027000
辽宁	210000	大连	210200	金州区	210213	大李家街道	210213028000
辽宁	210000	大连	210200	长海县	210224	大长山岛镇	210224100000
辽宁	210000	大连	210200	长海县	210224	獐子岛镇	210224101000
辽宁	210000	大连	210200	长海县	210224	小长山乡	210224201000
辽宁	210000	大连	210200	长海县	210224	广鹿乡	210224202000

续表附录 2

沿海地区	地区代码	沿海城市	地区代码	沿海地带	地区代码	沿海乡(镇)街道	地区代码
辽宁	210000	大连	210200	长海县	210224	海洋乡	210224203000
辽宁	210000	大连	210200	瓦房店市	210281	长兴岛街道	210281010000
辽宁	210000	大连	210200	瓦房店市	210281	交流岛街道	210281011000
辽宁	210000	大连	210200	瓦房店市	210281	永宁镇	210281108000
辽宁	210000	大连	210200	瓦房店市	210281	谢屯镇	210281109000
辽宁	210000	大连	210200	瓦房店市	210281	红沿河镇	210281113000
辽宁	210000	大连	210200	瓦房店市	210281	李官镇	210281115000
辽宁	210000	大连	210200	瓦房店市	210281	仙浴湾镇	210281116000
辽宁	210000	大连	210200	瓦房店市	210281	土城乡	210281203000
辽宁	210000	大连	210200	瓦房店市	210281	阎店乡	210281204000
辽宁	210000	大连	210200	瓦房店市	210281	西杨乡	210281205000
辽宁	210000	大连	210200	瓦房店市	210281	驼山乡	210281206000
辽宁	210000	大连	210200	瓦房店市	210281	三台满族乡	210281208000
辽宁	210000	大连	210200	普兰店区	210282	丰荣街道	210282001000
辽宁	210000	大连	210200	普兰店区	210282	太平街道	210282003000
辽宁	210000	大连	210200	普兰店区	210282	南山街道	210282004000
辽宁	210000	大连	210200	普兰店区	210282	三十里堡街道	210282005000
辽宁	210000	大连	210200	普兰店区	210282	石河街道	210282006000
辽宁	210000	大连	210200	普兰店区	210282	杨树房街道	210282008000
辽宁	210000	大连	210200	普兰店区	210282	皮口街道	210282010000
辽宁	210000	大连	210200	普兰店区	210282	城子坦街道	210282011000
辽宁	210000	大连	210200	普兰店区	210282	唐家房街道	210282012000
辽宁	210000	大连	210200	普兰店区	210282	复州湾街道	210282016000
辽宁	210000	大连	210200	庄河市	210283	城关街道	210283001000
辽宁	210000	大连	210200	庄河市	210283	兴达街道	210283003000
辽宁	210000	大连	210200	庄河市	210283	明阳街道	210283005000
辽宁	210000	大连	210200	庄河市	210283	青堆镇	210283101000
辽宁	210000	大连	210200	庄河市	210283	徐岭镇	210283102000

续表附录 2

沿海地区	地区代码	沿海城市	地区代码	沿海地带	地区代码	沿海乡(镇)街道	地区代码
辽宁	210000	大连	210200	庄河市	210283	黑岛镇	210283104000
辽宁	210000	大连	210200	庄河市	210283	栗子房镇	210283105000
辽宁	210000	大连	210200	庄河市	210283	大郑镇	210283115000
辽宁	210000	大连	210200	庄河市	210283	王家镇	210283116000
辽宁	210000	大连	210200	庄河市	210283	吴炉镇	210283118000
辽宁	210000	大连	210200	庄河市	210283	兰店乡	210283214000
辽宁	210000	大连	210200	庄河市	210283	石城乡	210283216000
辽宁	210000	丹东	210600	振兴区	210603	头道街道	210603001000
辽宁	210000	丹东	210600	振兴区	210603	临江街道	210603003000
辽宁	210000	丹东	210600	振兴区	210603	帽盔山街道	210603005000
辽宁	210000	丹东	210600	振兴区	210603	纤维街道	210603006000
辽宁	210000	丹东	210600	振兴区	210603	花园街道	210603008000
辽宁	210000	丹东	210600	振兴区	210603	江海街道	210603009000
辽宁	210000	丹东	210600	振兴区	210603	西城街道	210603010000
辽宁	210000	丹东	210600	振兴区	210603	浪头镇	210603101000
辽宁	210000	丹东	210600	振兴区	210603	安民镇	210603102000
辽宁	210000	丹东	210600	东港市	210681	大东街道	210681001000
辽宁	210000	丹东	210600	东港市	210681	新兴街道	210681002000
辽宁	210000	丹东	210600	东港市	210681	孤山镇	210681101000
辽宁	210000	丹东	210600	东港市	210681	前阳镇	210681104000
辽宁	210000	丹东	210600	东港市	210681	长山镇	210681107000
辽宁	210000	丹东	210600	东港市	210681	北井子镇	210681108000
辽宁	210000	丹东	210600	东港市	210681	椅圈镇	210681109000
辽宁	210000	丹东	210600	东港市	210681	黄土坎镇	210681110000
辽宁	210000	丹东	210600	东港市	210681	菩萨庙镇	210681117000
辽宁	210000	丹东	210600	东港市	210681	汤池镇	210681120000
辽宁	210000	锦州	210700	凌海市	210781	阎家镇	210781108000
辽宁	210000	锦州	210700	凌海市	210781	八千镇	210781115000

续表附录2

沿海地区	地区代码	沿海城市	地区代码	沿海地带	地区代码	沿海乡(镇)街道	地区代码
辽宁	210000	锦州	210700	凌海市	210781	建业镇	210781118000
辽宁	210000	营口	210800	鲅鱼圈区	210804	红海街道	210804001000
辽宁	210000	营口	210800	鲅鱼圈区	210804	海星街道	210804002000
辽宁	210000	营口	210800	鲅鱼圈区	210804	望海街道	210804003000
辽宁	210000	营口	210800	鲅鱼圈区	210804	熊岳镇	210804100000
辽宁	210000	营口	210800	鲅鱼圈区	210804	芦屯镇	210804102000
辽宁	210000	营口	210800	鲅鱼圈区	210804	红旗镇	210804103000
辽宁	210000	营口	210800	老边区	210811	路南镇	210811101000
辽宁	210000	营口	210800	老边区	210811	柳树镇	210811102000
辽宁	210000	营口	210800	老边区	210811	边城镇	210811103000
辽宁	210000	营口	210800	盖州市	210881	西城街道	210881002000
辽宁	210000	营口	210800	盖州市	210881	团山街道	210881005000
辽宁	210000	营口	210800	盖州市	210881	西海街道	210881006000
辽宁	210000	营口	210800	盖州市	210881	九垅地街道	210881007000
辽宁	210000	营口	210800	盖州市	210881	归州街道	210881008000
辽宁	210000	营口	210800	盖州市	210881	沙岗镇	210881105000
辽宁	210000	营口	210800	盖州市	210881	青石岭镇	210881112000
辽宁	210000	营口	210800	盖州市	210881	双台镇	210881118000
辽宁	210000	营口	210800	盖州市	210881	果园乡	210881217000
辽宁	210000	盘锦	211100	大洼区	211121	赵圈河镇	211121114000
辽宁	210000	盘锦	211100	大洼区	211121	荣兴镇	211121115000
辽宁	210000	盘锦	211100	盘山县	211122	得胜镇	211122113000
辽宁	210000	葫芦岛	211400	连山区	211402	塔山乡	211402206000
辽宁	210000	葫芦岛	211400	龙港区	211403	葫芦岛街道	211403001000
辽宁	210000	葫芦岛	211400	龙港区	211403	望海寺街道	211403004000
辽宁	210000	葫芦岛	211400	龙港区	211403	龙湾街道	211403005000
辽宁	210000	葫芦岛	211400	龙港区	211403	滨海街道	211403006000
辽宁	210000	葫芦岛	211400	龙港区	211403	玉皇街道	211403008000

续表附录 2

沿海地区	地区代码	沿海城市	地区代码	沿海地带	地区代码	沿海乡(镇)街道	地区代码
辽宁	210000	葫芦岛	211400	龙港区	211403	北港街道	211403010000
辽宁	210000	葫芦岛	211400	龙港区	211403	双树乡	211403211000
辽宁	210000	葫芦岛	211400	绥中县	211421	绥中镇	211421100000
辽宁	210000	葫芦岛	211400	绥中县	211421	西甸子镇	211421101000
辽宁	210000	葫芦岛	211400	绥中县	211421	万家镇	211421104000
辽宁	210000	葫芦岛	211400	绥中县	211421	前所镇	211421105000
辽宁	210000	葫芦岛	211400	绥中县	211421	高岭镇	211421106000
辽宁	210000	葫芦岛	211400	绥中县	211421	荒地镇	211421108000
辽宁	210000	葫芦岛	211400	绥中县	211421	塔山屯镇	211421109000
辽宁	210000	葫芦岛	211400	绥中县	211421	王宝镇	211421114000
辽宁	210000	葫芦岛	211400	绥中县	211421	小庄子镇	211421116000
辽宁	210000	葫芦岛	211400	绥中县	211421	网户满族乡	211421214000
辽宁	210000	葫芦岛	211400	兴城市	211481	钓鱼台街道	211481005000
辽宁	210000	葫芦岛	211400	兴城市	211481	四家屯街道	211481007000
辽宁	210000	葫芦岛	211400	兴城市	211481	菊花街道	211481008000
辽宁	210000	葫芦岛	211400	兴城市	211481	临海街道	211481009000
辽宁	210000	葫芦岛	211400	兴城市	211481	曹庄镇	211481101000
辽宁	210000	葫芦岛	211400	兴城市	211481	沙后所镇	211481103000
辽宁	210000	葫芦岛	211400	兴城市	211481	徐大堡镇	211481107000
辽宁	210000	葫芦岛	211400	兴城市	211481	羊安满族乡	211481201000
辽宁	210000	葫芦岛	211400	兴城市	211481	元台子满族乡	211481203000
辽宁	210000	葫芦岛	211400	兴城市	211481	望海满族乡	211481206000
辽宁	210000	葫芦岛	211400	兴城市	211481	刘台子满族乡	211481207000

附录 3　辽宁省临海开发区一览表

附录 3 - 1

开发区名称	代码	级别	所在地区					
			沿海地区	地区代码	沿海城市	地区代码	沿海地带	地区代码
大连高新技术产业园区	G212008	国家级	辽宁	210000	大连	210200	甘井子区	210211
大连甘井子工业园区	S217030	省级	辽宁	210000	大连	210200	甘井子区	210211
大连旅顺经济开发区	S217028	省级	辽宁	210000	大连	210200	旅顺口区	210212
大连经济技术开发区	G211007	国家级	辽宁	210000	大连	210200	金州区	210213
大连保税区	G213002	国家级	辽宁	210000	大连	210200	金州区	210213
辽宁大连出口加工区	G214008	国家级	辽宁	210000	大连	210200	金州区	210213
大连金石滩国家旅游度假区	G216001	国家级	辽宁	210000	大连	210200	金州区	210213
大连金州经济开发区	S217029	省级	辽宁	210000	大连	210200	金州区	210213
辽宁瓦房店炮台经济开发区	S217026	省级	辽宁	210000	大连	210200	瓦房店市	210281
辽宁长兴岛经济开发区	S217027	省级	辽宁	210000	大连	210200	瓦房店市	210281
辽宁普兰店经济开发区	S217031	省级	辽宁	210000	大连	210200	普兰店区	210282
丹东市边境经济合作区	G215003	国家级	辽宁	210000	丹东	210600	东港市	210681
辽宁丹东东港经济开发区	S217024	省级	辽宁	210000	丹东	210600	东港市	210681
辽宁丹东前阳经济开发区	S217025	省级	辽宁	210000	丹东	210600	东港市	210681
辽宁葫芦岛高新技术产业园区	S218039	省级	辽宁	210000	葫芦岛	211400	连山区	211402
辽宁葫芦岛杨家杖子经济开发区	S217041	省级	辽宁	210000	葫芦岛	211400	连山区	211402
辽宁葫芦岛经济开发区	S217040	省级	辽宁	210000	葫芦岛	211400	龙港区	211403
辽宁锦州经济开发区	S217036	省级	辽宁	210000	锦州	210700	凌海市	210781
营口经济技术开发区	G211008	国家级	辽宁	210000	营口	210800	鲅鱼圈区	210804

附录 3-2　2015 年辽宁省临海开发区基本情况汇总表

	开发区数量/个	土地面积/公顷	填海面积/公顷	海岸线长度/千米	地区生产总值/亿元	财政收入/亿元	税收收入/亿元	进口总额/亿美元	出口总额/亿美元	固定资产投资额/亿元	年末从业人员/万人	单位数量/个	单位数量/个
国家级	8	17 047.98	362.292 9	48.5	1 838.744 5	159.437 4	132.840 9	895.864 60	575.657 9	794.880 6	48.537 3	41 070	40 512
省级	11	11 034.84	176.700 0	64.4	304.883 3	22.366 9	24.744 4	3.284 07	20.710 0	334.338 2	83.941 9	3 148	3 139
总计	19	28 082.82	538.992 9	112.9	2 143.627 8	181.804 3	157.585 3	899.148 67	596.367 9	1 129.218 8	132.479 2	44 218	43 651

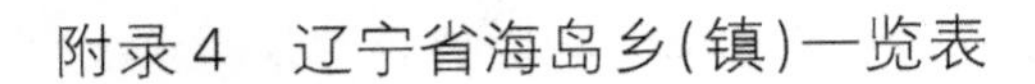

附录4 辽宁省海岛乡(镇)一览表

沿海地区	地区代码	沿海城市	地区代码	沿海地带	地区代码	海岛乡(镇)	地区代码
辽宁	210000	大连	210200	长海县	210224	大长山岛镇	210224100000
辽宁	210000	大连	210200	长海县	210224	獐子岛镇	210224101000
辽宁	210000	大连	210200	长海县	210224	小长山乡	210224201000
辽宁	210000	大连	210200	长海县	210224	广鹿乡	210224202000
辽宁	210000	大连	210200	长海县	210224	海洋乡	210224203000
辽宁	210000	大连	210200	庄河市	210283	王家镇	210283116000
辽宁	210000	大连	210200	庄河市	210283	石城乡	210283216000
辽宁	210000	大连	210200	瓦房店市	210281	长兴岛街道	210281010000
辽宁	210000	大连	210200	瓦房店市	210281	交流岛街道	210281011000
辽宁	210000	葫芦岛	211400	兴城市	211481	觉华岛街道	211481008000

附录5 辽宁省内入海河流情况一览表

地区	地区代码	流域面积 A /平方公里	入海河流数量/条	入海径流量/（10^4 立方米/年）
大连市	210200	$50 \leqslant A < 100$	11	
大连市	210200	$100 \leqslant A < 1\ 000$	22	5 476
大连市	210200	$1\ 000 \leqslant A < 10\ 000$	2.	7 424
大连市	210200	$A \geqslant 10\ 000$		
大连市	210200	小计	35	12 900
丹东市	210600	$50 \leqslant A < 100$	1	
丹东市	210600	$100 \leqslant A < 1\ 000$	4	
丹东市	210600	$1\ 000 \leqslant A < 10\ 000$	1	150 000
丹东市	210600	$A \geqslant 10\ 000$	1	2 230 000
丹东市	210600	小计	7	2 380 000
锦州市	210700	$50 \leqslant A < 100$	2	
锦州市	210700	$100 \leqslant A < 1\ 000$	4	
锦州市	210700	$1\ 000 \leqslant A < 10\ 000$	1	
锦州市	210700	$A \geqslant 10\ 000$		
锦州市	210700	小计	7	
营口市	210800	$50 \leqslant A < 100$	2	
营口市	210800	$100 \leqslant A < 1\ 000$	4	1 089
营口市	210800	$1\ 000 \leqslant A < 10\ 000$	1	3 471
营口市	210800	$A \geqslant 10\ 000$	1	322 404
营口市	210800	小计	8	326 964
盘锦市	211100	$50 \leqslant A < 100$		
盘锦市	211100	$100 \leqslant A < 1\ 000$		
盘锦市	211100	$1\ 000 \leqslant A < 10\ 000$		
盘锦市	211100	$A \geqslant 10\ 000$	2	273 140
盘锦市	211100	小计	2	273 140
葫芦岛市	211400	$50 \leqslant A < 100$	4	

续表附录 5

地区	地区代码	流域面积 A /平方公里	入海河流数量/条	入海径流量/(10^4 立方米/年)
葫芦岛市	211400	$100 \leqslant A < 1\,000$	13	1 550
葫芦岛市	211400	$1\,000 \leqslant A < 10\,000$	1	3 420
葫芦岛市	211400	$A \geqslant 10\,000$		
葫芦岛市	211400	小计	18	4 970
辽宁省	210 000	$50 \leqslant A < 100$	20	
辽宁省	210 000	$100 \leqslant A < 1\,000$	47	8 115
辽宁省	210 000	$1\,000 \leqslant A < 10\,000$	6	164 315
辽宁省	210 000	$A \geqslant 10\,000$	4	2 825 544
辽宁省	210 000	小计	77	2 997 974

附录6　辽宁省陆源入海排污口情况一览表

地区	地区代码	排污口类型	入海排污口数量/个
大连市	210200	工业排污口	96
大连市	210200	市政排污口	77
大连市	210200	综合排污口	0
大连市	210200	排污河	0
大连市	210200	小计	173
丹东市	210600	工业排污口	4
丹东市	210600	市政排污口	0
丹东市	210600	综合排污口	0
丹东市	210600	排污河	0
丹东市	210600	小计	4
锦州市	210700	工业排污口	2
锦州市	210700	市政排污口	3
锦州市	210700	综合排污口	0
锦州市	210700	排污河	0
锦州市	210700	小计	5
营口市	210800	工业排污口	9
营口市	210800	市政排污口	0
营口市	210800	综合排污口	0
营口市	210800	排污河	0
营口市	210800	小计	9
盘锦市	211100	工业排污口	1
盘锦市	211100	市政排污口	0
盘锦市	211100	综合排污口	0
盘锦市	211100	排污河	0
盘锦市	211100	小计	1
葫芦岛市	211400	工业排污口	11

续表附录6

地区	地区代码	排污口类型	入海排污口数量/个
葫芦岛市	211400	市政排污口	0
葫芦岛市	211400	综合排污口	8
葫芦岛市	211400	排污河	0
葫芦岛市	211400	小计	19
辽宁省	210 000	工业排污口	123
辽宁省	210 000	市政排污口	80
辽宁省	210 000	综合排污口	8
辽宁省	210 000	排污河	0
辽宁省	210 000	小计	211

参考文献

[1] 付强. 数据处理方法及其农业应用[M]. 北京:科学出版社,2006.

[2] 邓聚龙. 灰色控制系统[M]. 武汉:华中工学院出版社,1985.

[3] 孟广武. 灰色系统论[M]. 济南:山东科学技术出版社,1994.

[4] 张丹. 基于灰色模型的辽宁省海洋经济关联度分析[J]. 资源开发与市场,2011,27(08):705-708.

[5] 付静,周厚成,李萍. 基于灰色系统理论的广东省海洋经济关联度分析[J]. 海洋开发与管理,2009,26(2):89-92.

[6] 傅立. 灰色系统理论及其应用[M]. 北京:科学技术文献出版社,1991.

[7] 姜庆华,米传民. 我国科技投入与经济增长关系的灰色关联度分析[J]. 技术经济与管理研究,2006(4):24-26.

[8] 方芳,白福臣. 我国海洋经济发展预测分析[J]. 经济理论研究,2008(9):17-18.

[9] 白福臣. 灰色 GM(1,N)模型在广东海洋经济预测中的应用[J]. 技术经济与管理研究,2009(2):9-11.

[10] 袁志发,周静芋. 多元统计分析[M]. 北京:科学出版社,2002.

[11] 盛骤,谢式千,潘承毅. 概率论与数理统计[M]. 4 版. 北京:高等教育出版社,2008.

[12] 辽宁省海洋与渔业厅. 辽宁省海洋经济发展"十一五"规划[EB/OL]. www. lnhyw. gov. cn/hygh.

[13] 王丹,张耀光,陈爽. 辽宁省海洋经济产业结构及空间模式演变[J]. 经济地理,2010,30(3):443-448.

[14] 李汪洋. 辽宁省海洋与渔业厅厅长李汪洋:强化海洋管理服务海洋经济确保辽宁省海洋工作"十二五"良好开局[J]. 海洋开发与管理,2011(2):36-39.

[15] 王惠文. 偏最小二乘回归方法及其应用[M]. 北京:国防工业出版社,1999.

[16] 张文彤,董伟. SPSS统计分析高级教程[M]. 北京:高等教育出版社,2013.

[17] 乐佩琦,梁秋荣. 中国古代渔业史源和发展概述[J]. 动物学杂志,1995, 30(4):54-58.

[18] 刘焕亮,黄樟翰. 中国水产养殖学[M]. 北京:科学出版社,2008.

[19] 周井娟,林坚. 我国海洋捕捞产量波动影响因素的实证分析[J]. 经济技术,2008,27(6):64-68.

[20] 周井娟,林坚. 我国海水养殖产量波动影响因素的实证分析[J]. 西北农林科技大学学报,2008,8(5):48-51.

[21] 傅玉祥,柳正. 历年全国水产品产量新旧标准统计对照表[J]. 中国水产,1998(9):60.

[22] 张丽梅,罗钟铉,石友学. 一种新的细分小波及其应用[J]. 高等学校计算数学学报,2005,27(4):309-316.

[23] 杨连峰. 基于 Logistic 曲线的中国网民人数增长规律研究[J]. 厦门理工学院学报,2008,4

(16):86 - 89.

[24] 攸频,张晓桐. Eviews 6 实用教程[M]. 北京:中国财政经济出版社,2008.

[25] 高健,成长生. 海洋渔业产量结构性矛盾与调整对策的探讨[C]//中国水产学会. 中国水产学会学术年会论文集. 北京:海洋出版社,2002:491 - 495.

[26] 张丽梅,王雪标,李久奇,等. 基于 ARMAV 模型的国内海洋捕捞与海水养殖产量的分析[J]. 大连海洋大学学报,2011,26(2):157 - 159.

[27] 吴晓明,关蓬莱. 多维自回归平均模型研究与应用[J]. 辽宁大学学报,2002,29(1):22 -27.

[28] 吴晓明,盛元生. 国内第三产业产值的 ARMAV 模型研究与应用[J]. 数学的实践与认识,2002,32(6):926 - 932.

[29] ZHANG L M, WAN L. A comparative study on forecast analysis of growth-type time series with 'Gap'[C]// Proceedings 2011 International Conference on Intelligent Computing and Integrated Systems. Piscataway: IEEE PRESS, 2011(10):682 - 685.

[30] ZADEH L A. Fuzzy sets[J]. Information and Control, 1965(8):338 - 353.

[31] ZADEH L A. The concept of a linguistic variable and its application to approximate reasoning: Part Ⅰ[J]. Information and Science, 1975(8):199 - 249.

[32] SONG Q, CHISSOM B S. Fuzzy time series and its models[J]. Fuzzy Sets and Systems, 1993,54(3):269 - 277.

[33] SONG Q, CHISSOM B S. Forecasting enrollments with fuzzy time series: Part Ⅰ[J]. Fuzzy Sets and Systems, 1993,54(1):1 - 9.

[34] SULLIVAN J, WOODALL W H. A comparison of fuzzy forecasting and Markov modeling [J]. Fuzzy Sets and Systems, 1994,64(3):279 - 293.

[35] CHEN S M. Forecasting enrollments based on high-order fuzzy time series[J]. Cybernetics and Systems, 2002,33(1):1 - 16.

[36] Singh S R. A computational method of forecasting based on fuzzy time series[J]. Mathematics and Computers in Simulation, 2008(79):539 - 554.

[37] 鲁亚运,原峰,李杏筠,等. 我国海洋经济高质量发展评价指标体系构建及应用研究:基于五大发展理念的视角[J]. 企业经济,2019(12):122 - 130.